黄河從這裏入海

——山东黄河文化记忆

山东省水利厅　编

·北京·

内 容 提 要

黄河治理是历朝历代事关安民兴邦的大事，从大禹治水开始，山东黄河治理已有4000多年的历史。本书以黄河为轴，时间为经，空间为纬，从历史之河、工程之河、生命之河、生态之河、文化之河、未来之河的视角，全面展示山东黄河的历史、文化、现状，以点带面，点面结合，描绘出一幅形象生动的大河盛景，连缀成一轴波澜壮阔的历史长卷。

本书力求故事性和科普性有机融合，既体现了严谨性，又避免了枯燥之嫌；同时，通过梳理总结历史经验和当代实践探索，反映了新时代幸福河湖建设的创新实践和人水和谐的美好愿景。

图书在版编目（CIP）数据

黄河从这里入海 ： 山东黄河文化记忆 / 山东省水利厅编. -- 北京 ： 中国水利水电出版社, 2024.11
ISBN 978-7-5226-2142-5

Ⅰ. ①黄… Ⅱ. ①山… Ⅲ. ①黄河－河道整治－水利史－山东 Ⅳ. ①TV882.1

中国国家版本馆CIP数据核字(2024)第032612号

策划编辑 崔娟

书 名	黄河从这里入海——山东黄河文化记忆 HUANG HE CONG ZHELI RU HAI ——SHANDONG HUANG HE WENHUA JIYI
作 者	山东省水利厅 编
出版发行	中国水利水电出版社 （北京市海淀区玉渊潭南路1号D座 100038） 网址：www.waterpub.com.cn E-mail：sales@mwr.gov.cn 电话：（010）68545888（营销中心）
经 售	北京科水图书销售有限公司 电话：（010）68545874、63202643 全国各地新华书店和相关出版物销售网点
排 版	中国水利水电出版社微机排版中心
印 刷	天津嘉恒印务有限公司
规 格	170mm×240mm 16开本 21.75印张 279千字
版 次	2024年11月第1版 2024年11月第1次印刷
定 价	108.00元

凡购买我社图书，如有缺页、倒页、脱页的，本社营销中心负责调换

编 委 会

序言

“黄河落天走东海，万里写入胸怀间。”唐代诗人李白笔下雄浑壮阔的黄河，承载着世世代代中华儿女不屈前行的文化基因，成为中华民族锐意拼搏、顽强奋进的精神图腾。滔滔不绝的黄河水，蕴藉着百折不回、一往无前的雄伟气概和接纳百川、汇聚千流的恢宏气度，熏陶、濡染着一代又一代的中华儿女，铸就了古老东方中华民族自强不息、蓬勃向上、兼容并蓄、厚德载物的文化特质。

黄河是中华民族的“母亲河”。黄河流域独特的自然地理环境和厚重绵长的人文历史，孕育了悠久灿烂的黄河文化，成为炎黄子孙引以为傲的宝贵精神财富，由此，黄河流域成为中华文明最主要的发源地。同时，黄河流域自古以来就是中华民族兴水利、除水害的主战场，千百年来凝结了沿黄人民治水安邦的精神追求和价值准则，顽强不屈而厚重豁达的黄河精神渗透到每一位中华儿女的血液之中。

黄河是研究山东治水历史的“金钥匙”。历史上，黄河频繁变迁改道，深刻影响了山东水利格局。无论南走淮河入黄海，还是北走泰沂山脉以北入渤海，无论鲁西南诸湖泊的形成，还是鲁北河道变迁，都与黄河休戚相关。黄河治理是历代中国事关安民兴邦的大事，从大禹治水开始，山东黄河治理已有4000多年的历史，东汉时期王景治理黄河，十里立一水门，被称为水利技术的一大创造。经过千余年演绎发展，如今山东黄河的堤防、水闸、桥梁、隧涵、坝岸等水利工程，在黄河防洪减灾、水资源利用与生态保护方面发挥着重要作用。

黄河为山东经济社会的发展提供了重要支撑。“古来黄河流，而今作耕地。都道变通津，沧海化为尘。”数千年来，黄河对山东地区经济社会发展产生了巨大的影响。远古时期“沂源人”就在山东这块广袤的土地上斩荆棘、辟草莱，开启了灿烂夺目的远古文化。目前，山东是全国经济第三大省、人口第二大省，全省农业产值长期位居全国首位，工业产出占全国总量的 1/8。山东黄河流域是山东经济高质量发展、新型城镇化建设、优质高效生态农业发展的重要区域。全省 16 个地级市有 13 个市、115 个县（市、区）使用黄河水，引黄供水量已占全省总供水量的 30% 以上，特别是胶东半岛 4 市等受水区是山东工农业生产的重要基地，在山东经济社会发展中占有重要地位。

黄河流淌着齐鲁儿女百折不挠的红色基因。近代以来，山东黄河流域也是革命的主战场。在近代民族解放和反抗压迫的峥嵘岁月中，黄河为新中国的诞生注入了生机勃发的红色基因。“明月黄河夜，寒沙似战场。”山东抗日根据地作为四大抗战根据地之一，缔造了光辉灿烂的红色文化，与黄河文化交叠融汇，互促共进，并荣共生，共同塑造了齐鲁儿女钢筋铁骨的精神意志，成就了齐鲁大地淳朴厚道的博大胸襟，书写着浓墨重彩的“民族魂”。红色基因成为黄河精神的重要组成部分。

黄河厚植了山东生态保护的绿色底蕴。山东黄河流域生态功能突出，陆海兼备，河海湖相连，黄河三角洲是我国暖温带最完整的湿地生态系统，对于维护黄河下游和黄渤海生态安全十分重要。沿黄地区现有湿地面积 120 万公顷，占全省的 70%；森林面积 113 万公顷，占全省的 40%；拥有国家级、省级自然保护地 248 个，面积 9714 平方公里。黄河，已成为山东生态景观格局中浓墨重彩的一笔。近年来，山东集中开展 93 个生态项目，高标准推进黄河千里生态廊道建设，打造黄河流域生态建设先行区。如今，黄河三角洲作为全球候鸟迁徙的重要栖息地，是东方白鹳全球最大繁殖地，黑嘴鸥全球第二大繁殖地，白鹤全球第二大越冬地，被誉为保护生物多样性的“天然基因库”。

黄河奠定了山东水文化的厚重底色。1855 年铜瓦厢改道山东后，晚清和民国时期黄河下游决口频繁，沿黄百姓深受其害。新中国成立以来，中国共产党领导的人民治黄翻开崭新的一页，彻底扭转了历史上“三年两决口、百年一改道”的局面，黄河得以变害为利，造福人民。以现行流路为主轴的黄河两岸文化资源十分丰富，为开展黄河文化研究提供了得天独厚的便利条件。

“黄河文化是中华文明的重要组成部分，是中华民族的根和魂。”“要深入挖掘黄河文化蕴含的时代价值，讲好‘黄河故事’，延续历史文脉，坚定文化自信，为实现中华民族伟大复兴的中国梦凝聚精神力量。”习近平总书记在黄河流域生态保护和高质量发展座谈会上对保护、传承、弘扬黄河文化作出的重要指示，是山东水文化建设的行动指南和根本遵循，这对于增强文化自信、推进全省经济社会高质量发展有着十分重要的意义。做好新时代黄河文化遗产传承保护利用工作，是山东水利人义不容辞的责任担当。

当前，山东水利系统认真贯彻落实党中央、国务院关于实施黄河战略的重大部署，加快推进黄河流域生态保护和高质量发展，努力构建“一廊一带四区多点”的黄河国家文化公园建设格局。积极建设黄河下游文化遗产保护廊道、大汶河国家级生态文化带以及黄河入海文化展示区、儒家文化展示区、东夷文化展示区、革命文化展示区，打造多点联动的黄河文化公园实体。一幅色彩斑斓、气势恢宏的黄河文化图景正在齐鲁大地徐徐展开……

在山东黄河河务局和相关部门、单位及山东沿黄各地的支持下，山东省水利厅编纂《黄河从这里入海——山东黄河文化记忆》一书，既是落实习近平总书记关于黄河流域生态保护和高质量发展重要指示精神的具体行动，也是保护、继承和弘扬山东黄河文化的迫切需要。本书以黄河为轴，时间为经，空间为纬，从历史之河、工程之河、生命之河、生态之河、文化之河、未来之河的视角，全面展示山东黄河的历史、文化、现状，以点带面，点面结合，描绘出一幅形象生动的大河盛景，连缀成一轴波澜壮阔的历史长卷。本书力求故事性和科普性有机融合，既体现了严谨性，又避免了枯燥呆板之嫌；同时，通过梳理总结历史经验和当代实践探索，反映了新时代幸福河建设的创新实践和人水和谐的美好愿景。可以说，本书作为黄河文化建设的一项成果，不仅是对黄河知识普及和黄河文化传承保护弘扬的有益探索，而且对促进山东水文化建设具有重要的现实意义。

是为序。

目录

▶ 第一篇

历 史 之 河

大河汤汤，华夏泱泱。被尊为百川之首、四渎之宗的黄河，在中国地理版图中占有独一无二的历史地位。“览百川之弘壮，莫尚美黄河。发昆仑之峻极，出积山之嵯峨。”千百年来，黄河以其波澜壮阔、独特多彩而被世人所称赞。同时，黄河也以泥沙含量高、治理难度大、水害严重著称于世，向有“三年两决口，百年一改道”之说。一面波澜壮阔，一面灾难深重，黄河在生生不息的演变中呈现出她的丰富与独特。

第一节 大 河 奔 流

据地质演变历史考证，黄河是一条相对年轻的河流。在距今 115 万年前的早更新世，流域内只有一些互不连通的湖盆，各自形成独立的内陆水系。此后，随着西部高原的抬升，河流侵蚀、夺袭，历经 105 万年的中更新世，各湖盆间逐渐连通，构成黄河水系的雏形。到距今 10 万至 1 万年间的晚更新世，黄河才逐步演变成为从河源到入海口上下贯通的大河。

黄河流域内地势西高东低，高差悬殊，形成自西而东、由高及低三级阶梯。最高一级阶梯是黄河河源区所在的青海高原，位于著名的“世界屋脊”——青藏高原东北部，平均海拔 4000 米以上。黄河迂回于山原之间，呈 S 形大弯道。河谷两岸的山脉海拔 5500 ～ 6000 米，相对高差达 1500 ～ 2000 米。第二级阶梯地势较平缓，黄土高原构成其主体，地形破碎。这一阶梯大致以太行山为东界，海拔 1000 ～ 2000 米。第三级阶梯地势低平，绝大部分为海拔低于 100 米的华北大平原。包括下游冲积平原、鲁中丘陵和河口三角洲。下游冲积平原系由黄河、海河和淮河冲积而成，是中国第二大平原，位于豫东、豫北、鲁西、冀南、冀北、皖北、苏北一带，面积达 25 万平方公里。黄河流入冲积平原后，河道宽阔平坦，泥沙沿途沉降淤积，河床高出两岸地面 3 ～ 5 米，甚至 10 米，成为举世闻名的“地上河”。黄河河口三角洲为近代泥沙淤积而成，地面平坦，海拔在 10 米以下，濒临渤海湾。近百年来，黄河填海造陆，形成大片年轻的陆地。

三江源实景图片（资料图）

黄河是我国第二大河，但水资源贫乏，流域水资源总量仅占全国水资源总量的2.6%，在全国七大江河中居第4位。人均水资源量905立方米，亩均水资源量381立方米，分别是全国人均、亩均水资源量的1/3和1/5，在全国七大江河中分别占第4位和第5位。此外，流域内水资源总量的地区分布很不均匀，兰州以上流域面积占全河流域面积的29.6%，水资源总量却占全流域水资源总量的47.3%。龙门至三门峡区间流域面积占全流域面积的25%，水资源总量占全流域水资源总量的23%。而兰州至河口镇区间流域面积占全河流域面积的21.7%，水资源总量只占全流域水资源总量的5%。

九曲黄河万里沙。黄河流域西北紧邻干旱的戈壁荒漠，流域内大部分地区也属干旱、半干旱区，北部有大片沙漠和风沙区，西部是高寒地带，中部是世界著名的黄土高原，干旱、风沙、水土流失灾害严重，生态环境脆弱。据调查研究资料，流域内风力侵蚀严重的土地面积约11.7万平方公里，水力侵蚀面积约33.7万平方公里，通称水土流失面积45.4万平方公里。严重的水土流失使黄河多年平均来沙量达16亿吨，年最大来沙量达 39 亿吨，一些多沙支流洪峰含沙量高达 0.3 ～ 0.5 吨每立方米。黄河挟带泥沙数量之多，居世界首位。

黄河流经黄土高原（资料图）

黄河裹挟的大量泥沙进入下游平原地区后迅速沉积，主流在漫流区游荡，人们开始筑堤防洪，行洪河道不断淤积抬高，成为高出两岸的“地上河”，在一定条件下就决溢泛滥，改走新道。黄河下游河道迁徙变化的剧烈程度在世界上是独一无二的。根据有文字记载，黄河曾经多次改道。河道变迁的范围，西起郑州附近，北抵天津，南达江淮，纵横 25 万平方公里。周定王五年（公元前 602 年）至南宋建炎二年（1128 年）的 1700 多年间，黄河的迁徙大都在现行河道以北地区，侵袭海河水系，流入渤海。自 1128—1855 年的 700 多年间，黄河改道摆动都在现行河道以南地区，侵袭淮河水系，流入黄海。1855 年黄河在河南兰考东坝头决口后，才改走现行河道，夺山东大清河入渤海。由于黄河下游河道不断变迁改道，以及海侵、海退的变动影响，黄河下游地区的河道长度及流域面积也在不断变化。同时，黄河的频繁泛滥、改道又给下游平原地区造成巨大的灾难，黄河洪水威胁，成为中华民族的心腹之患。

第二节　变　迁　印　记

正如历史的脚步没有片刻停息一样，黄河也是在不断的运动中发育成熟的。进入有籍可考的年代后，黄河仍在不断地变化。黄河河道的变迁在上、中、下游均发生过，但是上、中游河段的演变对整个黄河发育的影响并不大。黄河河道重大而频繁的变迁主要发生在下游。由于水少沙多，大量泥沙淤积在下游。长此以往，河道被淤塞，河水不能顺畅下泄，只好“另辟蹊径”。

据历史文献考证，从公元前602年到中华民国期间，黄河大致沿着北、中、南三个方向路线交替入海。北路，从马颊河以北至天津入海，大致670年；南路，即在现行河道以南夺淮河入海，大致720余年；中路，即沿现行河道于山东利津附近入海，总历时1211年。

历代黄河频繁变迁，大量泥沙淤积，凡过往行经故道，都成为一条高出地面的沙带。时至今日，仍能看到古黄河迁徙所留下的痕迹。

禹河

传说在远古时代，黄河发生大洪水，泛滥于天下。后来大禹治水，采用疏导的方法，导流入渤海，平息了水患。最早记载黄河的地理著作是《尚书·禹贡》和《山海经》，这两本书中对远古时期黄河的描述与今天的考古发现大致吻合，都认为在夏、商、周时期，黄河下游河道呈自然状态，低洼处分布着诸多湖泊，河流串通了湖泊后，分为数支，在平原上散漫游荡，同归渤海。

《尚书》是一部中国上古历史文献和部分追述古代事迹的汇编性著作，《禹贡》为其中一篇，作者不详。它对黄河流域的山岭、河流、薮泽、土壤、物产、贡赋和交通，都作了比较详细的记述。后人把《禹贡》中描述的黄河河道称为“禹河”或“禹王故道”。

根据古文献记载和对地质条件的分析，古黄河在下游漫流期间，沿途接纳了由太行山流出的大小支流，流出今孟津后，经现修武、获嘉、新乡、卫辉、淇县、汤阴及安阳、邯郸、邢台等地东侧，穿过大陆泽，散流入渤海。

战国至西汉故道

据历史探究，黄河最早一次大的河道变迁发生在公元前 602 年，即周定王五年。

公元前 770 年，周平王把都城迁往今洛阳东，中国的经济中心从黄河中游向下游方向转移。由于经济发展不平衡，周王朝各个诸侯国的力量对比也发生了变化。在几百年间，“春秋五霸”“战国七雄”相继登上历史舞台，各领风骚。这时，人们已经认识到，黄河是一条有益也有害的大河。于是在筑堤防洪的同时，着手开发被河水淤漫的滩涂。堤防工程的修建使黄河改变了洪荒时代漫流的状况，在堤防约束下，散漫于平原上的河流逐渐合而为一。

堤防的约束使河流就范，但是泥沙淤积在下游河道中，致使河床不断抬高。周定王五年，黄河在黎阳宿胥口决徙，主流由禹王故道的东北，经现在的濮阳、大名、冠县、临清、平原、沧州等地在黄骅流入渤海。这条河道一直维持到西汉时期，历经 600 多年，被称为西汉大河。

西汉时期，随着经济发展，人口增多，人们开始在堤内再修堤防，并在滩地内耕种，建造房屋，比战国时期更为复杂的河道、更加曲折的堤线和更为显著的地上河，都增加了黄河决口的可能性。公元前 132 年，黄河在濮阳瓠子决口，溃水向东南冲入巨野泽，泛滥入淮。泛流 20 余年后，口门才得以堵复。之后小的决溢不断，公元 11 年，黄河在魏郡决口，洪水在冀鲁之间泛滥近 60 年，造成了黄河的第二次大改道。

东汉至隋唐故道

公元 69 年，东汉明帝派王景治河，主要是将河、汴分流。筑堤自荥阳（今荥阳东北）至千乘（今山东高青县东北）海口，长 1000 多里，对防御黄河向南泛滥起到了较好的作用。

这一时期的下游河道称为东汉故道，流路自今濮阳西南西汉故道的长寿津改道东流，循古漯水经今范县南，于阳谷县西与古漯水分流，经今黄河和马颊河之间区域，最后流入渤海。

北宋故道

北宋时期，建都开封，黄河下游成为全国政治、经济和文化的中心。这一时期，黄河灾害日益严重，河道变迁十分剧烈。古人有云："黄河清，圣人出"。可见，人们是把黄河的安澜和政治的清明联系在一起的。黄河与统治者的利益密切相关。宋王朝对黄河的治理相当重视，当时朝廷重臣欧阳修、文彦博、苏辙等都提出过治河主张。人们进行了深入的治河探索，发展了埽工等堤防工程修筑技术，还开始了放淤改土的实践，把黄河水沙综合利用提高到了一个新的阶段。但这一时期，由于河道淤积，河患明显增多。北方少数民族日益强大，北辽入侵成为北宋王朝的心腹之患，黄河治理之策常受到军事影响，增加了是否能以黄河为天堑、遏制南犯之敌的内容。

在宋代前期，黄河大致维持东汉时的流路，后期河道淤高，险象丛生。1048 年，黄河在濮阳商胡埽决口，改道北流，夺永济渠从今天津入海，这便是历史上黄河河道第三次大的变迁。

之后十余年间，黄河又多次发生决溢，朝中的治理主张也多不一致，出现两派意见。一方主张回河东流，一方主张让黄河改道北流。这段时间内，大河治理一直在以上两种主张的影响下摆来摆去。

金元至明清故道

1128 年，金兵南下，南宋边防告急。是年 11 月，东京（今开封）留守杜充在黄河南岸汲县（今卫辉市）与滑县之间（关于此次改道的地点，还有其他说法）掘开堤防御敌。但是这次以水代兵的方法未能奏效，冲出堤防的洪水不仅没有阻挡住金兵南进的步伐，反而使黄河南泛夺淮入黄海，造成了又一次大改道。

在黄河夺淮的700多年间，江苏淮阴以上河道摆动频繁，淮阴以下淤积严重，河口延伸迅速。自明朝永乐年定都北京以后，发展漕运为要，治理黄河以保漕运为主要目的，明代前期修筑堤防时曾一度重北轻南，15世纪初黄河在郑州以下于南岸分四路入淮；1495年，为防黄河北犯阻运，又在黄河北岸加修了太行堤，从此，河势更加趋向南边。

1546年以后，开封至砀山之间修建了南岸堤防，大河有了固定的河道，黄河经今兰考、商丘、砀山、徐州、宿迁、淮阴、涟水入黄海。这一流路一直延至清代后期，今称明清故道。

现行河道

1855年6月，黄河在铜瓦厢（今兰考东坝头）决口，主流先流向西北又折向东北，冲决张秋运河，直接危及统治者利益。清政府在决口之初就拟兴工堵口，但是当时太平天国和捻军的农民运动方兴未艾，清政府竭尽全力镇压，实在无暇也无力顾及河决之事，咸丰帝下诏暂缓堵合，从此黄河夺大清河由山东利津入渤海，这是迄今为止最后一次大改道。

黄河决口后，由于铜瓦厢以下河无定槽。至同治初年，清政府才劝谕各州县自筹经费，在新河两岸顺河修筑民埝，以防淹漫。大约在1885年，朝廷修建的新河堤防才陆续建立起来。

1938年，国民政府为了阻止日军西进，在郑州花园口扒开黄河堤防，全河夺流改道，从沙河、颍河入淮河，黄河在豫、皖、苏泛滥长达9年。1947年3月15日，花园口口门堵复，黄河回归故道。

从铜瓦厢决口至今，除1938年人为扒口改道的9年外，黄河一直经濮阳、范县，至张秋穿过运河入大清河，在利津入海。铜瓦厢改道后，由于水力溯源冲刷，铜瓦厢以上两岸变成了高滩，形成了较为有利的河床。自1947年黄河归故至今，由于泥沙淤积，河床抬高，在下游又加重了地上悬河形势。但是如果与历史上长达五六百年甚至上千年的河道相比较，现行河道仍是一条不足200年的年轻河道。

第三节 灾 患 深 重

历史上，黄河是一条多灾多难的河流，多沙、悬河、善淤、善徙、善决。特别是下游，洪水决溢十分频繁，“三年两决口，百年一改道”是后人对黄河洪水灾害的形象描述；同时，黄河流域也经常遭受旱魃为虐。水旱灾害给流域人民带来了深重的苦难。历史上曾有“洪水横溢，庐舍为墟，舟行陆地，人畜漂流”的悲惨记载。

洪涝水患

黄河泥沙含量高居世界河流之首。早在古代，就有“一石水而六斗泥”的说法。由于水少沙多，大量泥沙不断淤积在下游河道，日积月累，形成河床明显高出两岸地面的“悬河”，悬差高达数米至十数米。奔腾的河水仅靠两条堤防束缚，洪水一旦破堤决口后，犹如垮坝水流，高速倾泻，势如破竹，一泻千里，其破坏力远远超过一般平原河流。黄河一旦决堤，洪水能给两岸造成毁灭性灾难。每次黄河改道都会冲毁当地的田园村舍，常有整个村镇甚至整个城池遭受灭顶之灾的惨事。

1938年国民党军队在黄河花园口掘堤

由于黄河多沙的特性，洪水决溢后水退沙存，大量房舍、良田、河渠、道路、水井等被泥沙淤埋，土地沙化，对生态环境造成的影响，多年难以恢复。1938 年，黄河在花园口被人为扒口改道后，形成了黄泛区，直到现在，对生态环境造成的恶劣影响还尚未完全消除。每次洪水决溢造成的人员伤亡和经济损失都是巨大的，对政治稳定和生态环境等造成的破坏更是难以用数字来计算。

我国最早关于大洪水的传说，发生在公元前 21 世纪的尧舜时代，人们纷纷逃离被洪水冲毁的家园。经过鲧 9 年、禹 13 年的治理，才平息了水患。春秋战国时期，也有特大“霖雨”的记载。西汉以后，关于水灾的记述就更多了。作为国家的心腹之患，越到近代，史籍对黄河洪水和灾害的记录越详细。黄河流域的水灾可谓“史不绝书”。

清乾隆二十六年 (1761 年)，从农历七月初十至十九，黄河的支流伊、洛、沁河，以及黄河潼关至孟津干流区间，猛降大雨，暴雨中心在河南新安县，伊、洛河决溢。据分析推算，花园口洪峰流量为 32000 立方米每秒，洪水到达下游后，当时的武陟、荥泽、阳武、祥符、兰阳等堤段南北两岸都发生决溢，中牟的杨桥口门决口达“数百丈”，河水直趋贾鲁河。在这场大洪水中，黄河下游决口 26 处，伊洛河夹滩地区水深“一丈以上”，洛阳、巩县城内都遭水淹，沁阳、修武、武陟、博爱等地大水灌城，水深“五六尺”甚至“深达丈余”。河南、山东、安徽 3 省数十个州、县被淹。

清道光二十三年 (1843 年) 七月，黄河再次发生特大洪水，根据当时官方上报的陕县万锦滩水情，这次洪水涨势迅猛，前面的洪水还未消落，后续的洪水接踵而至，浪头排山倒海，一日十个时辰之间，涨水“二丈八寸”，这样的涨势在史籍记载上从未有过。洪水在陕县一带造成了巨大灾难，至今当地还流传着“道光二十三，黄河涨上天，冲走太阳渡，捎走万锦滩”的民谣。这年的六月，黄河下游的中牟本已决口，在这次洪水中，中牟的口门被冲得更大，达到“三百多丈”，大水分两股直趋东南，河南的中牟、尉氏、祥符、通许、陈留、淮阳、扶沟、西华、太康、杞县、鹿邑，安徽的太和、阜阳、颍上等地普遍遭受洪水泛滥之灾。后人根据洪水痕迹分析推算，陕县当时洪峰流量为 36000 立方米每秒，是历史调查最大洪水。

1933 年 8 月 10 日，黄河陕县站出现了自 1919 年建站以来最大洪水，最大洪峰流量达 22000 立方米每秒，河南温县、武陟、长垣、兰封、考城等地，南北两岸共有 50 多处决口，曹县、巨野、定陶、单县惨遭淹没。徐州环城黄河故堤，被冲决“十余里”。洪流一股北去，使濮阳、范县、寿张、阳谷四县尽成泽国；一股南下，侵入安徽。大水淹及当时的河南、山东、河北、江苏 4 省 30 个县，受灾面积 6592 平方公里，273 万人受灾，死亡 1.27 万人，估计这次水灾损失折合银圆 2.7 亿元。

1958 年 7 月中旬，黄河三门峡至花园口发生了一场自 1919 年黄河有实测水文资料以来的最大的一场洪水。此次洪峰流量达 22300 立方米每秒，横贯黄河的京广铁路桥因受到洪水威胁而中断交通 14 天。仅山东、河南两省的黄河滩区和东平湖湖区，淹没村庄 1708 个，灾民 74.08 万人，淹没耕地 304 万亩，房屋倒塌 30 万间。

1982 年洪水，花园口站洪峰流量为 15300 立方米每秒，泺口站洪峰流量为 6010 立方米每秒，水位 30.05 米，济南黄河滩区全部漫滩，淹没耕地 18.90 万亩，受淹村庄 234 个、房屋 1.58 万间，14.82 万人受灾。

以水代兵

黄河决溢，由于自然和经济原因，堵复十分困难，有时大河决口后，10 年、20 年口门不能堵复，河水横流，肆虐为患。当然也有决口有意不堵的怪事。王莽始建国三年 (公元 11 年)，黄河在今濮阳以北的魏郡境决口。王莽认为黄河改道东流，他家的祖坟就不再受水患困扰，为了一己之私利，不予堵复，任河水自由泛滥。

历史上的黄河决溢中，有的是出于军事目的、人为破坏堤防造成的。

春秋战国时期，黄河下游修筑堤防已很普遍，由于诸侯分立，各自为政，修堤往往以邻为壑，各诸侯国之间互相攻伐，常常以水代兵，人为决河的现象不断发生。公元前359年，楚国伐魏，决河灌长垣；公元前332年，齐、魏联合伐赵，赵国决河放水，齐、魏联军在滚滚洪水逼迫下退却；公元前281年，赵国在伐卫中再次决河。决河在攻伐中虽起到了一定的作用，但是给人民带来了巨大的灾难和痛苦。

这一时期，最著名的“以水代兵”发生在公元前225年。准备统一中国的秦始皇，在采用各个击破的策略灭了韩国、赵国和燕国之后，又把目光投向了魏国。眼看邻国相继被攻破，魏国已经成了惊弓之鸟。秦王派大将王翦的儿子王贲，率领10万大军包围魏国的都城大梁，并引黄河鸿沟之水灌城。在洪水和大军的威胁下，仅3个月，魏国就被灭亡了。当年魏惠王开挖鸿沟，是为了改善交通状况，发展经济，富国强兵，进而称霸中原，他决不会想到在百余年之后，从鸿沟引来的河水会助纣为虐，殃害了他的子孙。司马迁在《史记·秦始皇本纪》中记载了这一事件。

秦决河灌大梁灭魏，将战国时期的以水代兵推向了最高潮，而南宋杜充决河则影响了黄河河道的变迁。1128年，南宋赵构政权为了阻止金兵南进，东京留守杜充掘开黄河，以水代兵。结果，这次人为决河不仅没有阻止金兵的铁骑，反而造成了巨大的灾害，成为历史上黄河长期南泛入淮的开始。

北宋时期，黄河曾一度被视为天然的军事屏障，希望利用黄河这一“天堑”发挥战略防御作用。当时契丹在“东流”以北，而北流也已是在契丹的领地之内。鉴于契丹觊觎中原已久，主张东流的北宋大臣文彦博等认为，河不东流中原就失去抵御辽军的天然屏障，右司谏王觌更为明确地指出，沧州是遏制辽军的要塞，河不东流后，沧州在河的南岸，辽军从沧州可以直抵京师，其间略无阻隔。而苏辙等人则认为，而今的黄河已与从前大不相同，河水在限制辽军上是有名而无实。因为，水浅时，卷起衣裳就能过河；水深时，乘船也可以渡过；冬季河水结冰，更是如坦途一样，想以水为天堑来阻挡辽军的铁骑是不可能的。

双方意见针锋相对，又都是朝廷重臣，皇帝也没了主心骨。从 1088 年起，一会儿是大兴工程回河，一会儿又下诏停工。终于回河的意见占了上风，东流分水工程陆续兴修，4 年后，河水已大部分东流。可是黄河东流不过 5 年，再次决口。河水向北冲出了一条新的流路，仍然在以往的“北流”入海的乾宁军附近入海，东流断流。黄河终于没有像统治者希望的那样在御敌中发挥作用。

1642 年，李自成领导的农民起义军围困开封。为解开封之围，官军在今开封黑岗口决开黄河大堤，水淹义军，而义军又在上游 30 里的马家口决河冲灌官军。结果两股水流入城，溺死居民数十万人，造成开封全城被淹的历史悲剧。

1938 年夏，国民党政府为了阻止日军西进，扒开郑州黄河花园口大堤，以水代兵，造成了惨绝人寰的特大水灾，在黄河、淮河间形成了黄泛区。

花园口决口

1937年“七七事变”，日本发动了全面侵华战争，至1938年5月，我国北平、天津两市和河北、山西、山东等省的大部分地区已被日本侵略军占领，太原、上海和南京等城市也相继沦陷。5月19日，徐州失守。日军已经控制了京沪铁路和陇海铁路东段，即将调集大批兵力沿陇海铁路西犯。开封吃紧，中原危急。

为了延缓日军西进，国民党第一战区长官部一面炸毁黄河铁桥，截断交通要道，一面计划在郑州和中牟之间扒开黄河大堤，以水代兵。方案拟定后，以电报形式向蒋介石请示。蒋介石立即批准了这一建议，军事委员会电令“在中牟以北的黄河堤岸选三个点掘开堤防，让河水在郑州、中牟间向东泛滥，以阻止日寇西犯”。

于是，国民党第一战区长官部加紧实施扒堤方案。1938年5月底，首先派出一个步兵团雨夜赶赴中牟县西北的赵口，执行掘堤计划。战区司令亲自督促实施。6月2日，用炸药炸开该堤段的护岸根石，大堤被掘开。但是由于河水不多，决口两侧堤土坍塌，口门当即堵塞。于是不得不在赵口以下1公里的大堤上另选一地决口，却仍是随挖随塌，也未能成功。6月5日，开封陷落，军事形势已非常严峻。于是又紧急命令在郑州花园口一带加紧扒决。新八师师长蒋在珍亲临现场指挥，并选定800名身强体壮的士兵编成5个组，两小时一换，夜间用汽车电灯照明，通宵工作。经过3天3夜扒决，至6月9日，花园口河堤终于被掘开，黄河之水从花园口穿堤而出，奔腾直泄东南。其中，大部分沿贾鲁河经中牟、尉氏、鄢陵、扶沟以下经西华、淮阳至安徽亳县顺颜河到正阳入淮；另一部分，自中牟顺涡河经通许、太康、亳县至怀远入淮。黄河洪水和淮河水在安徽怀远以下，横溢洪泽湖，而后分注江、海。黄、淮之间出现了一个巨大的黄泛区，造成了惨绝人寰的水灾。

黄河花园口人为扒口，灾情之严重、受灾范围之广、影响之深远，均为中国近代水灾史所未有过。根据国民政府行政院关于黄泛区灾害与善后救济的不完全统计，洪水直接波及和影响的黄泛区范围，从西北到东南长约 400 公里，宽 30 ～ 80 公里不等，计 44 个县 (市)、5.4 万平方公里被淹，淹死 89 万人，390 多万人背井离乡，沦为难民。黄泛区腹地鄢陵、扶沟、西华、太康等县受灾尤为严重。房倒屋塌、人口死绝的村庄比比皆是。1946 年，黄河回归故道后，中牟、通许、尉氏、扶沟、西华、商水等 6 县的人口总数只有灾前的 38%。

1938年花园口黄河大堤决堤，洪水泛滥

黄泛区灾民

这次人为灾害不仅造成人口大量死亡，大片土地荒芜，而且滚滚洪水把大量泥沙带入淮河流域，淤塞淮河干支流和湖泊，致使淮河流域连年发生水灾，给以后淮河的治理带来了巨大的困难，加重了淮河流域广大人民的灾难。花园口扒口后，黄河泛滥于黄淮之间的广大地区。后来，黄泛区两岸虽然修筑了防洪新堤，但是由于防御标准低，一遇较大洪水就决堤成灾，泛区内人民颠沛流离，无家可归。黄河花园口决堤以水代兵，不仅没有阻止日军的全线进攻，反而加重了人民的痛苦和灾难。1938 年 10 月，国民党从正面战场上继续溃退，武汉、广州相继失守，国家民族陷入更加危险的境地。

黄河凌灾

黄河流域冬季较为寒冷，部分河段要结冰封冻。特别是黄河上游宁蒙河段和下游河段，都是从低纬度流向高纬度，每当春季开河时，常常造成凌汛威胁，凌汛决口时，洪水多夹带大块冰凌，其势凶猛，不可阻挡；加之天寒地冻，防护抢险十分困难。冰凌所到之处，树木拦腰削断，人民生命财产遭受惨重损失。凌汛被历朝历代视为人力无法抗拒的“天灾”，

黄河冰凌　武慕龙　摄

史有“凌汛决堤，河官无罪”之说。

据史料记载，自1882年现行河道东坝头以下两岸大堤基本建成至1938年的56年中，发生凌汛决口就有25年，约80余处。1883年，“正月十四、十五日，凌水陡涨丈余，历城境内之北泺口一带泛滥二处。又赵家道口、刘家道口各漫溢一处。……又齐河之李家岸于十六日漫溢一处”，至二月，沿河十数州县，漫口竟达到30处。1929年2月28日，在利津扈家滩漫决，淹没利津、沾化60余村，“水势浩荡，冰积如山，当年未堵，12月凌汛复至，附近村庄皆成泽国”。民国15年至26年(1926—1937年)，几乎连年凌汛决口。

旱灾频繁

黄河流域大部分地区属于干旱、半干旱地区，降雨量偏少，水土流失严重，因此，与水灾一样，黄河流域的旱灾也呈现灾情重、频率高的特点。从有历史资料记载至1945年，有大旱成灾记载的年份达1070余次。

早期的流域大旱灾，记述不详，到了明清以后，关于黄河流域连续大旱的史料，屡见不鲜。1632—1642年的明崇祯年间，黄河流域发生了历代罕见的、多年连续的特大旱灾，旱情从鄂尔多斯毛乌素沙地开始，逐年向东、向南扩展。1638—1640年，旱情从黄河流域蔓延到大半个中国，无雨期长达17～19个月，黄河支流汾河、沁河、伊河等多次干涸，干流在晋西南一带也出现局部断流。诸如“焦地流金，大地生烟，野绝青草，寸粒不收，雁粪充饥，骨肉相食，十室九空”等灾情的记述，不胜枚举。

清光绪年间，连续3年大旱，死亡人数达1300多万人；1920年，晋、陕、冀、鲁、豫大旱，受灾人口达2000万人，死亡50万人；在1942—1943年的大旱灾中，河南一省就饿死几百万人。

黄河流域水资源在时间和空间分布上很不均衡。据史料记载，一年中旱灾、洪涝相继出现的年份很多。如 1929 年 2 月黄河在下游发生凌汛决口，8 月伏汛期间又在利津决口，并改道入海。就在这一年，黄河上中游青、甘、宁、内蒙古、陕等省（自治区）出现严重旱灾，“半年未雨”“灾民流散，人相食”，广大灾民挣扎在死亡线上。

第四节 故道遗存

千百年来，黄河在华北平原上频繁决口改道，“三年两决口，百年一改道”是后人对黄河的形象描述。从先秦时期的古籍《禹贡》中夏禹“导河积石”治理黄河，到 1938 年花园口事件，华北平原上无数次上演“神龙摆尾”。如今，一条条黄河故道犹如一本本厚重的史书记载着黄河的前世今生。

黄河故道在曹县

自南宋建炎二年（1128 年）至清咸丰五年（1855 年）的 700 余年间，黄河在山东省曹县形成 3 条黄故河道，影响较大的有南宋故道、贾鲁故道和明清故道。

南宋（含金代）故道，金大定八年（1168 年），黄河自李固渡（今河南滑县）决口，夺淮入海。黄河主河道流经曹县城北、单县南部入淮河。

贾鲁故道，元至正四年（1344 年），河决曹州白茅堤，至正十一年（1351 年）贾鲁治河时疏浚的黄河河道。故道起自黄陵冈（今河南兰考东北），东经山东曹县西南、河南商丘北、安徽砀山，因河道“岸阔底深”，被誉为“铜帮铁底”。明代前期为黄河下游河道的一段，明嘉靖以后，曹县以下河道淤废。

明清故道，清咸丰五年（1855 年），黄河最后一次改道北徙后，在山东曹县南部留下一条宽 0.7 ～ 1.5 公里、东西长 47.7 公里的废旧河道，或称咸丰故道。

中华人民共和国成立后，国家注重改造利用和开发治理黄河故道，植树造林，护堤固沙，先后修建了太行堤水库、仲堤圈水库、戴老家水库等，基本做到了涝能排、旱能抗，为农业生产发展提供了便利的条件。

2010 年，以曹县黄河故道为依托，修建了曹县黄河故道湿地公园。公园位于曹县城区西邻的魏湾黄河故道滩涂上，以太行堤水库为主体，由太行堤三库堤坝和闫潭灌区引黄干线围合而成。它南起闫潭灌区南引黄干线南岸，北至太行堤三库北岸堤坝，东西以太行堤三库隔堤为界，规划区面积 8.88 平方公里，其中湿地面积 8.59 平方公里，湿地率 96.7%。

曹县黄河古道与太行堤

曹县黄河故道湿地公园具有湿地保护、科普教育、湿地研究、生态观光等多种功能，是国家湿地保护体系的重要组成部分，更是黄河故道地区河流湿地类型的典型代表，具有较高的科学价值和保护价值，公园现为国家级湿地公园、国家 AAA 级旅游景区、省级水利风景区。

目前黄河故道留下了似断还续的河床与堤防等历史遗址，得到了地方政府的良性开发利用和保护。

源远流长古济水

发源于王屋山而独流入海的济水历史悠久，源远流长。济水河道变迁也经历了复杂曲折的历程。尧舜时代黄河改道横截济水，河南荥阳以下的济水变成黄河的一条分流。魏晋以后，在今河南境内黄河以南的济水彻底干涸乃至湮没，济水下游则以鲁西地区的湖区与汶水为主要补给源，所以济水又名清河。北宋熙宁年间，河决澶州，入清河，清河于历城东北改道，循漯河故道入海。宋金之交，伪齐刘豫从历城以东挑挖济水故道以通漕运，是为小清河，而取道漯河故道入海的清河始称大清河。清咸丰五年（1855 年），河决河南兰阳（今兰考）铜瓦厢，夺大清河入海，济水彻底消失。

济水作为一条历史悠久的河流，在不同时期、不同河段各有不同的名称。济水历史上曾有清水、清河之名，其上、中、下游曾分别称作沇水、泲水、济水。

说济水，不能不说古“四渎”，因为这涉及济水的来历。《史记·殷本纪》称，商汤既绌夏命，返回首都亳，作《商诰》，曰：“古禹、皋陶久劳于外，其有功乎民，民乃有安。东为江，北为济，西为河，南为淮，四渎已修，万民乃有居。”如此，“四渎”的集合概念在夏商之际就已出现。考虑到商汤是在追述大禹治水的历史时提到的“四渎”，那么“四渎”的概念或许在大禹治水时就已经出现。也就是说，济水的名称最早见于商汤所作《商诰》（公元前约 1600 年），甚至出现在大禹治水时期（公元前约 2070 年），距今 4000 多年。

说济水，又不能不说黄河，因为济水与黄河实在是有着太深的渊源。地质学和考古学的资料表明，黄河下游大规模改道，南北交替从黄海和渤海入海，至少从晚更新世就开始了。距今 1 万年以来，黄河第一次改道大约发生在 4600 年前，从那时开始，黄河由苏北平原入海。这时的济水是黄河北徙之前的济水，著名学者何幼琦先生研究认为，黄河北徙之前的济水是一条完整的河流，独流入海的。第二次改道发生在距今 4000 多年前，黄河北徙，改从河北平原入海。《禹贡》载：“导沇水，东流为济，入于河，泆为荥。”说的是黄河北徙之后的济水。这时黄河在今河南成皋大伾山东边的坂城决口北徙，先与济水合流，又在荥泽北脱离济水，向东北流去，将济水拦腰斩断，黄河以北的济水成为黄河的分流，黄河以南的济水成为黄河的支流，济水也结束了完整而独立存在的历史。

黄河以南的济水流经的地方大致在今河南原阳县东南、封丘县南、开封市北、兰考县东北，进入山东境内之后，在菏泽、定陶两县西南和曹县交界处向东流入巨野泽。南济有一条分支菏水，在古代典籍如北宋《太平寰宇记》（卷十四）往往也称作济水。菏水在定陶县从南济分流出来之后，向东南，经今巨野县东南、金乡县北、鱼台县北，最后流入泗水，故道大致就是今注入南阳湖的万福河。

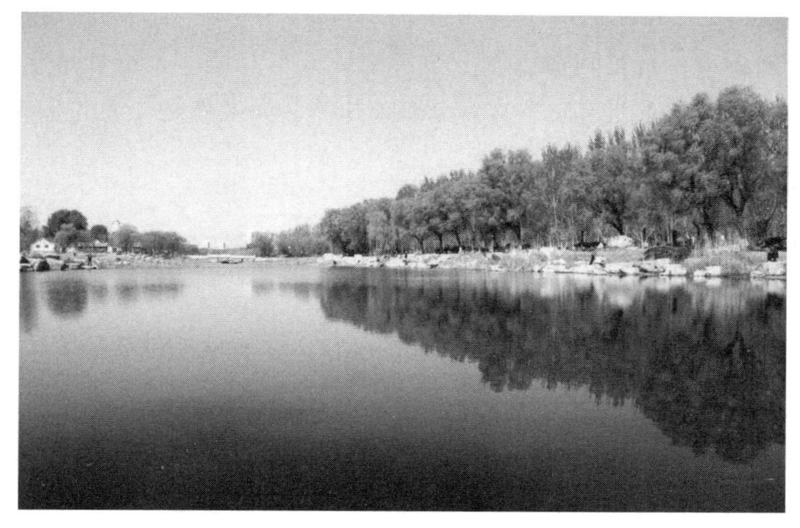

醉人清济

黄河以北的济水流经的地方，在今河南原阳县南、封丘县北、长垣县西南，进入山东境内，然后从菏泽县吕陵店南、定陶县北，至郓城县南流入巨野泽，山东境内故道大致就是今天的赵王河。北济也有一条重要的分支，就是濮水。据《水经注》载，濮水在封丘县由北济分出后，流经今长垣县北，濮阳县西南故县村南，东明县东北十里西台集南，菏泽县西北二十里葭密寨北，至菏泽县东北复入于北济。

济水出了巨野泽之后，向北流去，在梁山东南，有汶水自东北注入，入济之处名清口。济水于梁山东侧北流，经须朐城西、安民亭东（须朐城便是春秋时期的须朐国，即今东平县的须城镇。安民亭北为安民山，在今梁山县东北的小安山镇）。须城与小安山镇之间，今为东平湖，济水故道就在东平湖中。

济水又北，分出一条支津马颊水。马颊水西北流经安民山北，又绕行至桃丘（今东阿县陶城铺）东，折向东北，过鱼山南，注入南来的济水。马颊水入济处名马颊口。鱼山在今东阿县，春秋时山上有柳舒城，曹植墓位于该山的西侧。如今，黄河流经鱼山南，所行大致就是北魏时的马颊水故道，至于南来的济水故道则早已湮灭不存。

济水故道，自东阿鱼山以下至济南历城东北境，大致就是今天的黄河河道。自历城东北境向东直到渤海莱州湾，大致就是今天的小清河。

入海尾闾多故道

1855 年黄河在河南省兰阳（今兰考）铜瓦厢决口，再次从东营入海以来，入海尾闾流路共发生了 9 次大的变迁，形成了 9 条黄河故道。

黄河以善淤、善决、善徙而闻名，在千百年的时间里留下了复杂的故道体系。1855 年以来，“一石水而六斗沙”的黄河把入海口塑造成世界上独一无二的堆积性河口，在河口地区基本是三年两决口、十年一改道。至 1946 年，黄河由东营入海行水的 80 多年间，尾闾决口、摆动、改道达 50 次，其中摆动幅度大的改道就有 6 次，形成了铁门关、毛丝坨、丝网口、徒骇河、旧刁口河、支脉沟等黄河故道。中华人民共和国成立后实施了 3 次人工改道，形成了甜水沟、神仙沟、刁口河等黄河故道。

黄河夺大清河之初，从利津铁门关北肖神庙以下二河盖之牡蛎嘴入海，此时尚为地下河。到清光绪年间，两岸堤防渐趋完固，进入下游的泥沙渐多，河床迅速淤高，新河道已成为地上河。到光绪十五年 (1889 年) 三月在韩家垣子 (利津陈庄) 决口改道，此条河道历时 34 年，实际行水 19 年 (其余年份为上游决溢、改道而河竭)，被称为铁门关流路。

黄河在韩家垣子(利津陈庄)决口后，改道东流，经老鸹岭、四段、杨家嘴，由毛丝坨(垦利建林东)以下入海。此为毛丝坨流路，河道历时8年，实际行水5年又10个月。

光绪二十三年(1897年)五月，黄河决北岭子，改道东流，由薄庄南过集贤，转向东南，经左家庄、永安镇、老十五村，由丝网口(今宋坨子)以东、团坨子以北入海。另有一股支汊在乱井子(清河村旧址)西北分流，又在羊栏子与三十八户之间合一。此为丝网口流路，河道历时7年，实际行水5年又9个月。

清光绪三十年(1904年)六月，黄河决薄家庄改道西北流，经青边岭、虎滩嘴、流口、薄家屋子、义和庄入徒骇河下游绛河故道，在太平镇以北老鸹嘴入海。此为徒骇河流路，河道历时13年，实际行水11年。又于1917年农历七月，在太平镇改道东北流，经大洋铺、中和堂，由车子沟入海；另由虎滩嘴东南分出一股支流，经大牟里、小牟里、四扣，在刘家坨子以北的面条沟(今挑河)入海。1925年，又在虎滩嘴分出一股支汊向西北流，经沾化县入无棣县套儿河入海。此次北流入海路线散乱，前后共历时22年，实际行水17年又9个月。

1926年6月，黄河在八里庄以北(吕家洼)决口东北流，经丰国镇(今汀河)北，由刁口河入海，形成旧刁口河流路，历时仅3年。

1929年8月，土匪在纪家庄盗掘堤决，大河东去，流路散乱，先后由南旺河(今支脉河)、丝网口、宋春荣沟、青坨子等海口入海。此为支脉沟流路，历时5年，实际行水3年又4个月。

1976年黄河改道截流祝捷授奖大会场景
(主图)张仲良　摄

1934年8月，合龙处(今涯东村附近)决口，河水东向漫流，先由毛丝坨以北老神仙沟入海，后又形成神仙沟、甜水沟、宋春荣沟 3 股入海形势。1938 年 7 月，南京国民政府下令扒开郑州花园口大堤，河水入淮河故道，山东河竭。1947 年 3 月，花园口堵复，黄河归山东故道，仍循原河道 3 股入海。此为甜水沟流路，历时 19 年，实际行水 9 年又 2 个月。

1953 年 7 月，小口子裁弯改道，开挖引河，促成神仙沟独流入海，历时 10 年又 5 个月。

1964 年 1 月 1 日，罗家屋子破堤分泄凌洪，由草桥沟、洼拉沟入刁口河漫流归海，终成改道刁口河，行水 12 年又 5 个月。

1976 年 5 月，在罗家屋子进行人工截流成功，炸开西河口引河挡水坝，改由清水沟入海，行水至今。

百年流路神仙沟

神仙沟发源于黄河北岸，穿过东营市河口区孤岛、仙河两个小镇，从东营中心渔港注入渤海湾，全长约 60 公里。

关于“神仙沟”名称的来历，众说纷纭。其中，《孤岛镇志》中的记载广为流传：黄河在本地入海之前，沿海地带的牡蛎堆、蚌壳堆历经海水数年冲刷，被厚厚的泥沙覆盖。有一年，渔民在其上面挖坑，竟然渗出了淡水。有牡蛎堆、蚌壳堆的地方为什么储存着淡水，无人能够解释，故说成是神仙点化的结果，出淡水的地方遂得名“神仙沟”。

神仙沟流路的演变是自然与人为力量博弈的结果。

清咸丰五年（1855 年），黄河夺大清河以来，出海口门屡被泥沙淤填，出水不畅，致使尾闾流路多次变迁。民国 23 年（1934 年），合龙处民埝决口，大河东去，流路散乱，后形成神仙沟、甜水沟、宋春荣沟 3 股入海形势。民国 27 年（1938 年），国民政府下令在郑州花园口炸毁大堤，黄河夺淮入海，原流路枯竭。1947 年花园口口门堵复合龙，黄河归故，仍循原河道入海。

1952 年，甜水沟流量有逐渐向神仙沟增加的趋势，甜水沟曲折多弯，水流不畅，神仙沟比降大，河身短，河势低，水流畅通。两股河在小口子处靠近，形成坐弯，最近处相距仅 95 米，水位相差 0.71 米。当地群众积极要求挑通两沟，合股归一，推进农业生产、河口治理。1953 年 4 月，山东河务局报请黄河水利委员会批准后，组织人员对引河现场勘测研究，决定兴工。

1953 年 6 月 14 日，垦利县人民政府调集民工 200 余人，于 16 日完成引河开挖工程。河长 119 米，上宽 17 米，底宽 10 米。引甜水沟河水直入神仙沟，裁去神仙沟上游（四段河）一段弯道，此役称“小口子裁弯改道”。7 月 8 日，引河过水，7 月 30 日，引河拓宽至 187 米，水深 4.0 ～ 6.8 米，过流 758 立方米每秒，夺流占 64%。8 月末，甜水沟及其以下的宋春荣沟完全淤塞，9 月，引河已刷宽至 300 米，成为大河，大小孤岛连成一片，四段河弯道也淤积断流，形成神仙沟独流入海形势。此为黄河尾闾第八次大变迁，也是黄河归故以来第一次较大的人工改道。

小口子改道后，黄河入海流程缩短 11 公里，河床比降变陡，尾闾长度由 27.3 公里增至 59.8 公里，次年开始溯源冲刷，影响范围达 200 公里以上，改道效果显著。1964 年，黄河改道刁口河，原神仙沟河道淤闭。

神仙沟流路的发展体现了新中国成立以来对河口地区流路治理能力的提升，通过有计划地控制河口流路变迁，改善尾闾河段的泄水排沙和入海条件，以缓和河道防洪与开发黄河三角洲的矛盾，加快了两岸陆地的淤积，推进了孤岛、仙河及自然保护区区域的发育、成熟。

20 世纪 60 年代末，胜利油田在孤岛地区开发建设，之后在原河道基础上多次疏浚治理，形成了神仙沟河道现状。

如今，神仙沟在这片土地上流淌了已近百年，蜿蜒的河道中串联着孤岛、仙河两座小镇，河畔苇荻漫天，槐林蔽日，俨然成为当地的生态景观亮点和文化品牌，在经济发展和旅游开发等方面发挥着重要作用。

刁口故道展新姿

刁口河流路是黄河三角洲地区重要的入海备用流路。刁口河位于黄河三角洲北部，为1964—1976年黄河入海故道，全长约52公里。流路行水历时12年又5个月。其间共来水5180亿立方米、来沙135亿吨，填海造陆面积约506.9平方公里，年均40.81平方公里，海岸线外延约17公里，河长自改道前的26公里延长到64公里。1976年，黄河改行清水沟流路以后，1976—2010年，刁口河停止行水34年。流路由于长期备而不用，缺少淡水补充，出现了河道萎缩、湿地退化、海岸线蚀退、生物物种减少、生态环境恶化等严重问题。据统计，1976—2000年24年间，刁口河沙嘴最突出部位（0米线）蚀退距离为10.5公里，平均蚀退距离为7.67公里，蚀退面积为115.1平方公里。

崔家节制闸开闸放水，刁口河恢复过流实验成功启动

针对刁口河流路的现状，2010年6月，黄委作出部署，在黄河第十次调水调沙期间实施了黄河三角洲生态调水暨刁口河流路恢复过流试验，使停止行河34年的刁口河重新焕发生机。

自2010年起（2016年未调水）至2020年7月底，刁口河累计生态调水2.72亿立方米，沿线生态得到有效改善，生态环境恶化的不利局面得到有效遏制。位于刁口河入海口的黄河三角洲自然保护区（北区）再现碧波荡漾、鱼翔浅底、万鸟云集的景象。

航拍刁口河桩埕路以北河段

万鸟云集刁口河

第五节 千 年 治 水

大禹治水

夏禹，姒姓，也称大禹，夏后氏部落首领，为远古传说中的著名治水人物。

相传在4000多年前的尧舜时代，黄河流域发生了大洪水。尧命崇地伯鲧领导治水。鲧用“障水法”，历时9年未能平息水患，被杀于羽山。舜即位后，命禹继续负责治水。禹汲取其父鲧治水失败的教训，改以疏导为主，利用水向低处流的自然趋势，疏通了九河，平息了水患。“导河积石，至于龙门，南至于华阴，东至于砥柱，又东至于孟津。东过洛汭，至于大伾，北过降水，至于大陆，又北，播为九河，同为逆河，入于海。”（《尚书·禹贡》）这段记载，就是夏禹治河活动和禹治水后黄河河道的描述。

大禹画像

在古籍和传说中，夏禹的治水事迹十分感人。《尚书·益稷》称：禹娶涂山氏女，结婚后生子启，“启呱呱而泣”，禹顾不得照抚幼子，径自治水而去。《史记·夏本纪》说：“禹伤先人父鲧功之不成受诛，乃劳身焦思，居外十三年，过家门不敢入。”《韩非子·五蠹》记载：“禹之王天下也，身执耒臿，以为民先，股无完胈，胫不生毛，虽臣虏之劳，不苦于此矣。”时至今日，黄河两岸仍广泛流传着夏禹治水的传说：如宁夏的青铜峡，晋陕之间的龙门，伊水流过的伊阙，都说是禹用神斧劈开；著名的黄河三门峡砥柱石及三门——神门、鬼门、人门，也说为夏禹所凿，甚至鬼门岛上的两个圆坑，也被说成禹从狮子头骑马跃过三门时，马失前蹄所留下的印记。历代诗人写下了许多吟咏夏禹治水的诗篇。夏禹公而忘私、不畏艰险驯服洪水的业绩成为中华民族精神的象征。

汉武帝瓠子堵口

汉武帝元光三年（公元前 132 年），黄河在瓠子（今濮阳西南）决口，洪水向东注入山东巨野泽，然后流入淮河、泗水，给梁楚之地（今豫东、鲁西南、苏北、皖北地区）带来巨大的灾害。武帝刘彻闻讯后，即令主爵都尉汲黯、大司农郑率人堵复，结果未能成功。此后，黄河连续 23 年泛滥横流，灾区人民流离失所，苦不堪言。尤其是濮阳一带，尽成泽国，饥民蜂起，民怨沸腾。直至元封二年（公元前 109 年），武帝到泰山等地进行封禅祭祀活动，途经水灾区，目睹灾情惨状，于是下决心堵复决口。

这次堵口武帝亲帅群臣参加，沉白马、玉璧祭祀河神，官员自将军以下背柴草参加施工。史载，治河工地，十余万大军，群情昂扬，歌声慷慨悲壮，终于堵住了瓠子决口。为了堵口，淇园（战国时卫国著名的园林）的竹子也被砍光以应急需。堵口采用的施工方法是："树竹塞水决之口，稍稍布插接树之，水稍弱，补令密，谓之楗。以草塞其里，乃以土填之。有石，以石为之。"此法类似近代"桩柴平堵法"，即在决口处先用大竹间隔打下基桩，然后填塞柴草使水流变缓，再插石填土截断水流。塞河工程，一是堵塞黄河之南的决口，二是疏导黄河之北行二渠，既防又宣，使黄河水顺利宣泄。瓠子决口堵住了，黄河又流入大禹治水时的旧道。使梁、楚之地消除了水患，重新获得了安宁。

武帝有感于河道决口长期没有堵复，堵复中又经历了许多曲折，乃作《瓠子歌》两首，记述了决口造成的巨大灾难、堵口工程的艰巨和堵口的措施。当时担任史官的司马迁也是负薪堵口官员队伍中的一员。这次堵口给他留下了刻骨铭心的印象。他感叹道："甚哉，水之为利害也！余从负薪塞宣房，悲《瓠子》之诗而作《河渠书》。"即在《史记》中首创《河渠书》专篇的体例，成为中国第一部水利通史。

贾让“治河三策”

贾让，西汉末年人。绥和二年（公元前 7 年），汉哀帝下诏“博求能浚川疏河者”，贾让应诏上书，提出了中国历史上著名的“治河三策”。

贾让在上书以前，曾研究了前人的治河历史，并亲至黄河下游东郡一带进行了实地调查研究。他认为：战国时，“齐与赵、魏以河为境。赵、魏濒山，齐地卑下，作堤去河二十五里。河水东抵齐堤，则西泛赵、魏，赵、魏亦为堤去河二十五里。”这样做“虽非其正，水尚有所游荡”，汛期涨水，在宽广的河道内可“左右游波，宽缓而不迫”。如今沿河居民不断与河争地，堤内筑堤，民居其中，致使堤距日益缩窄，“堤防狭者去水数百步，远者数里”，而且“河从河内北至黎阳为石堤，激使东抵东郡平刚；又为石堤，使西北抵黎阳、观下；又为石堤，使东北抵东郡津北；又为石堤，使西北抵魏郡昭阳；又为石堤，激使东北。百余里间，河再西三东，迫厄如此，不得安息”。那时从黎阳堤上北望，“河高出民屋”，形势十分严峻。

贾让画像

经过深思熟虑，贾让在给皇帝的奏折中提出的上策是：“徙冀州之民当水冲者。决黎阳遮害亭，放河使北入海。”他认为采取这一措施后，“河西薄大山，东薄金堤，势不能远泛滥，期月自定”。有人以为改河将“败坏城郭田庐冢墓以万数，百姓怨恨”，贾让不以为然。他算了一笔账，“濒河十郡治堤岁费且万万，及其大决，所残无数”，“如出数年治河之费，以业所徙之民”，就能使改道计划成功。贾让在上策结尾说：“大汉方制万里，岂其与水争咫尺之地哉？此功一立，河定民安，千载无患，故谓之上策。”

贾让的中策是：“多穿漕渠于冀州地，使民得以溉田，分杀水怒。”具体措施是：“淇口以东为石堤，多张水门”；并在水门以东修一长堤，“北行三百余里，入漳水中”。在长堤旁多开渠道，“旱则开东方下水门溉冀州，水则开西方高门分河流”。这样，贾让认为可以避三害、兴三利：“民常罢（疲）于救水，半失作业；水行地上，凑润上彻，民则病湿气，木皆立枯，卤不生谷；决溢有败，为鱼鳖食。此三害也。“若有渠溉，则盐卤下湿，增淤加肥；故种禾麦，更为杭稻，高田五倍，下田十倍；转漕舟船之便：此三利也。”同时，贾让还强调指出：沿河各郡大都有治河吏卒数千人，每郡每年治河经费数千万，以如此人力物力，完全“足以通渠成水门”。又由于“民利其灌溉，相率治渠，虽劳不罢（疲）。民田适治，河堤亦成”，真可谓一举两得。果如此，贾让以为可以“富国安民，兴利除害，支数百岁，故谓之中策”。

如不采取以上两策，只是在原来狭窄弯曲的河道上“缮完故堤，增卑倍薄”，进行小修小补，贾让认为其后果必然是“劳费无已，数逢其害，此最下策也”。

贾让的治河三策是中国最早对黄河下游兴利除害的治河文献。东汉史学家班固以 1000 余字的篇幅把它完整地记入《汉书·沟洫志》中，对后世的治河工作产生了深远的影响。

东汉王景治河

王景，字仲通，原籍琅邪不其（今山东省即墨县西南）人，明帝时曾任侍御史、河堤谒者等职，后迁庐江太守，为东汉著名的治水专家。

据《汉书》记载，自王莽始建国三年（公元 11 年）河决魏郡以后，黄河泛滥，汴渠侵毁，久而不修。到明帝时，“汴流东侵，日月益甚，水门故处，皆在河中，漭瀁广溢，莫测圻岸，荡荡极望，不知纲纪”，“兖、豫之人，多被水患”。在这样的形势下，汉明帝审时度势，下决心治理黄河、汴渠，并于永平十二年（公元69年）春，召见王景询问河、汴治理方略。王景青年时，即“广窥众书，又好天文术数之事，沈深多伎艺”。因善于理水，曾与将作谒者王吴共修过浚仪渠，他采取“墕流法”施工，水不复为害，名益著。明帝与之交谈后，倍加赞赏，亲赐《山海经》《河渠书》《禹贡图》及钱帛衣物，命王景仍与王吴一起共同主持治理河、汴工程。

王景塑像

永平十二年夏四月，王景、王吴率卒数十万，“修渠筑堤，自荥阳东至千乘海口千余里”。在大规模施工中，王景“商度地势，凿山阜，破砥碛，直截沟涧，防遏冲要，疏决壅积”，以各种当时可能采取的技术措施，开凿山阜高地，破除旧河道中的阻水工程，堵绝横向串沟，修筑千里堤防，疏浚淤塞的汴渠，自上而下对黄河、汴渠进行了治理。特别是在汴口治理中，创造性地采取了“十里立一水门，令更相洄注”的措施，交替从河中引水入汴，从而改善了汴口水门工程，做到了河、汴分流。

经过整整一年的努力，永平十三年（公元70年）夏四月，工程全部完成，数十年的黄水灾害得到平息，汴渠恢复了通航功能，大面积被淹没的耕地重新焕发了生机。汉明帝闻奏后十分高兴，亲自“行幸荥阳，巡行河堤”，并下诏称：“今既筑堤、理渠、绝水、立门，河、汴分流，复其旧迹。陶丘之北，渐就壤坟，故荐嘉玉絜牲，以礼河神。东过洛汭，叹禹之绩。今五土之宜，反其正色，滨渠下田，赋与贫人，无令豪右得固其利，庶继世宗《瓠子》之作。”同时明帝还下诏“滨河郡国置河堤员吏，如西京旧制”；“王吴及诸从事掾史皆增秩一等”。永平十五年（72 年），王景从明帝东巡，至无盐（今山东东平东南），明帝嘉景治河功绩，又拜为河堤谒者，“赐车马缣钱”。

王景这次治河，由于工程浩大，动用人力物力甚众，“虽简省役费，然犹以百亿计”，投资之巨，相当惊人。从此以后，河流规顺，在八九百年间史书上少见有关黄河改道的记载。

潘季驯“束水攻沙”

潘季驯（1521—1595），字时良，号印川，浙江乌程（今湖州市）人，是明代著名的治河专家。明嘉靖二十九年（1550 年）进士，授九江府推官，后擢御史，巡按广东。官至工部尚书兼都察院右都御史。嘉靖四十四年（1565 年）到万历二十年（1592 年），他 4 次总理河道，先后治河近 10 年。

明代黄河由河南归德至徐州南下夺淮，注入黄海。自徐州至淮安五百里的河段是漕运要道；自淮安到扬州，则利用湖区作为运河。同时明朝皇帝的祖陵在泗州（今盱眙北），皇陵在凤阳，均位于淮河岸旁。治河对皇陵的保护、漕运的畅通和沿河百万生灵的安危，要综合考虑，难度较大。

潘季驯画像

明初为保漕运，在治河策略上，重北轻南，采取“北岸筑堤，南岸分流”的措施。到嘉靖末年，黄河下游徐州以上河道分汊达 13 支之多，淤积严重，连年为患。万历六年（1578 年）潘季驯第三次主持治河以后，在前两次治河实践和汲取前人治河经验的基础上，进一步认识到“黄流最浊，以斗计之，沙居其六”的黄河含沙多的特点，强调治河宜合不宜分，分则水势缓而沙停淤槽；合则水力强而沙随水去。于是改变了前期分流的措施，主要以束水攻沙的理论来指导治河。在处理黄、淮、运三河关系上，提出“通漕于河，则治河即以治漕;合河于淮，则治淮即以治河;会河、淮而同入于海，则治河、淮即以治海”的规划原则，进行综合治理。

在处理水沙方面，潘季驯提出“以河治河，以水攻沙”的方策，为实现这一方策所采取的措施为：一是“筑堤束水”，主要采用缕堤，塞支强干，固定河槽，加大水流的冲刷力；修筑遥堤来约拦水势，取其易守，并可利用洪水冲刷主槽。在遥堤、缕堤之间，修筑格堤。由于黄河多沙，洪水漫滩，万一缕堤冲决，横流遇格即止，水退沙留，可以淤滩，滩高于河，水虽高，也不出岸，起到淤滩刷槽的作用。二是加强洪泽湖东岸的高家堰，充分利用洪泽湖，蓄淮河之水以清刷黄，黄淮二水相汇，河不旁决则槽固定，冲刷力强，有利排沙入海。这样“海不浚而辟，河不挑而深”，以达借水攻沙、以水治水之目的。

为了防御异常洪水，万历八年（1580 年）他于黄河下游桃源（今泗阳）窄河道内，修建了四座减水坝（即崔镇、徐升、季泰、三义减水坝），坝顶比堤顶稍低二三尺，宽各三十余丈，万一水与坝平，任其从坝顶溢出，“则归槽者常盈，而无淤塞之患，出槽者得泄，而无他溃之虞，全河不分，而堤身自固矣”。

潘季驯对堤防修守十分重视，他说防河如防虏。“防虏则曰边防，防河则曰堤防，边防者，防虏之内入也，堤防者，防水之外出也。欲水之无出，而不戒于堤，是犹欲虏之无入，而忘备于边者也”。因而他强调四防（昼防、夜防、风防、雨防）二守（官守、民守）的修防法规，进一步完善修守制度。

潘季驯在治河期间，全面整修完善了郑州以下两岸堤防，初步形成黄河下游防洪工程体系，治绩卓著。他于万历二十年告老回乡，二十三年病故。在职时曾著有《两河经略》（原名《两河管见》）和《河防一览》（原名《宸断大工录》）等书。阐述了他的治河方略和经验，对后世治河产生了深刻的影响。

林则徐治黄

林则徐是我国近代著名的政治家、思想家，伟大的民族英雄，他以查禁鸦片、坚决抵抗英帝国主义的侵略而闻名中外。同时，他还是一位出色的治水专家，在其仕宦生涯中，十分重视水利建设。尤其在治理黄河上，功绩更为卓著。

清道光三年（1823 年），林则徐擢升为江苏按察使。1825 年夏季，黄河在江苏南河高家堰决口。这时林则徐正在福州老家丁母忧。因情况危急，朝廷破例将他从原籍召回，驰赴南河督修堵口工程。五月十八，他抵达高家堰六堡二堤工地后，顾不上休息，当日便到各处查验修堤工程，沿途睡工棚，住破庙，风餐露宿，辛苦异常。每到一地，他必“与僚佐孜孜讲画”。由于日夜操劳，他的疝疾发作，需要随从搀扶着拄杖行走。病痛难忍时，他就吞服镇痛药缓解病情。尽管如此，一些贪官污吏还制造流言蜚语背地里对他进行攻讦。但这一切都没有动摇他为民兴利除害的坚强意志，仍天天带病出现在工地上。直到工程完工后，他才重回原籍为母丁忧。

林则徐画像

道光十一年（1831 年）二月，林则徐又擢升为东河河道总督，管辖山东、河南两省境内黄河、运河的防修事务。一上任，他就深入实地进行考察，把整条河流的形势绘制成图挂在墙上，哪里平缓，哪里危险，一看就知道，这就使治河的官吏不能敷衍搪塞。

二月下旬，他又亲往河南东部黄河两岸，查验河防各厅的防汛料垛。访查前，他便得知“堆料积弊，更仆难终”，事先详细了解了利用料垛作弊的一些手段。所谓“料垛”，就是用高粱秸秆、柳树枝为原料和泥土混合而成的垛子，是黄河修防堵口的重要材料。河吏们历来借机从中贪污作弊，想出各种花样。比如，在堤顶放好的秸料，作为“门垛”，以应付上司检查；而在底下河滩等处，或虚空其垛心，或以朽黑腐烂的秸料填塞，作为“滩垛”；还有的理旧翻新名为“拼垛”，以新盖旧名为“戴帽”等，致使河工修防第一要件料垛，变成河工的第一弊端。正因为此，林则徐抵达后，趁作弊河吏不备，对所辖南北两岸15个厅各工段的料垛逐一查验。他在料垛夹档中逐一穿行，量其高宽丈尺，相其新旧虚实，有松即抽，有疑即拆，无一垛不量，亦无一垛不拆。发现贪污作弊的，当场将有关河吏撤职，并令其赔偿全部损失。林则徐这种一丝不苟、认真负责的精神，得到道光皇帝的嘉奖：“向来河臣查验料垛，从未有如此认真者。”同时，也博得了沿河民众的交口称赞。

对于黄河修治，林则徐还提出了一些好的建议。如他鉴于黄河埽工常被大水冲刷、破坏严重、防守困难的弊端，提出“碎石分入水，铺作坦坡，既可以维护埽根，并可挽回溜势”，使“工固澜安”。他的这一建议实施后，收到了很好的防洪效果。在河南境内，提倡用石料修河工的，林则徐是首倡者之一。

为了解除当时的江、淮之困，林则徐还提出将黄河改道北流（即现行河道）沿大清河入海的设想。他提出这一设想后不到20年，黄河就于咸丰五年（1855年）大改道，改道后的流经路线跟他的设想完全相同。

1840年林则徐任两广总督期间，由于查禁鸦片和抵抗英帝国主义的侵略，得罪了当朝的投降派。在投降派的怂恿下，道光皇帝以莫须有的罪名革去了林则徐“两广总督”的职务，第二年四月又将其发配新疆伊犁戍边。

就在林则徐前往伊犁戍边的途中，黄河于六月十六在河南祥符三十一堡决口。滔滔洪水一泻千里，尽淹河南、安徽黄河沿岸的城乡。

开封府的护城堤被冲垮，洪水直冲南门，溢满城厢，城内水深丈余，屋舍尽没……当时的河南巡抚牛鉴、东河总督文冲均束手无策，只能抱头大哭。在这危难之际，道光皇帝派大学士王鼎前往主持堵口工程，并“昭示林则徐折回东河，效力赎罪”。林则徐接旨后，日夜兼程赶往河南祥符。到祥符后，他立即与王鼎同往六堡工地，在第一线督导堵口工程。他每天早出晚归，巡查在万丈长的堤坝上，“盛暑烈日中，日必一周，与僚佐孜孜讲画无倦容。而徒步泥沼中，民亦忘其为三品大僚也。”（林聪彝:《文忠公年谱》）在林则徐的实际主持下，经过一个冬春的艰苦努力，终于在第二年二月，大坝合龙。然而在合龙成功之时，他又接到圣旨，让他仍然远赴伊犁戍边……

林则徐到达新疆后，并未消沉下来，而是积极投身于边疆建设，为新疆各族人民做了许多好事。特别在屯田和水利建设上，他抱病协办伊犁的阿齐苏垦地，捐资兴修龙口水渠工程，还在吐鲁番等地推广“坎儿井”，使“溉田久荒”的吐鲁番“变赤地为沃野”……他的这些为民造福的丰功伟绩和“苟利国家生死以，岂因祸福避趋之”的博大胸怀，充分彰显了他民族英雄的本色，也赢得了各族人民的称颂和尊敬。

李仪祉治黄

李仪祉（1882—1938），名协，字宜之，后改仪祉，陕西省蒲城县人。自幼精习数学、文学，清宣统元年（1909 年）毕业于京师大学堂，旋奉西潼铁路局派遣赴德国皇家工程大学土木工程科攻读铁路、水利专业。辛亥革命发生，他毅然归国。民国 2 年（1913 年）再度赴德，途中考察欧洲江河，立志专攻水利。民国 4 年（1915 年）学成归国，任教南京河海工程专门学校。民国 11 年（1922 年）后历任陕西省水利局局长、华北水利委员会委员长、导淮委员会委员兼总工程师、全国救济水灾委员会委员兼总工程师、黄河水利委员会委员长、扬子江水利委员会顾问工程师等职。

民国22年（1933年）黄河大水，黄河下游决口数十处，洪水泛及五省，灾民数十万，当年9月成立黄河水利委员会，李仪祉首任委员长（1933—1935年）。在任职时他统一河政，拟订各项规章制度，加强治黄的基本工作，运用近代水利科技，对黄河进行广泛的勘测研究，制订治黄方略和治黄工作计划；全面培修了黄河北金堤。经调查，他认为黄河的病源是泥沙，防洪更需减沙，强调上、中、下游统一治理，今后治黄重点应放在西北黄土高原上，主张在田间、溪沟、河谷中截留水沙，提倡治理黄河与发展当地的农、林、牧、副业生产相结合。对于防洪，他筹划三条出路：一是疏浚下游河漕；二是修建支流拦洪库；三是开辟减水河。他主张整治河道，发展黄河航运。

李仪祉

李仪祉对家乡水利，倾注毕生精力。先后完成了泾惠渠、渭惠渠的建设，筹备了洛惠渠、梅惠渠的施工，并亲自拟定了陕南汉惠渠、褒惠渠、湑惠渠等及陕北织女渠、定惠渠的工程计划，在时局不宁、经费无着、艰难困苦的情况下，悉心筹划，四处募捐，历尽辛苦，治水业绩惠泽三秦。

李仪祉倡议成立水利学术团体，民国20年（1931年）首任中国水利工程学会会长。为传播水利科学技术，倡办《水利》《黄河水利》等月刊，整理出版古代水利典籍，团结水利人士，谋求水政统一。他除了强调成立各流域上、中、下游统一治河机构外，还强调各流域之间要协同工作。1929年李仪祉任华北水利委员会委员长，提出“华北（今海河流域）、导淮、黄河三委员会有联合工作之需要”。

李仪祉从事水利工作20余年，发表水利论著200余篇。其中重要的治黄论著有《黄河之根本治法商榷》《黄河治本的探讨》《治理黄河工作纲要》《黄河治本计划概要叙目》《治河略论》等。

王化云治黄

王化云（1908—1992），字龙骧，河北省馆陶县人，1938 年加入中国共产党。中华人民共和国成立后，任黄河水利委员会主任，三门峡水利枢纽工程局副局长兼党委第三书记，水电部党委成员、水利部副部长，第一至第六届全国人民代表大会代表，河南省政治协商委员会主席等职。

1946 年 6 月，王化云出任冀鲁豫区黄委会主任，负责黄河修防，并参加了国共黄河问题谈判。黄河归故后，王化云认真执行了“确保临黄，固守金堤，不准决口”的方针。在险恶的条件下，参与领导复堤整险，建立人民防汛体制，确保了防洪的安全。他还领导组建了造船厂、水兵大队，为晋冀鲁豫野战军渡河南下作出了突出贡献。

1947年9月王化云（右二）在北寨村驻地与冀鲁豫黄河水利委员会同事合影

20 世纪 50 年代初，王化云在治黄上大力开展基本工作和治黄队伍建设。先后领导成立泥沙研究所，扩建、新建天水、绥德、西峰等水土保持试验站，组建勘测队伍，建立水文站网，组织查勘队进行全面的黄河查勘工作，为编制黄河规划提供重要依据。1952 年 5 月，王化云向中央提出《关于黄河治理方略的意见》，10 月陪同毛泽东主席视察黄河，汇报了治河设想并回答了毛主席的询问。1955 年 5 月，王化云起草了政务院副总理邓子恢向第一届全国人大二次会议作的关于黄河规划报告的初稿，为全面治理开发黄河进行准备。

王化云在几十年的治黄活动中，认真研究古今治河经验，向人民学习，经常在黄河上下游考察，先后提出“宽河固堤”“蓄水拦沙”“上拦下排”等一系列治河主张，并处理治黄的一些重大问题。

1958 年汛期，黄河发生大洪水，花园口洪峰流量达 22300 立方米每秒，防洪形势严峻。王化云与有关人员全面分析了雨情、水情、堤防工程的抗洪能力，果断提出不使用滞洪区分洪战胜洪水的建议，得到河南、山东两省领导同意并由周恩来总理批准，经沿河军民苦战，取得防洪胜利，避免了滞洪区内百万居民、200 万亩土地的淹没损失。

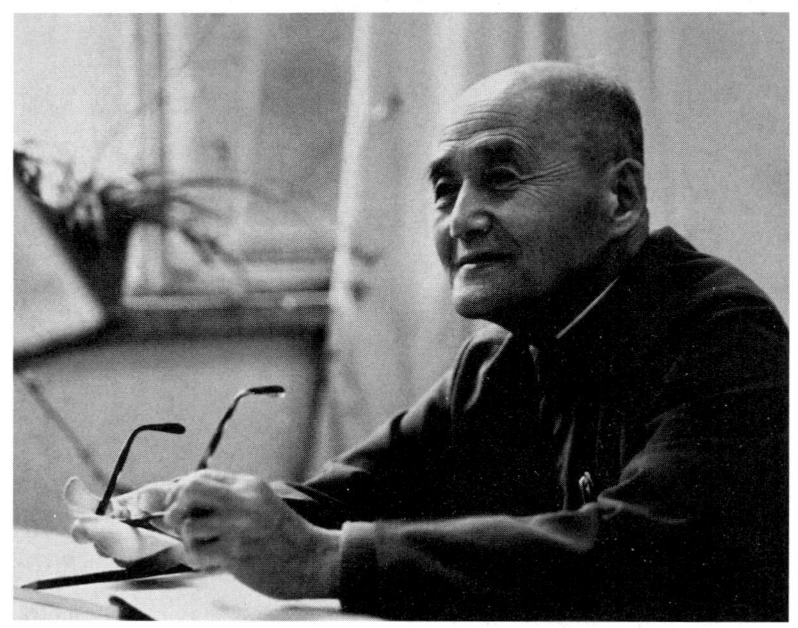

王化云工作照留影

1970 年以后，王化云发展了他的“上拦下排”治河思想，提出全河“调水调沙”，积极主张在干流修建大型水库；在黄土高原大力开展水土保持，重点治理多沙粗沙区；在下游巩固堤防、整治河道、治理河口，建立防洪工程体系，提高排洪排沙能力。王化云晚年根据长期的实践，提出“要把黄河看成一个大系统，运用系统工程的方法，通过拦水拦沙、用洪用沙、调水调沙、排水排沙等多种途径和综合措施，主要依靠黄河自身的力量来治理黄河”。

王化云主持治黄工作近 40 年，组织下游 3 次大规模修堤，取得年年伏秋大汛黄河没有决口的胜利，多次受到毛泽东、周恩来、朱德、邓小平等中央领导人的接见。他的主要治黄著述是 1989 年出版的《我的治河实践》一书，总结了他治河 40 年的经验。

第二篇

工　程　之　河

大河奔涌，安澜为重。千百年来，中华民族始终跟黄河水害作斗争，古有鲧障洪水、禹疏九河、瓠子堵口，今有宽河固堤、蓄水拦沙、两岸分滞。进入新时代，习近平总书记强调共同抓好大保护，协同推进大治理，让黄河成为造福人民的幸福河。治水固堤、修桥建坝、拦蓄洪水、科学调度……沿黄人民用辛勤和智慧谱写出一曲曲治黄惠民的赞歌，筑起了一座座兴水安邦的丰碑。

第一节 黄 河 之 险

由于历史上黄河频繁改道，两岸河湖水系多次打乱，历经反复冲湮和重组，形成了“豆腐腰”“黄河咽喉”、艾山卡口等独特的景观风貌，犹如镶嵌在大河金色绸缎上的一颗颗宝石，形态各异，熠熠生辉。

游荡多变“豆腐腰”

菏泽市东明县境内，黄河高村险工以上河段为游荡型河段，冲淤变化剧烈，水流宽浅散乱，河势变化不定，主流摆动频繁，是历史上著名的“豆腐腰”河段。两岸堤距最宽处 20 公里，堤防背河坑塘洼地 53 处，致使局部堤段临背悬差较大，大水时水位高差大，易出现渗水、管涌等险情，严重威胁堤防安全，抢护任务艰巨。

清咸丰五年（1855 年），河南兰阳（今兰考）铜瓦厢决口，黄河改道，东明作为黄河进入山东第一县，河道上宽下窄，纵比降上陡下缓，排洪能力上大下小；河水主流位置迁徙不定、摆动幅度大，极易发生“横河”“斜河”，造成冲堤的危险。同时，由于原堤防多在民堰基础上修建，堤身为砂质土，外面仅一层黏土，渗水性大又不抗冲，大水时背河易出现管涌，临河如偎堤走溜，淘刷根基，易出现堤防坍塌、墩蛰等大险情，所以被称为“豆腐腰”河段。

修筑堤防是治理“豆腐腰”河段最有效的方法。东明黄河大堤始建于清光绪元年（1875 年）。1855 年，河南兰阳（今兰考）铜瓦厢决口后，黄河改道北流，这段堤防多为下游直接受害地区组织人力修筑。堤防起自李连庄经高村至黄庄，计长六十余里，顶宽三丈，底宽十丈，高一丈四尺。清光绪三年（1877 年）自直隶东明谢寨起，至河南考城圈堤止，筑新堤长四十余里，顶宽一丈，底宽五丈，高八尺。1922 年 5 月，加修谢寨以上之堤，其标准与谢寨以下大堤相同。

中华人民共和国成立后，东明所辖堤防于 1950—2005 年进行了四期大修堤和标准化堤防建设。第一次大复堤：1950—1953 年，东明堤防四年相继连续复堤，设计标准为顶宽 7 ～ 10 米，临背河边坡 1∶3.0，共完成土方 195 万立方米。第二次大复堤：1955—1963 年，对东明堤防进行了加修，设计标准为顶宽 9 ～ 12 米，临背河边坡 1∶3.0，共完成土方 340 万立方米。第三次大复堤：1975—1979 年，对东明堤防进行了加修，设计标准为高程按 1983 年设防水位超高 2.5 ～ 3.0 米，堤顶宽险工段 13 米、平工段 11 米，临背河边坡 1∶3.0，共完成土方 1100 万立方米。第四次大复堤：1997 年 4 月至 2000 年 12 月，对东明堤防全线进行了加修，设计标准为堤顶宽 10 ～ 12 米，临背河边坡 1∶3.0，共完成土方 514 万立方米。

“豆腐腰”河段

2003 年 4 月至 2005 年 6 月，实施东明黄河标准化堤防建设工程。按照黄河下游临黄大堤花园口站 22000 立方米每秒设防水位，对东明堤防实施大堤帮宽、放淤固堤、堤顶道路、险工和防护坝加高改建、防浪林建设等标准化建设；完成帮宽大堤 46.798 公里，堤顶宽度 12 米，临背河边坡 1∶3.0，完成土方 54.31 万立方米；放淤固堤总长度 60.845 公里，淤区宽度 100 米，完成土方 3710.5 万立方米；险工和防护坝加高改建 5 处、176 道坝，完成土方 186.46 万立方米、石方 17.51 万立方米；新修堤顶道路 61.135 公里，新植防浪林 35 公里。

山东黄河东明段标准化堤防建设主体工程修建完成后，东明临黄大堤工程高程为 75.41 ～ 66.62 米（黄海），标准断面堤顶宽为 12 米，临背河边坡 1∶3.0，达到 2000 年洪水设防标准。至此，这段著名的“豆腐腰”河段得到有效治理，能够抵御黄河花园口站 22000 立方米每秒的大洪水，防洪能力大为增强。

腰肢婀娜艾山口

艾山卡口位于东阿黄河河段井圈险工 13 号坝。黄河左岸的艾山与对面的外山对峙，形成天然卡口，使黄河河床在这里陡然变窄，“艾山卡口”也由此得名。

井圈险工位于临黄堤左岸，上起东阿井圈村，下至郭口村，长度 6500 米，护砌长度 4980 米，现有坝岸 123 段，是黄河下游最长的险工。该险工原是村民为防护民埝修的草埽，于 1883 年由群众自建，后经多年重修加固演变形成目前状况，对稳定下游河势至关重要。2013 年，井圈险工被水利部黄河水利委员会评为工程管理“示范工程”。

艾山卡口俯瞰

艾山卡口

历史上，井圈险工河段多次发生险情。1949 年 9 月，洪峰过后，水位回落，右岸姜沟至外山的漫滩水集中归槽，井圈险工溜势突变，主溜直冲坝岸，堤脚严重坍塌，坍坎水深达 5 米多，坍塌长 60 米，险情极为严重。1982 年 8 月 7 日，艾山水文站洪峰流量 7430 立方米每秒，10 日回落至 4860 立方米每秒，防汛基干班撤防，而 10 日、11 日连降暴雨，致使正在做浆砌石戴帽加高的 56 米护岸坍塌 31 米。这两次重大险情最终在黄河职工、当地防汛民工及沿黄群众的共同奋战下化险为夷，保证了堤防安全及沿黄人民生命财产安全。

艾山卡口是黄河下游河道由宽变窄的分界线。艾山卡口以上河段河道宽一般在 5 ～ 10 公里，人们形象地称之为“大肚子”，艾山卡口往下的河段则变成“窄肠子”，河道宽仅为 1.5 公里左右，而艾山脚下的井圈险工 13 号坝与外山山脚之间的河道宽度只有 275 米，是黄河下游河道最窄之处。洪水期，由于该处阻水、壅水明显，水深流急，是东阿黄河防洪的重要险点。临黄堤设防流量按防御花园口水文站 22000 立方米每秒，经东平湖分洪，控制艾山水文站下泄流量不超过 10000 立方米每秒。1958 年 7 月，艾山水文站洪峰流量 12600 立方米每秒，为人民治黄至今艾山水文站最大流量过程。

艾山卡口于 2006 年进行景观建设，竖起了“大禹治水”汉白玉石像、蘑菇亭和假山石，规划种植了观赏树木和美化草坪，形成具有黄河特色的小型旅游景点，常年有慕名而来的游客在此一睹母亲河的风采。

黄河咽喉惊魂魄

黄河挟带着大量的泥沙来到山东境内，河道逐渐变窄，到了齐河县境内，河道更是狭窄弯曲。位于老齐河县城南（今祝阿镇境内）黄河急转弯处的南坦险工，是黄河重点防守地段。据《齐河县志》记载，南坦险工至大王庙险工段，长 20.4 公里，两岸堤距 0.7 ～ 1.5 公里，最窄处仅 444 米，险工毗连，遥相对峙，个别河段弯急滩浅，故有“黄河咽喉”之称。

“黄河咽喉”洪汛阻水，凌汛卡冰，极易造成水位陡涨。民间有“开了豆腐窝，华北剩不多”之说。南坦险工地处齐河、黄河“咽喉”河段的上口，坐弯顶冲大溜、临背悬差大，地势险要。

据《德州地区黄河志》（1855—1985 年）记载，1949 年汛期，黄河流域多雨，先后发生 7 次洪水，其中伏汛涨水 4 次。德州地区黄河河道

8 月至 10 月上旬涨水，6000 立方米每秒以上的洪水持续近 40 天。齐河县南坦最高水位 32.62 米，比 1937 年大水水位高出 0.43 米。滩地全部被淹，水深 1 ～ 2 米，大堤全线偎水，出水高一般 1 米左右。齐河以下险工坝岸大部漫水，张村至席道口堤段 10 处险工、294 段坝岸漫水 191 段，其余出水高 0.3 ～ 0.8 米，背河全部渗水，豆腐窝至水牛赵、索庄至许坊、顾家沟、南坦王庄、席道口等堤段渗水成泉。整个堤线坝岸坍塌掉蛰屡出不断，漩涡漏洞时有发生，加之阴雨连绵、风雨交加、道路泥泞，出现了全线吃紧、到处告急的危险局面。

南坦险工河道之一

南坦险工河道之二

为战胜洪水，保卫胜利果实，党中央发出号召：一切为了黄河不决口，要全民动员，全力以赴，有人出人、有料献料！沿黄人民响应号召，机关停止办公，商店停止营业，党政军民全力以赴上堤抗洪。3 万余人历时 40 余天终于战胜洪水，全体人员在抢险工地迎接了中华人民共和国成立大典。

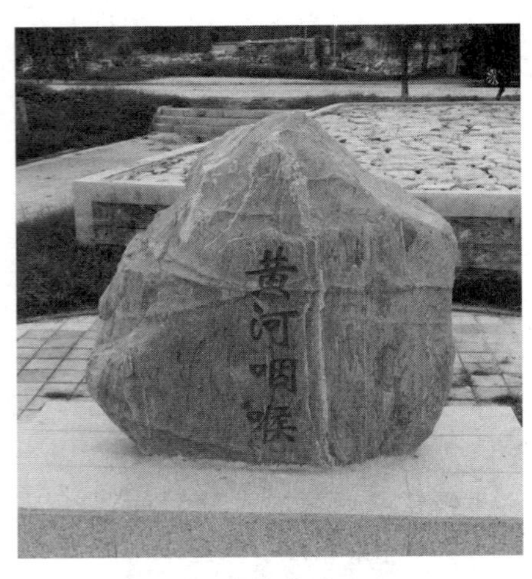

“黄河咽喉”泰山石

“黄河咽喉”不仅经历了洪灾，还有凌汛。1969 年 12 月上旬开始，河道持续淌凌。至 1970 年 1 月 4 日，受强寒潮袭击，气温骤降到零下 16 摄氏度，河道封河。15 日，寒潮再次入侵，封河发展，冰厚达 0.3 ～ 0.4 米。20 日后，气温回升到 12 摄氏度以上，岸冰融化。27 日 3 时，聊城地区及以上河段开河，凌洪达 2450 立方米每秒，急速下泄，凌头于当日 13 时 40 分在齐河王窑险工（对岸是老徐庄）插塞成坝。当晚延至南坦险工以上，冰坝长 15 公里，冰厚 2 ～ 3 米，最厚处达 8 米。2160 余万立方米的冰凌全部壅塞在“咽喉”河段内，水位陡涨 4.12 米，接近 1958 年洪水位。34 米以上水位持续 25 小时，从王窑至谯庄 37 公里长的大堤全部偎水。大庞、前河圈、后河圈 3 个河滩村被冰水围困，滩地水深 3 ～ 5 米，村内水深 1 ～ 2 米，背河渗水堤段 45 处，长 14.7 公里，管涌 198 个，坝基蛰陷、裂缝 13 处，情况紧急。黄河水利委员会为保安全，令三门峡水库于 1 月 24 日 17 时关门拦水。山东省防指在分析了冰凌情况后，决定加强人防，不予爆破。齐河县组织各级党政干部 264 人、民兵 9000 余人上堤防守。人民解放军驻齐部队派出汽艇、橡皮舟帮助滩区群众转移。1 月 30 日后，冰坝融化开通，水位回落，2 月 8 日，全河无凌。据统计，本次凌灾造成齐河段滩区房屋倒塌 128 间，麦田淹没 3930 亩。

今天，在南坦险工 73 号坝，刻有“黄河咽喉”的泰山石安然屹立，而多年前在“黄河咽喉”发生的惊心动魄的事迹仍然铭记于德州治黄人的心中，激励着一代又一代治黄人为黄河流域生态保护和高质量发展接续奋斗。

第二节　堤 坝 水 闸

陈公堤

在鲁豫大地上，静卧着一条西起河南滑县，东至山东博兴，途经聊城、临清、德州等地的旧堤坝遗存，名为陈公堤。古堤已历经1000余年历史，绵延500余公里，高4～5米，顶宽6～8米，远望势若长虹，巍然壮观。

陈公堤中的"陈公"一名出自北宋宰相、水利专家陈尧佐。陈尧佐（963—1044），字希元，四川阆中人，于北宋端拱元年（988年）进士及第，北宋景祐四年（1037年）拜中书门下平章事。他为官清正，政绩突出，尤其在水利建设上颇有建树。北宋大中祥符八年（1015年），滑州（今河南省滑县，下同）一带的黄河堤坝经千余年黄沙沉积与浊浪冲刷，岌岌可危，时任京西转运使的陈尧佐提出在汶河上游分流水势，以解决河道壅塞，后被朝廷采纳实施，方转危为安。

北宋天禧三年（1019年），黄河迫岸盈堤，滑州再遭大险。1021年，陈尧佐临危受命，出任滑州知州，督理河务。此时的堤坝在汹涌河水的浸渍下早已瘫软如泥，须先减轻洪水冲击，才可夯实加固。陈尧佐亲巡河防，勘察险情，经反复试验，创造出"木龙杀水法"。《宋史·河渠志·黄河》中对该方法有所描述："凿横木，下垂木数条，置水旁以护岸。"从字里行间可知，即在堤下砸木桩、钉木排，以减弱急流对河堤的冲击，又因鳞次栉比的木桩好似一条弯弯曲曲的长龙，故称之为"木龙"。与此同时，率众在滑州城西北修筑起一条防洪长堤以防患于未然，百姓复得其居。北宋庆历八年（1048年），黄河自澶州商胡决口，形成"二股河"入海之势，其中"北流"一脉由天津附近入海，东流一支东北经沧州、乐陵、无棣入海，黄河再次纵贯山东。因陈尧佐在滑州筑堤防洪卓有成效，下游各州县吏民便纷纷沿用陈公之法，修筑堤坝防御水患。就这样坝岸相接、县县相连，一条巍巍长堤安然盘亘在大河河畔。因陈尧佐作为这条长堤的肇始者和开创者，百姓感念其惠民功德，故把这条千里长堤尊称为"陈公堤"。《宋史·陈尧佐传》记载："又筑长堤，人呼为陈公堤。"

陈公堤

在近千年的历史长河中，陈公堤有效地防御了黄河水患，惠及河南、山东两省百姓，其历史功绩不可磨灭。共中，该堤在山东省德州市境内绵延150余公里。自德城区陈公堤口村向西南延伸，过三十里铺村、四女寺入武城境，经平原恩城西沙河，至夏津苏留庄，贯穿夏津、武城、恩城等地，深刻影响着当地的风土人情。目前，除德州市武城县境内尚有一段保存完好的堤坝外，其余地区仅剩断断续续的沙土丘，或踪迹全无，令人惋惜。武城段陈公堤曾是武城古十二景之一，古称"贝野长堤"。清代雍正年间恩县知县陈学海在《贝野长堤》一诗中写道："望人修堤一带迷，造堤人去柳成蹊。烟连秀野千家麦，势障黄河万倾泥。草长平湖春浪阔，渔归小艇夕阳低。苍桑奠得民安业，处处丰登乐岁畦。"如今，坐落于武城的陈公堤堤身依旧清晰明朗，堤脚处的六五河涓涓流淌，它以积淀千年的身躯，依然在防洪保安全中发挥着举足轻重的作用。

旧金堤

1875年，因黄河改道北流后，河道淤积，民埝难御洪水，清政府便由上而下修筑了两岸官堤，又称金堤。

官堤修成后，即形成了民埝、官堤两道防线。因民埝临河近水，在堤内居住的百姓只守民埝不守官堤。官堤距河较远，又无常设修防机构，汛期临时派人驻守，此后，逐渐演变为弃堤守埝的局面，官堤失修。又因民埝近河且卑薄矮小，冲决漫溢频繁，官堤与民埝之间经常受灾，《再续行水金鉴》陈士杰奏议：居民遂掘堤放水，而官不能禁。亦有因新堤土松而浸溃者，嗣是，只守埝而不守堤矣。

旧金堤

两岸官堤修成后，黄河仍年年决溢。《再续行水金鉴》中记载，1886年2月，山东巡抚张曜奉旨查勘山东河工后奏：北岸齐河历城以下至利津，河面既窄，河身又高，现在南岸何王庄（章丘）以下至齐东、蒲台民埝内外均有黄流，目前之计，南岸惟有力护遥堤，北岸则须增培民埝，以保安全。1891年，“南岸弃埝守堤，展拓河身，北岸则接修民埝增培作堤始成定局”。由于北岸百姓守埝不守堤，1883—1900年，清政府多次对民埝进行分段培修。

德州河段内的官堤是1883年汛后动工，1884年春竣工，上起齐河县马集乡雷屯村，下止贾市乡白庄村，官堤底宽25.6米、顶宽6.4米、高2.56米，长度31.22公里，距河槽2.5～4公里不等，为4级堤防。聊城境内旧金堤自阳谷县颜营北金堤起，至东阿县刘营与德州地区金堤相接，始建于1855年，1861年3月建成，长57.96公里，堤顶宽度6～10米，两边坡1∶3，堤身高度为2～3米，临河护堤地宽7米，背河护堤地宽10米。该堤段原为北金堤的一部分，1937年曾培修一次，加高1米左右，质量较差；1938年黄河改道后，因战争破坏和风雨剥蚀，堤身残破不堪。1946 年人民治黄后，按照“确保临黄，固守金堤，不准决口”的要求，对金堤进行加固培修；1948 年着重修补残缺，填堵豁口，至 1949 年修作土方 5.01 万立方米。为预防黄河异常洪水，1951 年开辟了北金堤滞洪区，阳谷陶城铺、颜营以上金堤成为滞洪区的北围堤，先后进行了 3 次大规模培修。颜营以下堤段作为第二道防线，未再加修，不再承担防汛任务，现主要作为育林基地。如今旧金堤树茂草丰，与沿黄堤相映生辉，成为横亘在聊城黄河边的两条绿色长龙。

戴村坝

戴村坝，位于东平县南城子村附近的大汶河上，始建于明永乐九年 (1411 年)，是我国古代伟大的水利工程，是水利史上的一座丰碑。其主要功能是引汶济运，确保大运河的南北贯通。有“中国古代第一坝”“大运河之心”“江北都江堰”的美誉。

明洪武二十四年（1391 年），黄河在河南原武县（今河南原阳）决口，致使运河大部分淤塞，济宁至临清段（名会通河）船只不能通行。明永乐九年，明成祖朱棣命工部尚书宋礼、刑部侍郎金纯、都督周长等疏浚会通河。宋礼采纳当地民间水利专家白英建议，在大汶河下游南岸高程高出南旺地段 13 米的位置，修筑五里长的土坝，并新开挖近 90 公里的小汶河，拦大汶河水顺小汶河南下，于南旺运河最高处，再分水南北，三分南流，以接徐沛，七分北流，以达临清入海，因筑坝于戴村，故名“戴村坝”。夏秋季节丰水，则由戴村坝漫入大清河西排入东平湖，保证度汛安全；春冬季节水涸，则由戴村坝南流补济运河。

戴村坝初建为全木桩土坝，聚沙为堰，截水南流，伏秋大汛任其冲刷。明天顺五年（1461 年）增筑培厚，此后连年增土培护，百余年没有大动。明万历元年（1573 年），侍郎万恭垒石坝，不到两年即被冲毁，再次修筑土坝。明万历十七年（1589 年），总河潘季驯在北端筑石坝，名曰玲珑坝。明万历二十一年（1593 年），尚书舒应龙在南端筑石堰防冲，名曰滚水坝。二坝之间留石滩泄水，名曰乱石坝，自此形成一道三坝连接的拦河石坝。

戴村坝原坝内部结构

为保证南旺分水，戴村坝工程屡经改建。自 1726 年至 1909 年，进行了 8 次改建维修加固，维持会通河漕运畅通。中华民国时期，漕运断绝，1933 年山东建设厅厅长张鸿烈、总工程师孔令瑢等组织人员对大坝坍塌部位进行整修，由原木桩固滩改为水泥截墙之法，石方均改为水泥浆砌。1959 年小汶河堵截后，失去引汶济运的功能，大汶河水全部通过戴村坝西经大清河流入东平湖。

2001 年 8 月，大汶河流域突发洪水，冲决乱石坝，决口宽度约 130 米，其他坝段也损坏严重。2002—2003 年，经黄河水利委员会批复，山东黄河河务局和东平湖管理局投资 2400 万元，重修乱石坝，增建下游消能防冲设施，对滚水坝、玲珑坝、窦公堤、灰土坝和南北引堤进行了必要的整修和加固处理。

戴村石坝东北西南走向略呈弧形，弓背向着迎水面，增加了坝的预应力。现该坝从南至北分 5 段，总长 2119.5 米，自左（南）至右（北）依次为：南引堤 450 米、戴村石坝 437.5 米，窦公堤 900 米、灰土坝 262 米、北引堤 70 米。其中，戴村石坝分为 3 段：南滚水坝长 71.6 米，中乱石坝长 152.5 米，北玲珑坝长 149.4 米，3 段之间设衔接渐变段，长 64 米。3 段主坝高低略有差别，随着汶水水位的上涨，3 个坝分级漫水。

戴村坝过水图

戴村坝历经 600 年的沧桑岁月，无论是工程本身的存在和作用，还是其设计思想、建筑构造和施工工艺，都具有极高的研究和鉴赏价值，受到广泛的称赞和推崇。清康熙皇帝在《敕封永济神开河治泉实迹》中写道："此等胆识，后人断断不敢，实亦不能得水平如斯之准"，称此工程是"创无前而建非常也"。19 世纪初，荷兰水利专家方维因评价："此种工程在十四、十五世纪工程学的胚胎时代，必视为绝大事业。" 1965 年，毛泽东主席在接见山东省党政主要负责人时，也曾提到戴村坝，称戴村坝"这是一个了不起的工程"，并称赞当年策划、主持建设这一工程的白英为"农民水利家"。中国许多水利史学家认为，该项工程是中国古代水利建设的一大奇迹，其科技含量和技术水平可与四川都江堰相媲美，代表了中国古代水利建设的最高水准，在世界水利史上也占有十分重要的地位。

历史上的戴村坝作为京杭运河的心脏，从根本上保证了京杭运河的南北贯通，对明清两代的政治统一、经济发展和南北文化交会，都发挥了不可替代的重要作用。如今，戴村坝不仅继续发挥其固定河槽、控制下游河势、缓洪拦沙、削杀水势、蓄水灌溉农田、保护生态环境的功能，还承载了传承中华文化的作用。

戴村坝全景

戴村坝是国家文物保护单位，2009 年，被黄河水利委员会命名为“黄河爱国主义教育基地”，2011 年，被水利部命名为“国家级水利风景区”；2014 年 6 月，作为中国大运河的重要节点成功列入世界文化遗产；2015 年 11 月，被山东省委宣传部命名为“山东省爱国主义教育基地”；2016 年，被评为“国家水情教育基地”，是山东省首家国家级水情教育基地；2023 年被水利部命名为首批国家水利遗产。

堽城坝

堽城坝，位于山东宁阳县城北约 16 公里处的伏山镇堽城坝村西北大汶河中，其上游为元代开凿会通河遏汶入洸济运水利枢纽工程。

汶水发源于济南市钢城区黄庄镇台子村，汇流后一路西奔，至梁山东交汇济水后流向东北，沿鲁中山区北缘东流入海。汶水中游的宁阳段，两岸河堤土质松软，支流纵横，每年雨季常有水患，尤其是蒋集镇、伏山镇、鹤山镇沿岸，地势低洼，汛期一到，时有泛滥成灾。据史料记载："金大定二十六年（1186 年），决春城（今鹤山镇八大荒一带）十余里，邑人谭洪作堤捍之。"即为最早的堽城土堤。

据元代名士李惟明《改作东大闸记》载，汶泗不通，汶水为济水支流，昔日汶洸不通，引洸入汶至济宁利于会通河漕运。时济倅请示严忠济（东平路行军万户）批准，将汶水连通运河，为南下攻宋服务，在汶河左岸修一斗门，引汶入洸以济运，运送粮饷，同时灌溉了济宁、兖州一带的农田。元世祖至元二十八年（1291 年）在汶河上筑沙土坝，以壅高水位，扩大济运水量，此为堽城建坝之始。

元代各个时期都十分重视堽城坝，不断对其进行改建、加固和维修。元世祖至元四年（1267 年）都水少监马之贞主持济州河引水工程时，深知地理环境，论石堰之不可行，只能建石砌大闸，用铁砂磨吻合，以利控制水势，构筑坚固。元至元二十七年（1290 年）又于其东作双虹悬门闸，史称东闸，原闸称西闸。小水开闸无水可引，元至元二十八年在大汶河上筑土坝壅高水位，以扩大济运水量。此后，每年秋分，役丁夫采薪积沙，于二闸左绝汶作堰，成了当地百姓一项繁重的劳役，也增加了地方财政的负担。为改变这种情况，于元延祐五年（1318 年）改土为石（堰），五月堰成，六月即被洪水冲垮，水退后又用乱石堆砌拦水，导致河床升高。从此，堽城坝以东常年存在水患。

元顺帝至元四年七月，汶河大水冲决东闸，洪水挟泥沙径直流入洸河，两闸几近冲垮，洸河淤积严重。元至正元年（1341 年）重修堽城土坝，至正二年（1342 年）复浚洸河，至元末运河任城至须城安山段由于黄水泛滥，漕运时通时停，堽城坝则再无大动。此时，又值元代末年的农民战争蜂拥而起，堽城坝一度处于荒废状态。至元代后期，大运河由于黄河不断泛滥，造成济宁至东平安山中段（南旺段）淤积抬高，时通时塞。

明初，朱元璋定都南京，不是特别重视漕运。后朱棣迁都北京，需南粮北运，重开会通河已成为朝中大事。据《明史》载："四方贡赋，由江以达京师（南京），道近而易。自成祖迁燕（北京），道里辽远，法凡三变。初支运，次兑运、支运相参，至支运悉变为长运而制定。"因此，再启堽城坝引汶济运工程已成为朝廷的头等大事。

明代重振漕运大业始于永乐九年（1411 年）。重浚会通河，恢复和续建堽城坝。又另辟戴村引汶新线，并广置水柜，增建漕闸，辟建了南旺分水枢纽，漕运治理空前。后由于戴村坝及分水枢纽工程运行日久，戴村坝及小汶河沿途屡屡出现水患，危及两岸安全，重启堽城坝的呼声又渐渐响起。

明成化六年（1470 年），工部员外郎张盛奉命考察堽城坝和洸河入口，并拟定了堽城坝退修移建方案。明成化九年（1473 年）主持在堽城坝原坝址下游 8 里伏山镇堽城坝村北的石基上（今堽城坝），并于堰东置闸与旧闸并存，名为堽城新闸，于闸之南开新河 9 里通原洸河。自此，漕运日盛。

堽城坝博物馆

至明弘治十七年（1504年），终因济宁分水“南流者易，北流者难”，堽城引汶济运遂停。明万历二十一年（1593年），降雨过盛，济宁一带湖水涨溢（马场湖），运河堤决，遂堵筑堽城闸，以防汶水南流。至此，堽城坝完成了“引汶济运”的历史使命。

明末至清一直到民国时期，堽城坝荒废，灾害频发。据不完全统计，自清雍正八年（1730年）至中华人民共和国成立（1949年）共219年，由于工程年久失修，抗洪能力不足，致使大汶河出现堤防决口20余次，堽城和戴村两坝遭多次冲毁，给两岸人民造成了巨大的损失。地方官员对此多次奏请朝廷并组织修复，以减少灾害，在修复和重修的过程中，偏重于戴村坝，忽视堽城坝。

堽城坝

中华人民共和国成立后，为根治汶河水患，变害为利，自1957年起在堽城坝旧址相继修建了东、西引汶灌溉工程，实现堽城坝由治标向治本的根本性转变。完成了拦河坝、进水闸、冲沙闸3项枢纽工程的建设，设计流量10.6立方米每秒，灌溉面积30万亩。将堽城坝改建成浆砌重力溢流坝，坝长405米，高2.7米，顶宽4米。堽城坝改建、引水闸及引水灌溉工程的建设和运用，有效地缓解了洪水对坝体的冲击破坏，保护了这座古代水利工程，使古老的堽城坝又焕发了生机。

1995 年，堽城坝被列入大汶河治理规划，总投资 5800 万元。设计流量标准 7000 立方米每秒。将原坝分为三部分，其中冲沙闸 27 米，橡胶坝 80 米，翻板闸 177 米，溢流坝 120 米，并新建水电站等配套工程。

在规划逐年分步实施的过程中，恢复开发了周边禹王庙等一批重点景区项目，现在这座古老的堽城坝已旧貌换新颜，既是一座防洪、灌溉、发电、供水的水利枢纽工程，又是集垂钓、观光、休闲、娱乐于一体的文化旅游胜地。

泺口险工

泺口险工始建于清光绪十六年（1890 年），是黄河下游的一座百年险工，因存续年代久远在同类工程中颇具代表性。该险工位于山东省济南市北郊黄河右岸，工程总长度 3613 米，护砌长度 3666.3 米，共有坝 28 段、岸 59 段，是历年济南黄河防守的重点堤段。

黄河险工是河道整治工程的组成部分，一般位于大堤弯道且长期受水流顶冲的地段，有防御水流冲刷堤身、控导河势的作用，造型独特，气势宏伟。险工建造历史悠久，西汉成帝时便已出现。历代险工修防多以埽工为主，清代以前，作埽的材料主要用柳，直至中华人民共和国成立初期，作埽的材料逐步以秸料为主，再到实施三次大修堤，险工逐渐由秸埽改为石坝。

清光绪十四年（1888 年），河道总督吴大徵建议筑石坝以代秸埽，抛石护基。光绪帝批谕：“砖石排流，力著成效，应即照所陈办理。”山东中游近山的险工首先推行，清光绪十六年始有泺口险工。初为秸埽坝，后陆续改为乱石坝。1950—1954 年，大部分改为砌石坝。2005 年 4 月，对泺口险工所辖 73 段坝、垛、护岸进行改建加固，抗洪强度大大增强。

济南泺口险工

济南泺口险工航拍

泺口险工作为扼守济南黄河的“北大门”，位置关键，地势险要，是确保山东省会济南市防洪安全的重要屏障，曾留下多位国家领导人弥足珍贵的印记。中华人民共和国成立后，党中央、国务院极为重视黄河治理，毛泽东主席及中央、地方领导多次视察黄河，在这里听取治黄工作汇报，审定治黄战略方针和重大措施。

继毛泽东视察黄河后，老一辈国家领导人刘少奇、周恩来、邓小平等也都曾在泺口险工驻足视察黄河。1999 年以来，时任中共中央总书记江泽民、时任国务院总理朱镕基等国家领导人均在泺口险工留下珍贵足迹。

时光往复，年逾百岁的泺口险工，经受住岁月更迭的盛衰洗礼，记录下代代领导人的殷切关怀，更见证着人民治理黄河的日新月异。如今，泺口险工堤顶整洁、坡面平顺、绿植成荫，为缅怀革命先烈而设立的泺口九烈士纪念碑庄重肃穆，与身旁的大河共同见证滔滔波澜。2003 年，该险工被纳入济南百里黄河风景区规划，成为景区的重要组成部分；2005 年跻身水利部黄委工程管理示范工程，它以安如磐石的身躯尽一生之责，以和谐共生的美景展一方之姿，成为守护黄河安澜的第一道防线。

东平湖蓄滞洪区

东平湖蓄滞洪区，位于黄河下游右岸山东省境内，跨泰安市东平和济宁市梁山、汶上三县，主要承担分滞黄河洪水和大汶河洪水的双重任务，当黄河发生大洪水，经东平湖分洪，控制艾山站下泄流量不超过 10000 立方米每秒，确保防洪安全。

东平湖

东平湖蓄滞洪区是黄河“上拦下排，两岸分滞”防洪体系的重要组成部分，是确保山东黄河防洪安全的“王牌”工程。总面积626平方公里，其中老湖区208平方公里，蓄滞洪能力12.28亿立方米；新湖区418平方公里，蓄滞洪能力23.67亿立方米。防洪工程包括围坝、二级湖堤和分泄洪闸等，其中围坝100.5公里（含河湖两用堤13.98公里）、二级湖堤长26.73公里，分洪闸3座（石洼闸、林辛闸、十里堡闸），泄水闸4座（陈山口闸、清河门闸、司垓闸、八里湾闸）。

1946年以来，东平湖治理先后经历了自然滞洪到分级分洪，治理原则由自然滞洪区时期的“分得进”，逐步演变为“分得进，守得住，排得出，群众保安全”；分洪方式也由自然滞洪、枢纽控制发展到无坝侧向分洪控制。

人民治黄初期，东平湖通过清河门和十里堡以下山口与黄河连通，滩地和山口间有群众自发修筑的低矮民埝，湖区内老运河两岸修有堤防。黄河水大倒灌入湖，由东平湖自然滞蓄，减轻了黄河洪水对下游堤防的威胁。

1950年7月，黄河防总确定东平湖为黄河滞洪区，修复了旧临黄堤、运河堤和金线岭堤，提高了滞蓄能力，缩小了湖区淹没范围。1958年5月，位山水利枢纽工程全面开工，东平湖水库是位山枢纽的重要组成部分。8月5日，东平湖围坝工程全线开工，来自聊城、菏泽、济宁、泰安4个专区21个县的25万民工投入施工，经过不到两个半月的艰苦奋战，环湖围坝于10月25日竣工。1959—1960年，修建了十里堡、徐庄、耿山口进湖闸和陈山口出湖闸，其中徐庄、耿山口进湖闸于1999年7月3日动工拆除，2000年12月12日两闸报废拆除围堵工程竣工。1960年，位山水利枢纽工程大部分完成，东平湖由自然滞洪区改建成全封闭的平原水库。

1963年11月，经国务院批示，东平湖水库运用方式改为“有洪蓄洪，无洪生产”。12月6日，位山拦河坝在轰隆隆的爆炸声中沉入历史长河，黄河回归老河道，东平湖成为专司黄河防洪功能的平原水库，进入无坝侧向分洪运用时期。1963—1965 年，在原运西堤和旧临黄堤的基础上修筑了二级湖堤，将东平湖水库分为老湖、新湖两区，分级运用。此后到 1988 年，又相继建成了林辛、石洼进湖闸和清河门、司垓泄水闸，改善了水库控制运用条件，提高了水库分洪、泄洪能力。

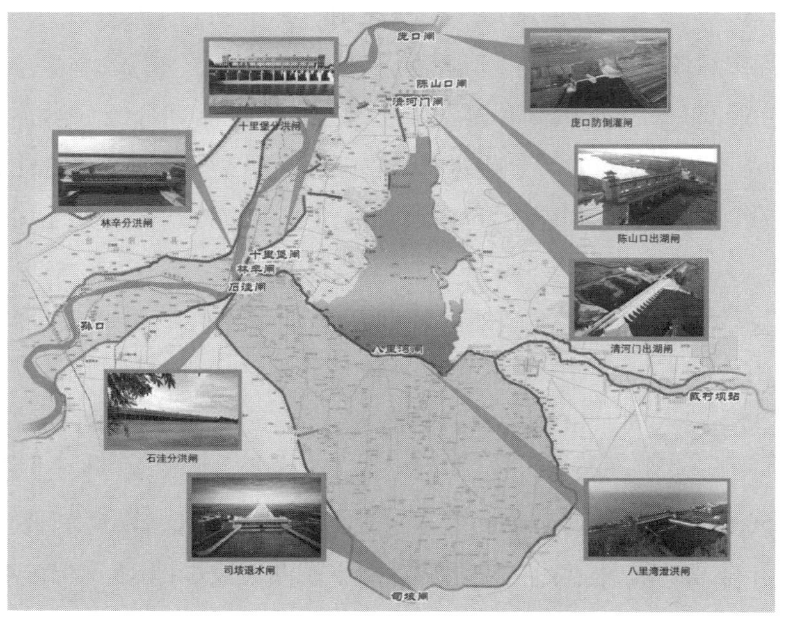

东平湖进出湖闸分布图

针对东平湖蓄滞洪区防洪工程薄弱环节，国家又先后投资实施陈山口、清河门、八里湾等泄洪闸改建，修复戴村坝，新建、扩建庞口防倒灌闸，进行东平湖围坝除险加固截渗墙施工，修建二级湖堤防风浪栅栏板混凝土护坡，2017—2019 年完成总投资 7.83 亿元的石洼、林辛、十里堡 3 座大型分洪涵闸除险加固工程和黄河东平湖蓄滞洪区防洪工程，进一步健全完善了东平湖防洪体系。

人民治理黄河 70 年多年间，东平湖先后 7 次分滞蓄黄河洪水，分别为 1949 年、1953 年、1954 年、1957 年、1958 年的自然调蓄，1960 年控制蓄洪和1982年分洪。其中，1982年分洪是东平湖水库改建后的第一次正式分洪，先后开启林辛闸、十里堡闸向老湖分洪，历时72小时，最大分洪流量2400立方米每秒，分洪水量4亿立方米。实践证明，改建后的分滞洪工程体系是比较可靠的，具有一定的处理洪水能力，削减洪峰流量的作用明显，降低艾山以下防洪水位的效果更加显著，为黄河下游窄河道防洪安全提供了较可靠的保证。

同时，东平湖还承担着调蓄大汶河洪水的重任。1990年大汶河最大洪峰达3580立方米每秒；1996年东平湖超警戒水位运行27天；2001年古代水利工程戴村坝被冲垮，东平湖出现1958年以来最高水位43.1米；2003年东平湖超过警戒水位，二级湖堤发生风浪险情；2007年戴村坝站最大洪峰流量2230立方米每秒，超过警戒水位；2018年戴村坝站最大洪峰流量2070立方米每秒；2020年东平湖超警戒水位运行11天。

依托东平湖老湖和素有“北方都江堰”之称的古代水利工程戴村坝而建的东平湖水利风景区，1985年被山东省政府列为省级风景名胜区，2010年10月成功创建为国家AAAA级景区，被水利部授予“国家水利风景区”称号。2013年5月建成通水的南水北调东线八里湾泵站，又为东平湖增添一项重要的调蓄水资源功能。

司垓泄水闸

如今，东平湖蓄滞洪区不仅具有防御黄河、大汶河洪水的主体功能，而且兼具生态、供水、航运、旅游等综合功能，必将在黄河流域生态保护和高质量发展中发挥更加重要的作用。

北金堤滞洪区

1951 年，国家政务院财经委员会在《关于预防黄河异常洪水的决定》中确定开辟北金堤滞洪区。同年 4 月在河南省长垣县石头庄附近临黄堤上修筑了长 1500 米的溢洪堰，作为分洪口门。

北金堤滞洪区上起河南省滑县，下至河南省台前县，面积 2316.5 平方公里，其中山东聊城所辖北金堤滞洪区面积 95.59 平方公里（阳谷 61.59 平方公里，莘县 34 平方公里），耕地 11.54 万亩，涉及 10 个乡（镇）、133 个自然村（区内 34 个），人口 10.87 万（区内 1.1 万），皆以粮食作物种植为主，间有部分林地，部分农户养殖鸡、鸭、羊、牛等牲畜。受地域限制，滞洪区经济欠发达，区内国民生产总值较低，基本无工业。

北金堤滞洪区

1960 年，黄河三门峡水库建成投入使用后，一度停止使用该滞洪区，工程曾遭到不同程度的破坏。1963 年，国务院《关于黄河下游防洪问题的几项决定》中要求：当花园口站发生超过 22000 立方米每秒的洪峰时，应利用长垣县石头庄溢洪堰或者河南省内其他地点向北金堤滞洪区分滞洪水，以控制孙口站流量不超过 17000 立方米每秒。在滞洪区应逐年整修恢复围村埝、避水台交通道路及通信设备等，以保证滞洪区群众的安全。同时，决定大力整修加固北金堤堤防，北金堤滞洪区自此恢复。

1976 年，山东、河南两省革命委员会及水利电力部向国务院上报《关于防御黄河下游特大洪水意见的报告》中提出“新建河南濮阳县渠村和山东范县邢庙两座分洪闸，废除河南石头庄溢洪堰并加高加固北金堤，分洪闸规模分别为 10000 立方米每秒和 4000 立方米每秒左右。”后经国务院批准改建北金堤滞洪区。渠村分洪闸工程于 1978 年竣工，总宽 209.5 米，上下游全长 749 米，共 56 孔，设计分洪流量为 10000 立方米每秒，采取闸门控制分洪。滞洪区末端，在金堤河汇入黄河处建有张庄入黄闸一座，共 6 孔，设计泄洪流量为 270 立方米每秒，倒灌流量 1000 立方米每秒，担负滞洪退水入黄和排涝、倒灌、挡黄任务。改建后的北金堤滞洪区可有效分滞洪水 20 亿立方米，另加金堤河 7 亿立方米的来水量。2010 年 10 月，《黄河流域蓄滞洪区建设与管理规划》通过水利部审查，明确北金堤滞洪区作为黄河流域的蓄滞洪保留区。

北金堤滞洪区的运用原则是：当黄河上中游发生特大洪水，若运用三门峡、陆浑及东平湖水库滞蓄仍不能解决问题时，即报请中央批准使用北金堤滞洪区分滞洪水，以保证华北平原的防洪安全。北金堤滞洪区启用后，退水方式采取高水自流入黄，低水除由张庄闸排泄外，还建有电力抽排站抽排。

黄河北展宽工程

黄河北展宽工程修建于 1971 年，历时 3 年完成。工程经 1971 年 9 月 14 水电部电报和〔1972〕水电综字 42 号文批准建设，主要作用是解决济南北店子（齐河南坦）至泺口窄河段之间的凌洪威胁，保证展宽区附近及其下游河段的防凌、防洪安全。

黄河自聊城东阿刘营村东南进入德州齐河境内，蜿蜒流向东北，行至南坦险工时，河道变得既窄且弯，两岸堤距宽平均 1 公里。在中华人民共和国成立前不足百年的时间内，曾决口 43 次，占山东全河决口次数的 1/3，给沿黄人民带来深重的灾难。1956 年，左岸王窑险工 1 号坝卡凌不到 6 小时，南坦水位陡涨 3.93 米，冰水迅即漫滩。1958 年，大堤出水 0.5 米，险工坝顶漫水，大堤背河渗水严重，多处出险。1970 年发生百年不遇的特大凌洪，右岸老徐庄至齐河南坦形成横跨黄河的冰坝，插冰长达 15 公里，水位陡涨 4.2 米，超过 1958 年洪水水位 0.19 米，严重危及堤防安全。与此同时，随着三门峡水库改建完成，泥沙大量倾泻，河道淤积加剧，河道行洪能力显著下降。为此，黄河北展宽工程兴建事宜提上日程。

黄河北展宽区位于德州地区齐河县和济南市天桥区境内，总面积 106 平方公里，其中齐河境内 63 平方公里，天桥境内 43 平方公里。展区最大库容 4.75 亿立方米，有效库容 3.9 亿立方米，主要包括展宽大堤、分泄洪闸、群众避水村台和灌排水利涵闸 4 个部分。鉴于工程量大、任务繁重、涉及面广，山东省指示以工程所在地德州地区为主，成立“山东省德州地区齐河黄河展宽工程指挥部”，各地（市）和建闸工地设立施工指挥部，各县设立施工团部。如此，一场兴利除害、造福百姓的工程拉开序幕。

北展宽堤作为展宽工程防洪运用的屏障，全长 37.78 公里。工程上下首均与黄河北岸临黄堤相接，起自齐河县曹营村南，沿倪伦河东岸到东彦村，再经葛谢、姚吕两村沿津浦铁路南侧东行，在老屯村东穿津浦铁路至八里庄。展宽堤培修标准与当时临黄堤相同，设计堤顶宽 9 米，安全超高 2.1 米，高度起止点均与当时临黄堤相平。期间，聊城、泰安、济南、德州 4 个地（市）的 9 个县（莘县、东平、平阴、长清、章丘、历城、齐河、商河、济阳）动用民工 21 万人次，分两期施工，于 1972 年 5 月完成主体工程。随后又进行了大堤绿化和附属工程修建，直至 1982 年完工。除了气势如虹的大堤，北展宽区内还建有 3 座分洪泄洪闸、4 座排水闸、3 座引黄淤灌闸、1 座铁路挡水闸和 1 处河道工程，共同守护着沿黄百姓的生命财产安全。

黄河北展宽区麻湾分洪闸

群众安置是展宽工程的重要组成部分。1972 年冬开始在展宽堤外和临黄堤背修筑村台。至 1985 年，共有 75 个大队、3.19 万人搬迁至新居，并逐渐恢复生产。此外，因原齐河县城位于展宽区内紧邻南坦险工背河，1973 年经国务院批准迁往晏城，截至 1978 年全部完成迁建任务。

1989 年之前，北展宽工程全部隶属于德州黄河河务局管辖。1989 年 12 月 27 日，依据山东省委、省政府《关于调整我省部分地市行政区域有关问题的决定》，山东黄河河务局以黄办发〔1989〕28 号文，将德州黄河河务局（原德州修防处）的济阳县黄河河务局（原济阳修防段）和齐河县黄河河务局（原齐河修防段）的王窑、大王庙、大吴 3 个分段划归济南市黄河河务局（原济南修防处）管辖。自此，北展宽工程由德州、济南两市分别管辖。根据上级有关规定要求，齐河北展宽区的分洪运用，由黄河防总商山东省人民政府确定，山东省防汛抗旱指挥部负责组织实施。随着黄河小浪底工程的建成，2008 年 7 月，国务院正式批复黄河北展区全面解禁，明确提出取消北展宽工程的分凌分洪任务，允许开发建设。

齐河县委、县政府抢抓机遇，依托黄河北展区良好的生态环境、丰厚的文脉渊源和便捷的地脉条件，作出了建设齐河黄河生态城的战略决策。2010 年 4 月，组建了生态城管委会负责规划开发建设。同年 11 月，齐河黄河生态城被山东省人民政府批准设立为省级旅游度假区。景区建有高新技术、文化旅游、医养健康和黄河湿地等四大板块，齐河古城遗址、明代恩荣坊遗址、定慧寺等齐晏文化灿烂浓郁，山东自然博物馆、黄河水街、黄河水乡国家湿地公园等黄河文化风韵尽展，泉城欧乐堡梦幻世界、泉城海洋极地世界等现代景观点缀其中，鱼塘荷塘遍布、湿地林海交叉，吸引着游客前来观光旅游，成为坐落于鲁西北黄河之畔的一处闪亮的地理新坐标。

俯瞰北展堤

黄河南展宽工程

在黄河口地区，从东营区麻湾到利津县王庄险工有一段长 30 公里的窄河道，曲折多弯，素有“窄胡同”之称。该范围河道均系单式河槽，凌汛开河时一旦冰凌卡塞，河槽被堵，冰水难以排泄，水位陡涨，极易出险。

1951 年和 1955 年发生的两次凌汛决口，就在这一河段，至今仍是治黄人心中难以抚平的伤痛。这段河道的防凌问题如果得不到解决，河口地区的凌汛安全就无法得到保障。

面对困难，治黄工作者们大胆提出了用展宽河道的方法解决窄弯河段凌汛难题的设想，以及建设“黄河南展宽”工程的建议。1970 年汛前，时任水电部副部长钱正英会同山东省、黄委、胜利油田负责人勘察了黄河河口地区，在深入分析比较的基础上，确定了“南展、北分、东大堤”等近期河口治理意见。1971 年 9 月 14 日，水电部报经国家计委批准正式兴建南展宽工程。

20世纪50年代农村妇女参加黄河工程施工场景

人推牛拉修筑黄河南展大堤

黄河南展宽工程以防凌汛为主，结合防洪、放淤和灌溉，保障沿黄人民生命财产及油田开发和工农业生产发展，改善展区生产条件。工程设计目的一是防凌，当凌汛水位接近或达到窄河道设防水位时，开闸分、滞洪水；二是防洪，伏秋汛高水位时利用上游涵闸分洪，章丘屋子泄洪闸泄洪，以减轻窄河道堤防的压力；三是放淤，改造展区内低洼盐碱地，提高展区内群众生活水平。

南展宽工程位于利津县宫家村至王庄窄河段南岸，主要包括南展大堤、分泄洪闸、群众避水村台和排灌涵闸 4 个部分。展宽区总面积 123.33 平方公里（18.5 万亩），涉及垦利县董集乡、胜坨镇、垦利镇 3 个乡镇 54 个村庄 38515 人。展区滞洪设计水位按章丘屋子泄洪闸保证水位 13 米修建南展堤，展宽区平均宽度为 3.5 公里，相应库容达 3.27 亿立方米。

南展大堤是整个黄河南展工程的重要组成部分。南展大堤自博兴县老于村（今东营区）皇坝接临黄堤（桩号 189+121）起，至垦利县西冯村与临黄堤（桩号 235+230）相接止，总长 38.651 公里，其中垦利境内 28.151 公里。1971 年冬至 1972 年冬，南展堤防工程建设分 3 期进行，由邹平、桓台、高青、博兴、垦利、广饶、利津 7 县调集民兵 98348 人次参战，经过两冬一春的紧张施工，于 1972 年 12 月 29 日竣工。共完成土方 970.75 万立方米，累计用工达 398.58 万工日。南展新堤完成后，相继植树 12 万株，植草 141 万平方米，建防汛屋 76 座，备石料 3000 立方米，守险房 2 处，架设通信线路 38.6 公里。

为控制蓄滞凌洪，在展宽区上部临黄堤设计建设麻湾分凌分洪闸和曹店分洪放淤闸，配合运用小街减凌溢洪堰，在展宽区下端临黄堤上建设章丘屋子泄洪闸，以有效地控制分泄洪水。为解决南展区雨涝、分洪运用后积水排泄、引水灌溉、展区外村庄及油田工农业生产用水问题，在南展堤上修建了大孙、清户、胜干、王营、路干 5 处 7 座排灌闸。

为解决南展区群众定居问题，最大限度减少占用耕地，节约土方，在展区以外修筑村台，尽量利用临黄堤及废堤、格堤，或尽可能安置在地势较高的地方修筑。当时南展区内有博兴县乔庄、龙居公社（今属东营区）和垦利区董集、辛庄、宁海、民丰公社的 80 个自然村，12155 户，居民 50160 人，房屋 58717 间。在这场声势浩大、任务艰巨、环境艰苦的村台修筑工程中，先后有 10 多万人参加施工，历时 5 年完成。

20世纪70年代的建闸工地

麻湾分凌闸

2004 年 7 月，黄河水利委员会和山东黄河河务局完成《小浪底水库运用后黄河下游南北展宽工程防凌运用综合研究》课题报告，认为小浪底水库运用后，南展宽工程河段一旦遭遇历史上最严重的凌情，在不利用南展区分凌滞洪和不考虑上游引（分）水的情况下，堤防工程设防水位（2000 年水平）仍高于冰坝壅水水位 0.85 米。故此，南展宽工程可以不作为滞洪区运用。

2008 年 7 月，国务院批复了《黄河流域防洪规划》，对今后较长时期的黄河防洪做出部署："齐河、垦利展宽区是为解决济南、垦利两个卡口河段的防凌问题而修建的，主要任务是保证展宽区附近及其以下河段的防凌、防洪安全……小浪底水库运用后，综合考虑，取消齐河、垦利展宽区。"今后黄河南展宽区将不再进行防洪、防凌运用。

石洼分洪闸

石洼分洪闸，位于东平县戴庙镇石洼村，地处临黄堤右岸。1967 年 3 月 5 日动工，1969 年建成。全闸共 49 孔，每孔净宽 6 米，总宽 344 米，设计分洪流量 5000 立方米每秒，分洪水位按闸上 45.48 米设计。该闸是黄河向东平湖新湖区分洪的唯一进湖闸，担负着分滞黄河洪水，确保省会济南、津浦铁路、胜利油田和黄河两岸人民群众生命财产安全的重任，在整个黄河下游防洪体系中起着重要作用。2004 年，被评为水利部黄委会工程管理示范工程。

由于河床逐年抬高，原设计标准偏低，无法满足分洪要求，1976—1978 年进行了第一次改建，建筑物等级由原来的 2 级提高为 1 级，地震设防烈度 7 度，分洪流量仍为 5000 立方米每秒，校核流量 6000 立方米每秒。桩基开敞式，共 49 孔，闸身总长 370 米，总宽 19 米。闸门为钢筋混凝土平板式，自重 30 吨。为防止闸门淤积和闸门漏水，闸前修筑了围堰，顶部黄海高程为 49.20 米，顶宽 4.0 米。

石洼分洪闸自建成后尚未分洪运用，但每年都进行汛前、汛后检查和启闭试验。历经 30 多年风雨侵蚀和自然风化，造成闸门顶止水拉裂，机架桥出现多处裂缝，启闭设备超过累计折旧年限。2015 年，被鉴定为三类病险涵闸，后通过国家发展改革委可行性研究报告批复和水利部初步设计报告批复，确定对其实施除险加固。

改建前的石洼分洪闸

改建后的石洼分洪闸

2017 年 2 月 19 日，石洼分洪闸除险加固工程开工建设，2019 年 3 月 20 日工程完工，主要工程量为完善加固原闸，拆除重建部分配套设备，更新设备、电气线路等。该工程先后被黄委评为“文明工地”和“样板工程”，并列为山东河务局水闸施工工地安全监督与管理试点。

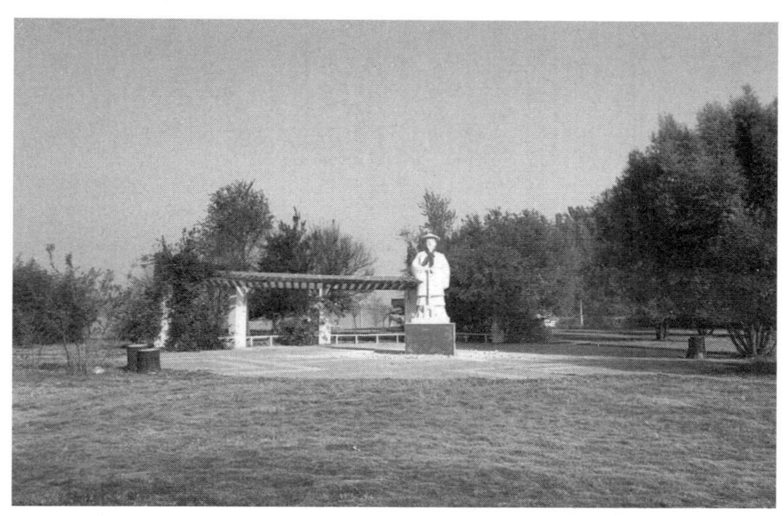

石洼分洪闸花园一角

改建后的石洼分洪闸，工程规模保持不变，分洪流量仍为 5000 立方米每秒，建筑等级为 1 级大型工程，工程面貌焕然一新。闸旁景观花园，花草生机盎然，亭宇造型别致，大禹石像耸立在黄河岸边。有“山东黄河第一闸”之称的石洼分洪闸，成为融防洪、生态景观、黄河文化等功能于一体的大型水工建筑物。

十里堡分洪闸

十里堡分洪闸，位于东平县戴庙镇十里堡村附近，东平湖水库围坝（徐十堤）处，十里堡险工 53 ～ 56 号坝。1960 年建成，1978—1981 年改建，主要功能是由黄河向东平湖老湖区分洪。

十里堡分洪闸

该闸设计分洪流量 2000 立方米每秒，闸室总宽 115.5 米，共 10 孔，采用钢筋混凝土结构，开敞式。随着河床逐年淤高，洪水位相应抬高，原设计满足不了安全运用要求。1978 年年底开始改建，历时 3 年。十里堡分洪闸自建成投入使用，发挥了重要作用。1960 年开始蓄水，1965 年春因天气持续干旱，破除闸前围堰，引水进湖。1982 年汛期，花园口洪峰流量达 15300 立方米每秒，国务院决定运用东平湖老湖蓄洪，十里堡分洪闸起到重要分洪作用。但在此之后，闸后大面积土地沙化，影响了农业生产。应地方政府要求，经原水电部批准，实施放淤改土，于 1983 年 8 月开闸放水，使一部分土地得到了改良。

十里堡分洪闸室内景

2017 年 2 月 16 日，十里堡分洪闸除险加固工程开工建设，对机架桥、机房、启闭机等拆除重建，至 2018 年年底完成主体工程建设。改建后的十里堡分洪闸以崭新的面貌和姿态屹立在黄河岸边，不仅继续发挥分洪功能，也成为传承弘扬黄河精神、传播黄河文化的载体。

林辛分洪闸

林辛分洪闸，位于东平县戴庙镇林辛村附近，为 1 级建筑物，1968 年建成，1977 年 10 月至 1980 年 12 月改建，是黄河向东平湖老湖区分洪的进湖闸之一。

1967 年，原水电部决定新增东平湖进湖闸两处（另一处为石洼分洪闸）。林辛分洪闸由黄河向东平湖老湖区分洪，分洪流量 1500 立方米每秒。林辛分洪闸设计闸室总宽 104 米，共 15 孔，施工共分为 3 期。由于黄河下游河床淤积，水位逐年抬高，1980 年进行改建加固。

林辛分洪闸

1982 年 7 月 8 日起，黄河下游三花间连降暴雨，8 月 2 日 18 时，花园口站出现流量 15300 立方米每秒的洪峰，是 1958 年以来的最大洪水。8 月 3 日，时任国务院副总理万里在北京召集水电部部长钱正英和河南、山东两省省长共同研究黄河汛情，确定利用东平湖老湖分洪，控制艾山站下泄流量不超过 8000 立方米每秒，以确保济南市、津浦铁路桥、胜利油田和沿黄人民的生命财产安全。8 月 6 日 22 时，孙口站洪峰流量达 8440 立方米每秒，即时开启林辛分洪闸分洪，随着上游流量持续增大，不断提高闸门。8 月 7 日，孙口站流量超过 10000 立方米每秒，11 时开启十里堡分洪闸，以控制分洪后下泄流量不超过 8000 立方米每秒。20 时，林辛闸提到 2.5 米高，最大分洪流量约为 1350 立方米每秒，达到设计能力的 90%。8 月 9 日 19 时，两闸开始关闸，至 23 时全部关闭。此次分洪历时 72 小时，分洪流量为 1500 ～ 2000 立方米每秒，最大达到 2400 立方米每秒，分洪总量为 4 亿立方米，确保了黄河下游的防洪安全。分洪前老湖区水位为 39.06 米，分洪后老湖区最高水位为 42.11 米，尚未达到 2 级湖堤规定的上堤设防水位，但在闸下至金山坝一带（约 7 公里）水位大部分高于设防水位，为确保分洪运用安全，东平、梁山两县共动员基干班 3900 人上堤防守。

十里堡分洪闸室内景

2017 年 1 月 13 日，林辛分洪闸除险加固工程开工建设，至 2018 年年底完成主体工程。加固后的林辛分洪闸将继续发挥分洪的重要作用，确保黄河下游防洪安全。

第三节 治 黄 春 秋

开天辟地宏图起

翻开中华民族的史册，大河穿空，浊浪滔天，黄河犹如一条巨龙从历史深处挟风带雨、拍岸而来，一路与她的子孙相爱相杀、恩怨纠缠。

斗转星移，日出东方，沧海桑田。1946 年以来，在中国共产党领导下，黄河这条灾难深重的大河，摆脱“三年两决口、百年一改道”的魔咒，从灾害频仍走向岁岁安澜，从黄沙遍野走向绿意盎然，从民族忧患走向幸福源泉，成为造福人民的幸福河，为世界江河治理提供了“中国智慧”和“中国方案”。

黄河归故再启程

1946 年 5 月下旬，冀鲁豫解放区和渤海解放区组织沿河 29 个县及 8 个邻近县的 43 万名民工，在长约 390 公里黄河故道上展开复堤整险工作。

如此大规模抢修故道堤防，起因是黄河归故。

1945 年 8 月 15 日，日本宣布无条件投降，中华民族面临极好的发展机遇。作为执政党的国民党却阴谋发动内战，准备引黄河水回归故道，水淹解放区。

史料记载：1938 年，蒋介石下令掘开花园口黄河大堤，黄河改向南流，故道逐渐干涸。沿岸群众在河床开辟耕地，建设家园，居民达 40 余万人。共产党领导人民在故道两岸开展游击战争，建立了冀鲁豫和渤海两个抗日根据地。黄河一旦归故，对解放区影响极大。

就时局而言，黄河归故意见在全国占优势。中共中央充分考虑这一现实，不反对黄河归故，同时提出：“我们拟提出参加水利委员会、黄委会、治河工程局，以便了解真相，积极参加工作，保护人民利益。”

就在中共酝酿协调、确定黄河归故立场时，国民政府却决定不进行复堤而先行堵口，并于 1946 年 3 月 1 日决定花园口堵口工程开工。

开封协议、菏泽协议、南京协议、上海协定备忘录、张秋和邯郸会谈、上海再次会谈……为保护解放区人民利益，共产党与国民党一次次地谈判，要求“先治河后堵口，解放区参加治河组织，政府拨款救济河床居民”等。但是国民党一次次地撕毁协议，不仅拖延拨付修堤工款、器材、料物及河床居民迁移费，还派部队袭击修堤工地，杀害治河员工，加紧实施堵口工程。

为争取主动，保护人民利益，解放区一面揭露国民党意图提前放水、危害解放区的阴谋，一面组织群众抢修故道堤防，以“加速完工，争取在大汛前，即使反动派之阴谋堵口，亦不致成灾”。

1946 年 5 月，冀鲁豫和渤海两解放区的复堤工程开始。郓北县的郭清州当时已 63 岁，往堤上推土时，和青年人摽着劲干，完成的工作量甚至超过了青年人。解放区的党政机关、干部，一再压缩开支，全力支援复堤工程，与人民群众共渡难关。在国民党部队不断袭击的险恶环境下，解放区采取夜间施工、分散施工等灵活办法，抢修堤防。

鉴于加紧实施堵口工程是国民党的既定方针，其违约合龙行径并未止步。1947 年 3 月 15 日，随着最后一捆柳石枕落下，堵口工程合龙，黄河水全部向故道流去。

黄河归故斗争，实际是国内政治、军事斗争在治理黄河领域的反映。在中国共产党的正确领导下，这场斗争取得多方面的重大胜利。在政治上，使国民政府在谈判桌上不得不接受复堤尤重于堵口、堵口不能先于复堤的原则，为解放区复堤整险赢得了时间。在军事上，揭露并粉碎了国民政府“以水代兵”的阴谋，为冀鲁豫解放区开展自卫战争创造了条件，为刘邓大军突破黄河天险、拉开我军战略进攻序幕奠定了基础。在救济物资分配方面，捍卫了解放区人民的正当权益，为故道沿岸群众争取到一定数量的复堤粮款和救济物资。据冀鲁豫解放区统计，全区共接收复堤工款 100 亿元，河床居民救济费 150 亿元、面粉 5000 吨、汽车 18 部等。在黄河治理事业发展方面，解放区建立了黄河治理机构，培养了大批领导骨干和技术骨干，成为治理黄河的中坚力量。

万丈高楼平地起

2016年，人民治理黄河70周年，在山东菏泽冀鲁豫边区革命纪念馆南侧，一座“冀鲁豫解放区黄河水利委员会纪念碑”巍然矗立。站在纪念碑前，似乎可以听到人民治理黄河大军从这里集结出发的脚步声。

根据中共中央指示精神，1946年2月至3月，晋冀鲁豫边区政府和山东省政府先后决定筹建黄河治理机构，组织群众进行河床居民迁移救济、开展修堤整险等紧迫工作。

1946年2月22日，冀鲁豫解放区治河机构——黄河故道管理委员会在菏泽成立。5天后，冀鲁豫行署发布通令，要求除行署成立黄河故道管理委员会外，第一、第二、第四、第五专署及沿河各县均须建立这一机构。

5月31日，冀鲁豫行署决定把黄河故道管理委员会改为冀鲁豫区黄河水利委员会（以下简称冀鲁豫区黄委会），王化云任主任。根据堤防工程分布情况，冀鲁豫区黄委会下设4个修防处，驻东明县城、濮阳县马屯、郓城县大渚潭、平阴县城，共辖19个修防段。解放区对修防处、段实行双重领导，以冀鲁豫区黄委会垂直领导为主，专署、县政府领导为辅。

山东鄄城临濮集冀鲁豫区黄委会旧址

在这个阶段，渤海解放区的黄河治理机构也已组建就绪。1946 年 3 月，渤海行署开始着手筹备黄河治理机构。不久，山东省渤海区修治黄河工程总指挥部即告成立。4 月 15 日，渤海行署决定在垦利、利津、蒲台、惠民、齐东等县建立治河办事处。5 月 14 日，山东省政府主席黎玉签署命令，任命江衍坤为山东省河务局局长。根据工作需要，山东省河务局与渤海区修治黄河工程总指挥部合署办公，指导渤海区黄河治理工作。

1946年山东省河务局滨县孙家楼村旧址

1948年山东省河务局滨县山柳社村旧址

“河务局业已正式成立……各县办事处应直接对河务局负责，建立垂直系统，以加强该局领导。”6 月 8 日，渤海行署发布指示，并要求各县将治河办事处由临时机构改为常设机构。至 8 月，沿河各县除齐河外，均已设立治河办事处。

人民治理黄河体制创建后，积极组织群众进行河床居民迁移救济、开展修堤整险等紧迫工作。1947 年 3 月 11 日，冀鲁豫区黄委会明确提出“确保临黄，固守金堤，不准决口”，诞生了第一个人民治理黄河的方针。

1948 年 12 月，由晋冀鲁豫、晋察冀两解放区合并而成的华北解放区华北人民政府水利委员会召开会议，研究建立统一的治河机构，仍称黄河水利委员会，实行会、处、段三级管理体制，委员由华北、中原、华东三解放区推荐组成。

1949 年 6 月 16 日，黄河水利委员会成立大会在济南召开，推选王化云为主任。会议决定，黄河水利委员会机关设在开封，7月1日正式开始办公，治河方针仍以防洪为重点。自此，黄河治理有了统一的机构和工作方针，迈出了由分区治理向统一治理的第一步。

根据中共中央决定，1949年8月设立平原省，原冀鲁豫区黄委会的干部，一部分调黄河水利委员会，一部分组建平原省黄河河务局，一部分调河南充实第一修防处。半年后，第一修防处改组为河南省黄河河务局。到1949年年底，平原、河南、山东三省修防机构基本完备。

鉴于黄河上中下游统一治理的局面即将到来，王化云反复考虑起草了《治理黄河初步意见》，于1949年9月报送时任华北人民政府主席董必武。一个月后，得到赞同，成为中华人民共和国成立之初的治河思想。

大河安澜展新颜

黄河回归故道后，在解放区各级党委、人民政府领导下，黄河下游两岸掀起轰轰烈烈的修堤整险运动。

阳谷县原计划组织1.6万人，实际3万人参加；张秋一带的民工一夜之间绑成4000架石硪；昆吾、寿张两县动员妇女为堤工做饭，结果3000名妇女上堤后与男同志比赛修堤……在献砖献石活动中，仅冀鲁豫解放区所献砖石就达15万立方米，还筹集秸料1500万吨。尽管天上有敌机盘旋、轰炸，地上有国民党军干扰、破坏，但在不到3个月的时间里，沿河人民就在共产党领导下完成土方1000多万立方米，使600余公里堤防线得到进一步加固。

1947年汛期是黄河归故后的第一个汛期。刚刚修复的堤防工程还很薄弱，未经洪水考验，加上战争环境险恶、料物紧缺，形势十分严峻。

黄河回归故道不久，东阿范坡险工发生重大险情，1500米长堤段堤坡坍塌，坝头普遍下蛰，个别堤段堤脚塌陷10多米。解放区军民奋战70多个日夜，才稳定了坝根，护住了堤坡。1947年9月，利津王庄险工15段坝埽墩蛰，屡抢屡败，大堤坍塌殆尽，最终溃决。2000多名抢险员工退守套堤，套堤又出现16处漏洞，此时国民党军派出10多架飞机轮番轰炸、扫射，渤海区党政军民奋起战斗，终于堵住漏洞，保住了套堤……

1947 年 11 月 29 日，为庆祝黄河归故后第一个伏秋大汛胜利，冀鲁豫解放区召开黄河安澜大会，王化云在《一年来的黄河斗争》报告中强调：胜利取得的原因是有共产党的英明领导，是有人民的空前大团结。

1948 年汛期，处于黄河“豆腐腰”河段的高村险工数次出险，情况万分紧急。国民党军飞机却乘机肆虐，仅 7 月 9 日夜，轰炸就达 13 次；从 7 月 7 日到 17 日，炸死、炸伤 200 余人。抢险员工坚守一线抢护两个多月，共动用工日 30 多万个，先后反复抢险修埽坝 12 道、护岸 21 段，谱写了一曲安澜壮歌。

“我们相信人民的力量是无穷的，只要大家团结一致，奋斗不懈，无论是黄河，还是敌人的阴谋，都是可以战胜的。”在慰问信中，冀鲁豫区党委、行署和五地委、专署这样写道。

1949 年，黄河入汛后先后 7 次涨水，发生归故后首次大洪水。其中，9 月 14 日，三门峡陕县 10000 立方米每秒以上洪峰流量持续 99 个小时，花园口水文站洪峰流量达 12300 立方米每秒，范县以下河段比 1937 年陕县 11500 立方米每秒的洪水水位普遍高 1 ～ 1.5 米。漏洞、管涌、塌坡等险情频发，“防汛抢险互为更迭，终汛期不得喘息”。

平原、河南、山东三省党政军民迅速行动起来，组成 40 万人的抗洪抢险大军，昼夜战斗在堤防线上。一天多时间，就抢修子埝 300 多公里、护岸 50 多公里，完成土方 100 多万立方米。济阳工程队队员戴令德用身体堵住洞口，大声呼叫，防汛队员及时赶来堵住漏洞。垦利前左 1 号坝抢险因石料用完，现场负责人立即决定采用抛麻袋土包的办法抢护，随即从济南调运麻袋 6 万多条，后方群众赶运秸料柳枝 600 多万吨，经 4000 余人 28 个昼夜抢护，修筑新埽 12 段，方使险情转危为安……

据汛后统计，整个洪水期间，共抢堵漏洞 434 处，抢护大堤渗水、蛰陷、脱坡 150 多公里；用石料 7.2 万立方米、秸料柳枝 2500 多万吨、木桩 8.3 万根、麻袋 17 万条，抢修子埝加高堤坝共修筑土方 66.9 万立方米，完成了世人以为不可能完成的任务。

1949年山东省河务局在惠民姜楼召开安澜大会

1949 年 10 月 1 日，北京天安门城楼，国歌激昂，礼炮轰鸣，中华人民共和国第一面五星红旗冉冉升起。面对庄严的国旗，中国共产党领导下的人民治理黄河事业献上了“三庆安澜”的厚礼，开启了大河长安的伟大征程。

大河泱泱，奔流万代，映照千古。从某种意义上说，一部治国史也是中华民族治理黄河的历史。以史为镜，可以清晰地看到一条大河的命运和走向，看到一个政党的执政能力及社会制度的优劣，看到一个国家的过去与未来。

人民治黄启新篇

中华人民共和国的成立，揭开了中国历史新的篇章。领导这场革命并取得胜利的中国共产党由此成为执政党，担负起领导全国各族人民建设新中国的重任。

把黄河的事情办好

如何千方百计确保黄河防洪安全，怎样才能使千古忧患的黄河走上一条除害兴利、长治久安之路？这既是事关新中国建设格局的头等大事，又是一项维系国家稳定健康发展的艰巨任务。

自新中国成立到改革开放前夕，是黄河治理开发迅速发展的重要历史时期，在“除害兴利、综合开发”治河思想的引领下，黄河治理开发取得了前所未有的重大成就。

1949 年 10 月 30 日，中央人民政府决定自 11 月 1 日起，黄河水利委员会改属政务院水利部领导。1950 年 1 月 25 日，水利部转发中央人民政府政务院水字 1 号令：决定将黄河水利委员会改为流域性机构，山东、平原、河南三省的黄河河务机构统归黄河水利委员会直接领导，并受各省人民政府指导。黄河水利委员会统一管理全河由此开始。同年 2 月 24 日，水利部发布人字 21 号令：经政务院批准，任命王化云为黄河水利委员会主任，江衍坤、赵明甫为副主任。自此，黄河管理体制初步建立，治河队伍迅速扩充与发展，形成了新中国成立初期黄河的基本管理格局，标志着黄河治理开发进入统筹管理的新阶段。

1950 年 1 月，黄河水利委员会在河南开封召开全流域治理黄河工作会议，这也是新中国成立后的第一次全河工作会议。时任黄河水利委员会主任王化云第一次提出了“把黄河粘在这里予以治理”的新观点。

1952 年毛泽东主席视察黄河，在人民治理黄河历程中，是一件影响深远的大事。这是新中国成立后毛泽东主席第一次出京巡视。他分别在济南、徐州、兰考、开封、郑州、新乡等地对黄河进行考察。10 月 31 日，他在离开开封时，曾向前来送行的王化云和河南省领导殷殷嘱托道：“要把黄河的事情办好！”这是人民领袖对治理黄河发出的伟大号召。

新中国成立初期，为了确保黄河防洪安全，黄河水利委员会根据下游河道的特点，结合当时堤防工程的状况，提出了“宽河固堤”的治河方针。通过废除民埝、开辟滞洪区、加高培修堤防、石化险工、消除堤身隐患等一系列措施的实施，黄河下游河道的行洪能力、千里堤防的抗洪能力都有了显著增强，为战胜洪水奠定了可靠的物质基础。

1958 年黄河的特大洪峰峰值为 22300 立方米每秒，12 天总洪量达

82.6 亿立方米。这是新中国成立后黄河发生的最大洪水，也是黄河历史上有水文实测资料以来的最大洪水。沿黄人民最终战胜了这场洪水，没分洪、没决口，保障了农业大丰收，创造了历史奇迹。

除害兴利综合开发

新中国成立后，社会主义建设对黄河提出了要求：不仅要根治黄河水害，还要综合开发，全面兴利。如果再继续沿袭“头痛医头、脚痛医脚”的老路，那么黄河仍然难以摆脱历史上决溢—泛滥—改道这一循环往复的怪圈，除害兴利也将只是一句空话。为了实现根治黄河水害、开发黄河水利这个伟大目标，在中国共产党领导下，人民治理黄河应该在前人的基础上，探索出一条新路来。

1954 年，黄河规划委员会编制完成《黄河综合利用规划技术经济报告》。该报告是由我国政府聘请苏联专家帮助编制的，后经党中央审查同意，由时任国务院副总理邓子恢在 1955 年 7 月 18 日召开的第一届全国人民代表大会第二次会议上作《关于根治黄河水害和开发黄河水利的综合规划的报告》。同年 7 月 30 日，该会议审议通过了《关于根治黄河水害和开发黄河水利的综合规划的决议》。这是中国历史上第一部全面、系统、完整的黄河综合规划，也是迄今为止中国唯一一部经国家最高权力机构审议通过的大江大河流域规划。它的实施标志着人民治理黄河事业进入全面治理、综合开发的新阶段。

春风浩荡贯长河

伴随着改革春风吹遍大江南北，治黄事业也进入蓬勃发展的新阶段。

1978 年 2 月，治理黄河工作会议提出了“除害兴利，变害为利，综合利用黄河水资源，为实现四个现代化作贡献”的指导思想。

这一时期，在党和国家的高度重视下，黄河第三次大修堤顺利完成，并经受住了 1982 年大洪水的洗礼。但也明显暴露出三门峡以下干支流缺少控制工程，黄河下游仍然存在严重的洪水威胁，尽快健全完善黄河下游防洪工程体系是当时黄河治理的重大课题。

运筹帷幄 开建小浪底枢纽工程

改革开放伊始，经济建设百业待兴。在这种形势下，防御黄河特大洪水灾害成为党和国家极为关注的重大问题。

按照国务院批准的“上拦下排，两岸分滞”的方针，必须在三门峡以下干流上兴建控制性工程，才能防御黄河特大洪水，保障黄淮海大平原的安全。

小浪底水利枢纽工程应运而生。

黄河小浪底水库泄洪场景

小浪底水利枢纽工程，位于黄河干流最后一段峡谷的下口，上距三门峡大坝 130 公里，是三门峡以下黄河干流唯一能取得大库容的坝址。

小浪底水利枢纽工程，以其在黄河治理开发中的重要战略地位、巨大的工程规模、复杂的地质条件，成为当代世界水工建筑史上最具挑战性的工程之一，因此引起了国际同行的关注。1985 年 10 月，经过中美双方的共同努力，小浪底水利枢纽工程轮廓设计圆满完成。1991 年，小浪底水利枢纽工程正式列入国家“八五”计划。与此同时，水利部成立黄河小浪底水利枢纽工程建设准备工作领导小组，开始启动工程建设准备工作。

1991 年 9 月，小浪底水利枢纽前期工程破土动工。1994 年 9 月 12 日，小浪底水利枢纽主体工程开工。经过多年的大量基础工作、反复论证和设计研究，小浪底水利枢纽这一对于黄河治理开发具有战略意义的关键性工程，终于从蓝图走入实施轨道。

随着小浪底水利枢纽工程建成投入运用，使黄河下游的上拦工程得到进一步完善，黄河下游防洪工程体系基本形成，为战胜历年洪水，取得黄河岁岁安澜的伟大胜利发挥了重要作用。

统筹调度　力克断流危机

世纪之交，改革开放全面深入，经济社会快速发展，人民生活水平显著提高。这既给黄河治理开发提供了难得的机遇，也对水资源供给、防洪安全和水资源保护等提出了更高的要求。然而，黄河依然存在一些突出的重大问题，断流危机尤其突出，并引起广泛关注。

断流最为严重的 1997 年，断流河道从河口上延至开封柳园口，长达 704 公里，约占黄河下游河道长度的 90%，断流天数长达 226 天，给黄河下游以及相关地区人民群众生活和经济社会发展带来了极其严重的威胁。

围绕黄河断流危机，在海内外迅速发起了一场“拯救母亲河”的行动。1998 年 1 月，中国科学院、中国工程院的 163 位院士联名向海内外炎黄子孙发出呼吁：行动起来，拯救黄河！ 1999 年春，民盟中央向全国政协九届二次会议提出“关于加大投资力度，依法治理黄河”的一号提案。

随着经济社会的快速发展和人民生活水平的不断提高，黄河流域以及相关地区对水的需求量持续增加，黄河有限的水资源早已不堪重负。由于水资源紧缺，地区与地区之间、上下游、左右岸、人类用水与生态用水、发电与供水之间，矛盾日趋尖锐。地区之间、不同利益群体之间因竞相争水、抢水引起的矛盾纷争，接连不断。而要解决这一问题，必须建立强有力的约束监督机制，对全河水资源实行有效的管理。否则，上中下游统筹，左右岸兼顾，水资源的合理利用和优化配置，都将是一句空话。

1998 年年底，经国务院批准，水利部、国家发展和改革委员会（原国家计委）相继颁发《黄河可供水量年度分配及干流水量调度方案》和《黄河水量调度管理办法》。

为确保黄河不断流，黄委严格执行国务院 1987 年批准的黄河可供水量分配方案，加强水资源优化配置，相继推出以省（自治区）界断面流量控制为主要内容的水量调度行政首长负责制，制订旱情紧急情况下的水量调度预案，建设现代化的水量调度管理系统，充分发挥水库的蓄丰补枯调节作用，推行水权转换、“订单供水、退单收费”等一系列综合措施，在各有关方面的通力配合下，从 1999 年 3 月开始实施统一调度至今，已实现黄河连续 20 多年不断流。

调水调沙　维护河道健康生态

从 20 世纪 50 年代的“蓄水拦沙”，到 60 年代通过三门峡工程的实践提出的“上拦下排”；从 80 年代提出“拦”“用”“调”“排”四字治理方针，到 90 年代将“拦、排、放、调、挖”作为处理和利用黄河泥沙的方略，黄河泥沙的处理和利用取得了重大突破。

在长期的治河实践和探索中，人们逐渐认识到，处理和利用黄河泥沙必须采取综合措施。2002 年 7 月国务院批复的《黄河近期重点治理开发规划》确定，“拦、排、放、调、挖”作为综合处理和利用黄河泥沙的方略。

在这五字方略中，“拦”是根本，“排”是基础，而“调”是提高“排”沙效果的有效手段，是实现黄河下游泥沙不淤积、河床不抬高治理目标的重要措施，在整个黄河治理开发中起着十分关键的作用。所谓“调”，就是调水调沙，即通过黄河干流骨干工程对水沙进行有效的控制与调节，改变黄河“水沙时空分布不平衡，易于造成河道淤积”的自然状态，使原本极不平衡的水沙关系更加协调和适应，最大限度地把泥沙输送入海，减少泥沙在河道中的淤积，达到最佳输沙效果。

刁口河生态调水 张立传 摄

2002 年首次调水调沙试验，用 26 亿立方米水量将 0.664 亿吨泥沙输送入海。除夹河滩至孙口河段由于洪水漫滩有所淤积外，全下游河槽有明显冲刷，没有出现人们担心的“冲河南，淤山东”现象，河道状况整体改善。

调水调沙充分强调了人的主观能动性，改变长期以来在治河问题上让黄河牵着鼻子走路的被动思维模式，是传统治河向现代治河转变中的一次重要实践，标志着黄河治理开发进入更加能动的新阶段。

针对世纪之交黄河存在的突出问题，必须以全新的观念来重新审视和认识黄河治理开发走过的道路，在总结历史治河经验的基础上，通过对黄河治理开发与管理重大战略问题的研究、探索和实践，黄委提出并确立了“维持黄河健康生命”的治河理念。

黄河要长治久安，使其为全流域及其下游沿黄地区庞大的生态系统和经济社会系统提供持续支撑，必须首先使黄河自身具有一个健康的生命。其生命力主要体现在，包括水资源总量、洪水造床能力、水流挟沙能力、水量自净能力、河道生态维护能力等方面。因此，维持黄河的生命功能，将成为黄河治理开发与管理各项工作长期奋斗的最高目标。

1999年恢复过流后黄河水头到达河口

“维持黄河健康生命”，意味着必须彻底遏制当前整体河情不断恶化的趋势，使之恢复到一条河流应有的健康标准。衡量“黄河健康生命”的主要标志就是水利部对黄河治理开发与管理提出的“四个不”的目标，即：堤防不决口、河道不断流、污染不超标、河床不抬高。

黄河保护治理，循着实践、认识、再实践、再认识的认识路线，不断取得新的认识成果和治河业绩。实现黄河长治久安,维持黄河健康生命，依然任重而道远，仍需要坚持不懈地探索与奋斗。

第四节 洪 流 勇 进

黄花寺堵复合龙

1925年8月13日，直隶濮阳县黄河南岸李升屯（今属鄄城县）民埝溃决，口门宽达600余丈，滔滔洪水挣脱民埝约束，向东北方向横流而下，南金堤与民埝间的濮县、范县、郓城、寿张4县遂成一片汪洋。决水行至梁山黄花寺后，因壅逼不畅，致使水位不断升高，水面涨至堤平，形势十分危急。

黄花寺合龙碑

时任中华民国山东河务局局长林修竹赶往现场，指导督促郓城、寿张知事，连续抢护十多个昼夜，最终在寿张县高堂（今属梁山县）、义和庄（今属郓城县）、黄花寺（今属梁山县）3处民埝扒开缺口，使洪水流入正河。

至9月中旬，黄花寺水势已落至堤根。但由于河底西高东低，溜势由南北向变为东西向，绞边刷底，一日之间堤根刷深2丈多，横宽刷至60余丈。林修竹驰赴工地，急调寿张、东平、阳谷、东阿、郓城、汶上6县民工3万余人进行抢护。在抢护的7天时间内洪水连续刷堤260余丈，终因人力、物力不敌，9月20日晚，黄花寺南金堤被冲溃，洪水继续向东北泛流。27日，又在黄花寺下游1.5公里处决口，寿张、东平、郓城、阳谷、汶上5县400多个村庄受淹。为防止溃水南下，东平县知事率领群众将十里堡、八里湾、三里堡、常仲口、王仲口等5处运河南堤扒开，使泛水流入东平湖，再由姜沟回归正河。这次冲决，受灾面积达1500平方公里，灾民约200万人。

1926年1月11日，山东河务局上游分局在寿张县十里堡召集濮县、范县、郓城、寿张、阳谷、汶上、东平、东阿8县灾民代表，共同到省府济南请愿，以受灾8县丁漕60万元为修堵李升屯、黄花寺两口门的基金。1月18日（民国14年农历十二月初五），山东督办及省长张宗昌任命林修竹为山东黄河上游堵口工程处总办，王炳燇为会办，潘镒芬为总工程师，负责堵口工程，于2月18日（民国15年农历正月初六）开工。施工期间，受灾各县人民积极出工摊料，国际华洋义会和邻省也先后捐款助工资助堵口。林修竹等率文武职员和汛兵、民工，克服兵燹破败、盗匪披猖、横流乱野、积雪塞途、民力残败等重重困难，“修水工四百丈而强，堤工四十里而弱”，于3月26日（民国15年农历二月十三）合龙闭气，并在黄花寺立“黄花寺合龙碑”和“合龙处”碑以志纪念。

高村抢险纪实

1938年6月，蒋介石为阻止侵占徐州的日寇西进，在河南省郑州以北花园口炸开黄河大堤，使黄河改道东南，流经豫、皖、苏3省44县，造成一个由西向东南长800里的黄泛区，给豫、皖、苏3省人民带来空前惨重的灾难。

高村抢险纪念碑

抗战胜利后，蒋介石集团为发动内战的需要，在美国政府的帮助下制定了“黄河战略”，妄图再次以水代兵，引黄河回归故道，水淹冀鲁豫解放区。黄河故道自花园口到利津，原有大堤1200公里，断流7年，长年废修，秸埽腐烂，破坏严重。河床被垦作农田，新建很多村庄，数十万农民在此生活。如不经整修疏浚而将黄河引回故道，其后果不堪设想。面对蒋介石集团的恶劣行径，中共中央以国家民族大义为重，同意黄河回归故道，但要求必须先对故道下游复堤整险，反对移水移祸、制造新的水灾。蒋介石集团迫于国内外舆论的压力，答应就“黄河归故”的时间、程序及有关事项与中共谈判。从1946年3月3日起，经过近一年时间的谈判，先后形成《开封协议》《菏泽协议》《南京协议》《上海协议》。4月15日签署的《菏泽协议》明确要求，先复堤、修河、裁弯取直、整理险工后，再行合龙堵口放水。《菏泽协议》签署之后，沿河各县即有10万民工投入复堤工程。

不久，为配合发动全面内战的军事行动，国民党政府相继撕毁各个协议，多次侵犯鲁西南解放区，袭扰复堤工程。1947年3月中旬，国民党悍然将黄河水引归故道，将冀鲁豫解放区分成黄河南和黄河北两个地区，并进驻黄河南岸，建立“黄河防线”，炮击和轰炸北岸大堤，妄图决堤水淹解放区。两岸人民不畏国民党军的狂轰滥炸和破坏，坚持护堤抢险。

国民党军队进犯鲁西南解放区之后，一直以重兵盘踞东明，控制高村险工堤段。高村位于东明县城北约12里处，黄河在这里由南北流向折转弯扑向东北，是黄河由游荡性浅宽河道陡然变窄的隘口，道窄水急，常出险情。险工堤段长达6里，有坝埽16道，“高村险工，全河闻名”。1948年6月22日，解放军攻克开封，驻东明的国民党军队担心被歼，仓皇撤到菏泽，带走了全部抢险物资，并对坝埽进行破坏，将各坝埽的钢丝、麻绳砍断。当时正是黄河大汛，第7坝以下险工堤段出现险情，我野战军及东明县党政军立即投入抢险斗争。冀鲁豫行署黄委会在人民群众的大力支持下，组织大量民工、物资、车辆，投入抢险斗争。

为阻止人民抢险，1948 年 7 月 7 日至 17 日，国民党军出动飞机 400 多架次，轰炸高村险工段，10 天之内炸伤运料民工 52 人，炸死 13 人，死伤牲畜 21 头。高村群众被炸伤 9 人，炸死 6 人，民房被炸塌 45 间。

中共东明县委、县政府组成的高村抢险指挥部带领工程队不顾危险，分作两班，日夜轮流作业，敌机来了严阵以待，敌机走了抓紧抢险。各路运料民工，用树枝把人畜车辆伪装起来，使敌机不易找到轰炸的目标。1948 年 7 月 16 日，险情加大，第 14 坝跌入水中，黄河决口在即。东明县委立即组织了一支300多人的抢险敢死队，奔上第14坝。附近村民闻讯，倾巷出动，奔上险工堤段，形成了一支1000多人抢险大军。经过艰苦奋战，抢险大军终于挫败国民党军的图谋，制止了黄河决口。事态的发展，引起全国人民的关注，中共中央向国内外有关方面发出紧急呼吁，要求黄河南岸国民党军队立即停止阻挡当地居民抢修河堤险工的行为，国民党空军立即停止对抢险民工的轰炸。同时，中外救济慈善和工程团体，在物资上、技术上也对抢险民工予以紧急援助。

1948年高村抢险时修筑的秸料埽坝

高村抢险经过 73 天的紧张斗争，调动东明、南华、菏泽、考城、齐滨、郓城、鄄城、长垣、滑县、范县、昆吾县的数十万民工，11 万头耕畜，1289 万斤秸料，200 万块砖，67 万根木桩，40 万斤麻，64 万斤白面，修整旧坝 11 个，新建坝 5 个，新修秸料埽 21 段，终于战胜了洪水，粉碎了国民党当局的阴谋，保卫了沿黄人民群众生命财产的安全，谱写了治黄史上的一曲胜利凯歌。

1949年一号坝抢大险

1949 年，黄河为丰水年，黄河连续出现 7 次洪峰，以第 5 次洪峰最大。9 月 22 日，泺口站水位 32.33 米，洪峰流量 7410 立方米每秒（后来实测 8360 立方米每秒）。9 月 24 日到达垦利县境时，利津刘夹河水位 13.47 米，超过 1937 年正觉寺决口水位 0.21 米。10 月 13 日回落，高水位持续 35 天。进入汛期，大溜曾一度靠近一号坝头（现义和险工 15 号坝）；进入秋汛，主溜南移，一号坝顶冲大溜，成为整个险工的屏障。该坝是 1949 年 3 月动工新修的坝基，坝全长 1600 米，最大坝头顶宽 15 米，高 1.6 ～ 1.8 米。全坝分为 1 号裹头，2 号、3 号、4 号、5 号、6 号鱼鳞秸埽，7 号是月牙秸埽，共长 193 米，坝轴与主溜夹角 60 ～ 70 度角（应不大于 40 度）成了拦河坝头。

1949 年 8 月 30 日，1 号裹头出险，调驻一号坝的 7 个工程班及 500 民工先后立即投入抢险，连续 15 个昼夜，终因水流过急，河底松软，1 号坝头及 2 号、3 号、4 号鱼鳞埽被水冲走，随即退守 5 号鱼鳞秸埽，并于 7 号月牙秸埽上首修做 8 号倒环鱼鳞秸埽。9 月 15 日晚，5 号鱼鳞秸埽又被冲走，随即退守 6 号鱼鳞秸埽。16 日晚，6 号鱼鳞秸埽又被冲走，即退守 7 号月牙秸埽，7 号月牙秸埽“脱胎”，8 号鱼鳞秸埽掉蛰。18—19 日，将 7 号残留之月牙埽连同 8 号倒环鱼鳞埽合并抢修为磨盘秸埽，继在磨盘埽下跨角做裹头一段，连磨盘埽共 53 米，重新编为 1 号秸埽。磨盘秸埽上首新开 2 号、3 号两段鱼鳞秸埽，共长 55 米。20 日开始稳定。22 日又开工 4 号月牙秸埽和 5 号鱼鳞秸埽。

23 日在背河开一段倒环鱼鳞秸埽。26 日水渐退，主溜上提，27 日，2 号、3 号鱼鳞埽掉蛰，连续抢护 7 昼夜，2 号、3 号鱼鳞及磨盘秸埽又被水冲走。10 月 5 日退守 4 号月牙埽及 5 号鱼鳞秸埽。6 日（中秋节），4 号、5 号埽又被水冲走。至此共 28 昼夜，冲走 12 段秸埽，冲走坝基长 500 多米。

7 日重新开埽，与洪水顽强搏斗，大家喊出口号“宁愿脱身皮，坚决保住一号坝，保证黄河不决口！”经过 40 余天的苦战，“且战且退”，退修抢护，直到 10 月 13 日，终于战胜了洪水，转危为安，保住了一号坝。

一号坝抢险开始，先后由渤海区党委行署及惠民专署党政机关抽调干部 500 多名，由省河务局等单位抽调干部、工程技术人员、卫生队、电话员 110 余人；动用警九、警十两个团，沾化县、垦利县大队等八个连队之多，民工从邻近的民丰区、河滨区调来千人，又从永安区调来 600 人，新台区 900 人，丰国区 500 人，还从广饶县调来 200 人，博兴县调来 600 人，沾化县调来 1000 人及常备民工 4800 名。各种车辆近千辆，木船 30 只，秸料 461.31 万千克，柳枝 100 万千克，石料 2223 立方米，大砖 1260 立方米，大绳 7484 根，木桩 14234 根，麻袋 3.5 万条。此次抢险，有济南、青岛、烟台、淄博、广饶、沾化等十多个市县支援石料、麻袋、大绳、木桩等料物；还有从利津等地运来 6000 多立方米红胶泥，从河北省、河南省运来了大批物资。在抢险期间，渤海区党委研究室主任王连芳，渤海区行署秘书长于勋忱、行署专员王沛云，垦利县长郑林青、副县长李树春，驻垦利治河办事处主任蔡恩溥（原副县长）等，亲临第一线指挥抢险。郑林青县长从出险起，一个多月没有回过县府；王连芳主任 3 天 3 夜连续指挥抢护而精神难以支持；省河务局张学信技正、冯队长，利津工程股长苏俊岭等技术人员日夜坚守岗位，掌握抢护。

在抢险过程中，蔡恩溥与大家并肩战斗，不断地为抢险人员鼓舞斗志；工程股长（原民丰区长）谭致和眼睛熬红了，嗓子喊哑了；民丰区副区长杨法道挽着裤腿在泥水中与抢险民工白天运土运料，晚上提灯巡坝查险，省局直属队二班副班长侯金山，在抢险中智勇双全，他采用“拐头骑马”家伙桩缓和了险情；工程一班长共产党员朱福昌 7 天 7 夜换不下班来，昼夜不停连续抢护，没有睡一个囫囵觉，没吃上一顿完整饭，有时吃饭都端不住碗。他不顾安危，腰里拴上绳子，下到 4 米多深的水下探摸埽根，被洪水大浪冲走，幸被岸上的人救出。在那抢险的日子里，几乎天天阴雨连绵，给抢险造成了巨大的困难，厅局级干部一人一块漆布，工人一人一条麻袋，白天遮雨，晚上御寒，就这样坚持到胜利。

当时，党政军民齐动员，全力以赴抢险。沿黄村庄的干部群众都动员起来，大爷、大娘、青年妇女、小学生，老人孩子齐上阵。新华村缠足的吴大娘从十里路处扛运秸料；河滨区胜和村 68 岁的军属宋凤刚自己的庄稼不收，来参加抢险；中西羊栏子村于文凤、李桂兰、李向山等把自己的篱笆墙扒了送到大堤上来；还有 19 个小姐妹、17 个儿童为抢险送砖，11 岁的小芳同学每趟扛一块 8.5 千克重的大砖，一天半的时间他们就运送大砖 1500 块。料物不足，高粱快要成熟，为了抢险忍痛砍了下来，解放军来回 3 公里路跑步运送鲜高粱秸。众人齐心协力，终于抢护住了一号坝。

在总结经验时，大家都体会到，抢险成功，一是领导亲临工地指导抢险，及时解决了抢险中的一些难题；二是有英勇善战的技术队伍和广大的群众、解放军的支援；三是有充足的料物，要料有料，真是一方有难，八方支援；四是有顶打管用的照明设备，方便的电话通信。这次防汛斗争胜利，迎来了新中国的诞生，谱写了人民治黄的新篇章。

王庄险工凌汛抢险纪实

王庄险工位于东营市利津县城城北 13 公里处，始建于清光绪二十四年（1898 年），工程长度 2526 米，护砌长度 2920 米，共有 80 段坝岸。

该处原为大清河道一陡弯，1855 年，黄河于河南兰阳（今兰考）铜瓦厢决口夺大清河道自利津入渤海，行水 40 多年后，黄河由“水行地中”渐成“悬釜之势”，泥沙填满大清河道，此处便以抱水迎洪、大溜顶冲而屡屡出险，素以险、峻、雄、奇著称，被誉为“黄河下游第一险”。

治河有言 :“伏汛好抢，凌汛难防。”一百多年来，黄河下游凌决一直是人们无法抗拒的天灾。在王庄险工数次溃决又复堵的经历中，也曾三度因凌汛而发生决口。其中，1951 年发生在此处的凌决，足以比治黄史上任何阶段都要荡气回肠又刻骨铭心，这也是中华人民共和国成立 70 多年来出现的两次凌汛决口之一。

1951 年 1 月 7 日，河口段插冰封河，至 14 日封冻总长度 550 公里。河口利津段冰封厚度约 30 厘米，最大冰厚达 40 厘米。27 日，上游河开，花园口凌峰流量 770 立方米每秒。冰水齐下，凌峰流量沿程逐渐增大，“武开河”态势已成定局。29 日，开至利津，流量为 1160 立方米每秒，冰凌洪水势不可挡。1 月 30 日 21 时，冰凌洪水开至垦利前左一号坝，大小冰块上爬下塞，愈积愈多，迅速形成冰坝，两岸堤防岌岌可危，凌汛形势险恶异常。

2 月 2 日黄昏，上游冰块伴随 2 米高的水头排山倒海般倾泻而来，防凌冰排被拦腰截断，插破埽肚、挤烂坝身 30 余段，在埽面用撬杠拨冰的河工几无立足之地，此时利津站水位已高达 13.76 米，比 1949 年伏秋大汛时的最高洪水位还高出 0.8 米。23 时，王庄险工以下 380 米处背河土塘出现 3 个漏洞，其中最大的一个离大堤仅十多米，且发展异常迅猛。须臾，330 余名抢险队员和民工舍身抢堵。此时正值夤夜，狂风怒吼，星月无光，备用土牛几乎冻透，背河抢堵实难奏效，而漏洞出水愈发迅猛，临河水面全被冰凌覆盖，洞口难寻。这时，黄河工人张汝宾、于宗五跳上冰层，用大镐破冰找寻洞口，又因寒风凛冽、冰块坚硬，极不得手。一个大漩涡出现在眼前，就在张汝宾准备用麻袋抢堵时，临河、背河堤坡瞬间塌陷，张汝宾、刘朝阳、赵永恩随堤陷落冰水，不幸牺牲。2 月 3

日 1 时 45 分，抢堵失利，大堤溃决。溃水出利津扑沾化经黄河北岸的徒骇河入海，洪水泛滥区宽 14 公里、长 40 公里，造成利津、沾化两县 45 万亩耕地、122 个村庄受淹，倒塌房屋 8641 间，受灾人口 8.5 万人，死亡 6 人。

2 月 3 日，山东黄河河务局局长江衍坤一行疾速赶往现场组织抢救。2 月 4 日，黄河水利委员会主任王化云带领专家、工程师多人星夜兼程赴利津查勘冰情工情。即日，设立收容所 6 处、粥厂 1 处，山东省生产救灾委员会、华东军政委员会拨粮食 500 万斤，调船只 358 艘，干部 218 人分赴灾区施赈。短短几天，非灾区群众捐食物 4 万余斤。2 月 15 日，山东省人民政府出台王庄口门堵复工程决定，并由黄河水利委员会、山东省组成堵口委员会，王化云任主任，江衍坤、陈梅川（惠民公署专员）任副主任并任堵口指挥部正、副指挥。山东省政府拨款 480 万元，调集技工、民工 7000 余人。3 月 21 日，王庄凌汛溃口堵复工程正式开工。4 月 1 日，东西两坝开始进占，人流如梭，昼夜不停。4 月 7 日凌晨，7000 余名民工集结工地，山东省政府副主席郭子化乘舟督战。5 时 20 分，合龙大工开始，9 时，整个戗面出水，口门闭气，堵工告成。7000 余名民工士气大振，在此后一个多月的时间里，一鼓作气完成复堤土方 40000 余立方米及险工埽坝加固、抛根等项目。至 5 月 20 日，堵复工程全部告竣，王庄堵口仅用了 61 天。

如今，王庄险工成为国家级水利风景区——利津黄河水利风景区的重要组成部分，在岁月流转中越发美丽坚实。身处王庄险工 43 号主坝头，眼前的逶迤坝岸错落交叠，其险要之状尽收眼底，身后的依依杨柳摇曳多姿，仿古小亭与镂空长廊毗邻相依，铭记历史的石碑与潺潺东流的河水交相辉映，脚下浩浩荡荡的河水如一匹脱缰的野马，朝着海的方向奔流不息。这座百年险工在沧桑岁月的洗礼中，凝聚起老一辈治黄人殚精竭虑、矢志不渝的汗水心血，更见证了人民治黄的风雨历程和黄河人的业绩丰功。

修葺一新的王庄险工

王庄险工航拍

1958年黄河抗洪抢险

1958 年 7 月，黄河发生历史上罕见的大洪水，豫鲁两省党政军民团结抗洪，战胜了郑州花园口站 22300 立方米每秒的大洪水，谱写了一曲胜利的凯歌，堪称治黄史上的奇迹。

罕见洪水的成因

黄河洪水的大小，取决于黄河流域降雨的多少。1958 年 7 月，黄河进入汛期后，在多种气象条件下，黄河流域连降大雨。从 7 月 14 日开始，晋、陕区间和三门峡到花园口干支流区间又连降大暴雨。暴雨区面积达 8.6 万平方公里，7 月 16 日 20 时至 17 日 8 时大雨，是形成这次洪水最关键的一场大雨。

这场雨强度很大，蟒河济源雨量站、洛河宜阳流量站，12 小时降雨量分别为 227.8 毫米及 174.4 毫米，暴雨中心雨量达 249 毫米。暴雨集中由此引发了罕见大洪水。这次洪峰的特点是，水量大、水位高、来势猛、含沙量小、持续时间长。根据实测记载，17 日 24 时，花园口站出现了 21000 立方米每秒（后修正为 22300 立方米每秒）洪峰流量，是黄河有水文观测以来实测的最大洪水，对黄河下游的整个堤防是一次严峻的考验。

不眠之夜的高参

1958 年 7 月 17 日夜，是个不眠之夜，王化云主任，副主任江衍坤、赵明甫，秘书长陈东明，工务处长田浮萍，水文处副处长张林枫及黄河防总办公室的工作人员都坚守在工作岗位上。

根据预报，洪水级别在准许利用北金堤滞洪区分洪的范围内。但北金堤滞洪区内有 100 多万人、200 多万亩耕地，分洪时不仅群众需要大迁移，仅财产损失即达 4 亿元。但如不分洪，千里堤防一旦失事，将给国家政治、经济造成不可估量的损失。这是一项十分艰难的重大抉择。

当日清晨 5 时左右，王化云主任等听取了雨情、水情汇报后，随即召集副主任江衍坤、赵明甫，秘书长陈东明，工务处长田浮萍，水文处副处长张林枫等召开紧急会议，讨论议题集中在是否分洪的问题上。根据大家的讨论，王化云同志做了两方面的考虑和两手准备：一是明确提出，加紧准备，加强防守，运用河道排泄洪水，还是有可能的；二是做好石头庄溢洪堰破除分洪的准备，以防万一。如果雨情、水情继续向严重方面发展，势必采取分洪措施，否则可全力防守，充分利用河道排泄洪水。会议决定派出赵明甫、汪雨亭、陈东明等同志分别到山东菏泽、东平湖和河南兰考东坝头、长垣县石头庄溢洪堰协助两省指挥防守。

17日24时，花园口站水位达到94.2米，当时推算流量21000立方米每秒，洪水是否继续上涨，亟待水文站的测报。18日晨花园口水位开始回落。由此判定17日24时出现的最高水位已是洪峰，伊河、洛河、沁河和三门峡以上干流区间的雨势也已减弱，和洪水预报基本吻合。依据科学的分析，王化云当机立断提出不分洪，加强防守，充分运用河道排泄洪水的意见。与机关的有关同志会商后，即首先报告了时任黄河防汛总指挥、河南省委第一书记吴芝圃，吴芝圃当即表示同意。接着又打电话给时任山东省省长赵健民，征求山东意见。山东回复同意后，王化云亲自拟电向国务院、中央防汛总指挥部、水利电力部和河南、山东省委报告："本次洪峰17日24时到达花园口，水位94.2米，低于1933年洪水位约0.5米，推算流量21000立方米每秒。现花园口以上水位已普遍下降，伊、洛、沁河至秦厂区间今日只有小雨、中雨，有的地方无雨，本次后续洪水已不大……目前洪水正向下游推进，进入渤海尚需一周时间。本次洪水为1933年后最大的一次洪水，情况是严重的，但特点是峰高而瘦，再加黄河原来底水低，汶河水不大，整个下游可能出现中间高、两头低的形势。据此，我们认为河南、山东党政军民坚决防守，昼夜巡查，注意弱点，防止破坏，勇敢谨慎，苦战一周，不使用分洪区滞洪，就能完全战胜洪水。希望两省黄河防汛指挥部根据上述情况和精神，结合各地具体情况部署防守，加强指挥，不达完全胜利不收兵。上述意见如有不妥之处，请中央和省委指示。"中央防汛总指挥部接到报告后，当即发出指示电，要黄河防汛总指挥部及各级防汛指挥部必须密切注意雨情、水情的发展，以高度的警惕性、最大的决心坚决保卫人民的生产成果，坚决制止洪涝为患。同时，派时任水电部副部长李葆华、黄委副主任江衍坤等乘专机到山东黄河视察水情，指挥防守，并报告国务院。

总理飞临黄河

当时，周恩来总理正在上海开会，接到报告后，18 日乘专机飞临黄河从空中视察了洪水情况，下午 4 时飞抵郑州。在河南省委，王化云立即向周恩来总理汇报了水情和防守部署情况，明确表示，这次洪水总的情况是很严重的，对堤防工程是一次严峻的考验。但是洪量比 1933 年洪水小，后续水量不大，堤防工程经过 10 多年培修加固，抗洪能力有很大提高，特别是干部群众战斗情绪很高，建议不使用北金堤滞洪区，依靠堤防工程和人力防守战胜洪水。周恩来总理问道："征求两省意见没有？"王化云答道："两省都表示同意。"总理又详细询问了雨情和洪峰到达下游的沿程水位，于是批准了不分洪方案，指示两省加强防守，党政军民全力以赴，战胜洪水。

周恩来总理对黄河防洪做出安排后，不顾劳累，又登上列车，前往郑州黄河铁路大桥视察，对抢修铁路大桥做了重要指示。第二天，总理又乘专机视察水情，沿黄河飞行到山东，在时任山东省委第一书记舒同、书记处书记谭启龙、裴孟飞和济南铁路局党委书记李振陪同下视察了泺口铁路大桥的抢修情况，就如何使泺口铁桥经受住黄河更大洪峰的问题做了重要指示。

一曲胜利的凯歌

黄河发生大洪水后，沿黄党政军民紧急动员起来，全力以赴，把战胜洪水确保安全作为压倒一切的中心任务。19 日，洪峰进入山东境内，沿黄地、县共动员组织干部、群众和中国人民解放军 110 万人上堤防守。白天一片人海，夜间一片灯光，济南堤线临时架设近百公里的电灯照明线。20 日下午，时任山东省委第一书记舒同、书记处书记白如冰和副省长刘民生、李澄之等到泺口视察水情，并到盖家沟险工与正在加高大堤的民工一起挖土、抬土、加固大堤。

1958年7月，防汛部队进入泺口堤段

山东河段堤距较窄，洪峰水位表现较高，堤根水深2～4米，个别堤段达5～6米。险工坝头有的洪水漫顶，形势相当严峻。一夜之间，抢修子埝600余公里，对防止湖堤、黄堤漫顶起了重要作用。7月22日下午1时，齐河县许坊大堤中部突然发生漏洞，临河洞口直径约0.4米，背河出口直径0.05米，幸被焦兰英、焦秋香两个少先队员发现，立即报警。县指挥部迅速组织千余人奋力抢堵，二三十名青壮年不惧危险，跳入水里抢堵洞口，50多名搬运工人主动参战，经大力抢堵完全断流。防汛员工提出“人在堤在，誓与大堤共存亡”的战斗口号，济南老徐庄、惠民县白龙湾险工等英勇抢堵漏洞的事例不胜枚举。山东共发现各类险情1290余次，百万军民团结抗洪，艰苦奋斗8昼夜，战胜了新中国成立以来的大洪水，堪称全民抗洪的典范。

1958年抗洪群众运送物料上堤

在抗洪抢险斗争最紧张的日子里，党中央、国务院和全国各地给予了巨大关怀和援助。人民解放军出动陆、海、空、炮兵、通信、工兵等部队，并调动飞机、橡皮舟救生工具，投入防洪抢险和滩区群众救护。在短短几天里，全国各地运来麻袋、蒲包、草袋200多万条。辽宁、江苏、广州、上海、天津、青岛等省市赶运大批抢险物资。经过全国人民的有力支援和豫鲁广大党政军民的团结奋战，赢得了抗御这次大洪水的伟大胜利。

洪水过后，胜利凯旋

东平湖“82·8”分洪纪实

黄河下游洪水威胁历来是中华民族的心腹之患。历史上，黄河“三年两决口，百年一改道”，给人民群众生命财产安全造成巨大的损害。1946年中国共产党领导人民治理黄河以来，黄河取得了伏秋大汛连续60年岁岁安澜的巨大成就，创造了中华民族治河史上的奇迹。奇迹的创造，有着多方面的因素，其中一个极其重要的因素，就是被人们誉为确保黄河下游防洪安全的“王牌”——东平湖。

历史上，东平湖是分滞黄河、汶河洪水，补充京杭大运河漕运的“大水柜”，发挥过蓄水除患的作用。1950 年 7 月，黄河防汛总指挥部确定东平湖为黄河自然滞洪区，当遇到超过大堤防御标准的特大洪水时，将会按照牺牲局部、保护大局的原则，运用东平湖滞洪区削减洪峰，确保下游安全。

中国共产党领导人民治理黄河以来，东平湖先后 7 次于大洪水威胁的关键时刻，分滞黄河洪水，发挥了削峰作用，保证了下游人民群众安居乐业和经济社会稳定发展。

1982 年利用东平湖分滞黄河洪水，就是成功的例子。

1982年大水拍岸盈堤

这一年，黄河花园口站 10000 立方米每秒以上的洪水持续 52 个小时；8 月 2 日，黄河花园口站出现 15300 立方米每秒洪峰。东平湖水库上游大河水位一般高于 1958 年最高洪水位 1 ～ 2 米，滩区全部进水，艾山以下防洪安全面临威胁。8 月，中国共产党第十二次全国代表大会召开前夕，黄河再度发生大洪水。“黄河宁，天下平”，国家政治经济社会的稳定是第一要务，中共中央、国务院高度关注黄河度汛安全。东平湖滞洪区这张确保黄河下游防洪安全的“王牌”，已经进入共和国高层决策者的视线。

对于是否分洪，黄河主管部门及其专家各述已见，意见并不一致。

的确，分洪是一个两难的选择。分洪可以减缓黄河下游防洪压力，但会给湖区经济发展和人民群众带来巨大损失；不分洪，则下游河防压力重大，一旦大堤决口，将造成难以估量的损失，严重影响社会稳定。

8 月 3 日，时任国务院副总理万里在北京召集时任水电部部长钱正英和河南省省长戴苏理、山东省省长苏毅然共同研究对策。

“分”与“不分”，一字千钧。提闸分洪无疑是确保下游防洪的万全之策，而受淹的是湖区人民群众。经过慎重研究，他们毅然决定，以国家防总的名义建议运用东平湖老湖分洪，控制艾山流量不超过8000立方米每秒。

为了实施好东平湖老湖分洪，时任山东省委副书记、副省长、省抗旱防汛指挥部指挥李振，黄河水利委员会副主任刘连铭，山东黄河河务局副局长张汝淮，赴东平湖指挥分洪工作。

“不允许死一人”，是党和政府交给分洪指挥部的政治任务。泰安、菏泽两地党政军派出庞大的救援队伍，对分洪区实施两次彻底清湖，挨家挨户动员组织搬迁。解放军官兵封闭所有进湖道路；有线广播半小时向群众宣传一次，及时发出分洪信号；各个关键部位设立指挥；闸门启动人员24小时坚守岗位；提前削弱闸前围堰；分洪工作在紧张有序的气氛中展开。

分洪的时刻终于到了：

镜头一：8月6日20时10分，东平湖林辛闸前，三颗红色的信号弹冲破漆黑的夜幕，随即响起震耳欲聋三声炮声，一队解放军官兵跑步到达闸前围堰，快速将围堰掘开缺口。

镜头二：8月6日22时6分，林辛进湖闸室内，电机轰鸣，15孔闸门缓缓提起，洪水从闸孔喷涌而出，滚滚浊浪立墙般扑入老湖，水汽浩渺，涛声如雷，树倒房歪，临近林辛闸的林辛村刹那间淹没在洪水中。

镜头三：8月6日23时，6声闷雷，十里堡闸前围堰上尘飞土扬，剧烈的炸药将围堰撕开几十米长的口子。

镜头四：8月7日11时10分，时任山东省委副书记、副省长李振走进十里堡闸。“提闸！”一声令下，10孔闸门“嗞嗞”升起，洪水磅礴而出，与林辛闸洪流汇合交融，飞腾着奔向浩渺湖泊。

镜头五：湖堤上，6000多名军人、干部、农民来往穿梭，精心守护着 72.6 公里的堤防。

镜头六：8 月 9 日 19 时，林辛、十里堡 25 孔闸门缓缓落下，切断湖区洪水与黄河的连通，分洪结束。

1982年林辛分洪闸分洪入东平湖

1982年8月9日蓄洪后的东平湖滞洪区

分洪历时3昼夜,两闸合计分洪流量一般为1500～2000立方米每秒,最大流量2400立方米每秒。分洪期间两闸启闭调整31次，分洪总量4亿立方米。分洪后，泺口以下洪水基本没有漫滩，工情平稳，洪水安全流入大海。

1982年分洪直接经济损失2.7亿元。分洪后，分洪闸口至金山坝间十几公里内的7500亩良田被黄沙掩埋，许多群众失去生产条件，生活贫困。生态环境恶化，风起沙飞，群众房屋内床铺、锅灶上，到处都是沙土，群众生产生活条件恶化。

1982年分洪后，国家对湖区遭受的损失和遇到的困难给予了高度重视。自1986年起安排专项资金帮助解决。1990年，国家批复了东平湖水库遗留问题处理规划。山东省人民政府先后两次召集有关市县和黄河水利部门在东平湖召开现场办公会议，认真总结库区移民工作的经验教训，提出在搞好防汛蓄洪的前提下，加速湖区生产建设步伐，走开发性扶贫的路子，以渔为主，多种经营，综合开发，全面发展，提高库区的“造血功能”，使库区群众尽快脱贫致富。

决战东平湖“01·8”洪水

2001年，东平湖成为黄河上下关注的焦点。8月，大汶河5日内形成2次洪峰，古老的水利工程戴村坝被洪水冲决。北排入黄受阻，水位持续上升，最高水位达44.38米，超建库以来最高水位0.66米。老湖与新湖间的二级湖堤犹如一道薄薄的篱笆墙，艰难地承载着连天洪水的袭击。老湖洪水位比二级湖堤外高出4.5米，新湖区20多万人民群众头上顶着7亿多立方米的洪水，一旦决口，后果不堪设想！在艰难的工程条件下，黄河人不畏艰难，拼搏奋进，用强有力的肩膀扛起防洪保民的重任，获得抗洪斗争的胜利。

洪水盈库 惊涛拍岸

来自泰山之巅的大汶河是黄河下游最大的一条支流，在东平湖穿堂而过进入黄河。大汶河流域面积 8500 多平方公里，地势东高西低，东宽西窄，像把展开的折扇，来自东部泰、莱山区的洪水从高处的扇面迅速向东平湖汇集。有人形容大汶河如同一个乖戾的孩子，急躁易怒，暴涨暴落，洪水形成速度特别快，从戴村坝到东平湖仅需四五个小时。自建库以来，汶河连续来水，洪水给东平湖的压力丝毫不低于黄河。进入 21 世纪，来自大自然的压力让东平湖人面临严峻挑战，大汶河 5 年内洪水年年不断，4 年超警戒水位，1 年超历史最高洪水位，来水总量达 68.4 亿立方米。

2001 年 8 月，大自然向治水人传递出一个不祥的信号：大汶河洪水主要发源地泰莱山区连降暴雨，山洪从高山上奔流直下，迅猛汇流，激流卷着泥沙，浊浪滚滚，沿着大汶河咆哮着冲向东平湖。据防汛资料记载，大汶河 5 日内形成 2 次洪峰，戴村坝站最大洪峰流量 2620 立方米每秒，入湖洪水近 7 亿立方米。

2001年8月1日大清河发生1050立方米每秒洪水

大汶河洪峰连着洪峰，东平湖险情接着险情。8 月 1 日 8 时，历经 580 年风雨的古老工程戴村坝中段乱石坝垮塌。《重修戴村坝记》如是记载："汶水峰高势猛，大流湍急。8 时 30 分，忽闻河中闷雷巨响，乱石坝段自下而上滑脱，继而墩蛰，溃决 130 余米。深隐坝基数百年木桩自溃口处鱼跃而出，随洪波急流而下，目击者惊诧而惋惜。之后滚水、玲珑及窦公堤亦遭严重水毁。东平湖管理局举全局之力，奋力抢险，昼夜不息，余坝终以得守。"

8 月 5 日 6 时，大汶河入湖流量达 2800 立方米每秒，东平湖老湖水位以每小时 6 厘米的速度迅速上涨，8 月 7 日 1 时达到 44.38 米，超历史最高洪水位 0.66 米。老湖水位连续 14 小时保持 44.38 米的高水位，44 米以上水位持续 118 小时，各类工程出险 48 处，大汶河下游大清河北堤，湖西卧牛堤严重渗水，管涌险情不断发生，渗水长度占总长度的 66%；大清河上的大牛村控导，武家漫、鲁祖屯、古台寺险工多处出险。两山隔堤因断面薄弱，堤防与山体结合部未加处理，也发生了多处渗水险情。八里湾段临湖石护坡坍塌多处，长约 30 余米，湖堤淘刷一米多深。东平湖全线吃紧。

大清河南岸南城子护滩工程不断出现险情。8 月 9 日至 10 日，多次出现根石走失，坦石坍塌，塌陷长度 110 米。10 日 16 时 45 分，出险地点突然刮起了 7 级大风，下起了暴雨，树枝咯巴巴乱响，东平管理局干部职工及东平县群众抢险队 200 余人，采取抛石固根、挂柳防冲等抢险方式进行抢护，在暴风雨中奋战一个多小时。到 10 日 21 时，挂柳 8400 公斤，动用石方 200 余立方米、土方 300 余立方米，险情方得到基本控制。

众志成城　中流砥柱

"战洪魔军民并肩决战决胜，保安澜众志成城无私无畏"。这是一位在东平湖畔居住几十年的老先生专门写的一副对联。且不论对联工整与否，而作为这场洪水的见证人，他道出了战胜洪水的"法宝"。

东平湖洪水引起各级的高度重视，一时间成为黄河上下、山东全省、社会各界关注的热点。黄河防总、山东防指将东平湖抗洪作为头等大事，果断决策，运筹帷幄，指挥若定，力挽狂澜。

时任黄委会副主任廖义伟连夜赶赴东平湖部署抗洪抢险，山东河务局几位领导始终坚持在抗洪抢险第一线，并派出专家组、督察组支援东平湖的抗洪抢险斗争。山东省委、省政府三位省级领导驻扎一线，当地驻军两位少将带领军队防守最薄弱堤段，组织精兵强将疏浚出湖河道。东平湖千名职工和上万干部群众、部队官兵全力以赴投入抗洪抢险斗争。山东局通信处紧急调拨 800M 查险报险通信设备，及时分发到抢险第一线。黄河医院派出医疗小分队，到防汛抢险现场进行医疗服务。黄河上下各兄弟单位做好一切救援准备，万众一心，众志成城，共抗洪水。

2001年8月2日，为抢护戴村坝溃口，在大汶河上游右岸修筑导流坝

防汛物资是防洪抢险的基础。8 月 9 日，时任山东省政府省长李春亭在调运抢险物资报告上批示，表扬山东河务局有令必行，及时完成任务，为全省做出贡献。东平湖超警戒水位后，山东河务局就做好了向东平湖调运常规和非常规抢险物资的预案和准备，按省领导和省防指的要求，将抢险一线所需物资及时运送到位，保障了抢险急需。

7 月 31 日 20 时，洪水位超警戒水位后，陈山口、清河门出湖闸开始向黄河泄洪。因出湖引河淤积严重，排水能力降低，蓄水量日益上升，防洪压力愈来愈大。引河疏浚能否奏效，直接关系东平湖的安危！

山东河务局、东平湖管理局积极配合地方党政领导和部队首长研究对策，采取挖掘机开挖、爆破、高压水枪冲刷、吸泥船绞吸、闸上清障等方法紧急疏浚引河。参加河道疏浚的260余名解放军官兵和黄河职工，克服困难连续奋战，千方百计加大出湖引河泄水能力。

红旗飘扬八里湾

2001年8月7日，是山东黄河人最难忘的日子；东平湖二级八里湾段，让治水人心惊胆战的堤段，当时比相连的二级湖堤低出2米。这里最怕风浪，最容易发生风浪，南北距离25公里，水面“一马平川”，北风吹程远，风浪险情防不胜防……这天，这里发生了风浪险情。

下午3时许，一阵十级狂风突然从湖面席卷而来，碗口粗的榆树被连根拔起。东平湖二级湖堤八里湾段，湖水涌浪爬上石护坡，撞击在八里湾闸启闭机房墙壁上，溅起5米高的浪花，跃过3米多高的机房，一次次地泼向堤顶，泼落的湖水如阵阵暴雨，背湖堤肩被泼来的湖水冲出水沟浪窝，水沟越冲越大。八里湾段石护坡坍塌多处，长约30余米，湖堤淘刷一米多深。此时此刻，东平湖二级湖堤外新湖20多万人民生命财产安全受到严重威胁，情况十分紧急。

“快，快，上堤！”防守的人们顶着大风爬上湖堤。附近没有石料，黄河职工毫不犹豫地把50多米的砖石院墙推倒作抢险用料。抢险难度很大，风大直不起身子，溅起的浪花泼得人睁不开眼睛，一次次被刮倒，又一次次爬起来。手划破了，脚砸伤了，泼湿的白色衬衣浸出了殷红的鲜血。人们心里只有一个念头：控制险情、抢护工程。

险情就是命令。梁山、东平县180多名抢险队员和群众火速赶到现场，在黄河技术人员的统一指导下，投入了抗洪抢险的殊死搏斗。县长背起了沙袋，局长搬起了石头，司机垒起了子埝。没有人号召，没有人动员，沿湖群众自发地参加抢险战斗。现场，呈现出一片感人的情景。一条条沙袋在与风浪搏击中迅速传递，子埝在抢险人员的顽强奋斗中快速增高，经过三小时的紧张搏斗，排除了险情，战胜了风浪。

与此同时，在同一地点上演了更加惊险的一幕。正准备调往出湖河道疏浚的两只吸泥船和一只拖轮在八里湾泄洪闸险段被风浪涌上石护坡，遭到重创，继而沉没湖中。船长张连武带领大家用被子堵窗口，用脸盆向外泼水，胸部被划出了一道长长的血口子。抢救无望，吸泥船眼看要沉，张连武不顾个人安危，他在保护全体船员安全上岸后才最后一个上岸。

“01・8”抗洪斗争，在工程设施问题困难重重的条件下，1.87 万子弟兵和专群防洪队伍用血肉之躯和顽强的毅力，筑起了坚不可摧的长堤，用实际行动实践了伟大的“抗洪精神”，实现了“抗洪卫民”的诺言。在“01・8”洪水后的年代里，山东黄河人如履薄冰，戒慎恐惧，精心管护着防洪工程，时刻准备着迎战可能出现的大洪水，经历了无数次严峻的考验，战胜了无数次大洪水，东平湖岁岁安澜！

第三篇

生 命 之 河

山东省是农业大省、粮食主产省，水资源严重短缺，人多地少水缺是基本省情、水情。黄河是山东主要客水资源，引黄供水量占全省总供水量的30%以上。在黄河山东段628公里河道上，64座引黄涵闸统筹兼顾13个市百余个县（市、区）的生活、农业、工业、生态用水。全省现有大中型引黄灌区65处，主要分布在沿黄9市56个县（市、区），设计灌溉面积3720万亩，有效灌溉面积2858万亩，粮食总产量3081万吨。打渔张、李家岸、位山……一处处引黄灌区如颗颗璀璨明珠镶嵌在齐鲁大地，福泽万物，让昔日“看天吃饭”的低产田变成了如今的良田沃野。进入新世纪特别是“十四五”以来，山东省按照“农村供水城市化、城乡供水一体化”的发展思路，持续加大农村供水保障工程建设，累计完成投资134.9亿元，建成各类农村供水工程11881处，覆盖人口7067.31万人，其中仅沿黄9市地表水供水覆盖农村人口达1674.7万人，基本实现农村供水工程全覆盖，让群众吃上了“放心水”“安全水”。截至2022年6月底，引黄济青工程（含胶东应急调水工程）累计引水116.74亿立方米，为胶东地区配水80.53亿立方米，为工程沿线提供农业灌溉用水16.76亿立方米，有效补充地下水超13亿立方米，为胶东半岛地区经济社会持续发展提供了有力的水资源保障。黄河，这条涌动着蓬勃与希望的生命之河，在齐鲁大地绘就出一幅润泽千里的恢弘画卷。

第一节 水 润 齐 鲁

泉城哪得万涓涌

清澈的泉水绕城而流，秋季的护城河面上白雾缭绕，当晨曦透过薄雾照射在泉边石畔，老济南人便提着水桶或空瓶子到泉边汲水，取回家或泡茶或煮饭，让天地之灵气浸润市民的日常生活。

正是这么一座“家家泉水，户户垂杨”的城市，她的万涓泉水与黄河有着脱不开的深厚渊“源”。

2000 年，济南大旱。72 泉群相继停喷，锦绣川、卧虎山水库枯竭，泉城闹起了“水荒”。据家住城南的市民讲，那段时间，家里停水，无法洗脸、做饭，只能深夜带瓶矿泉水回家睡觉。而城北居民却没有缺水困扰，刚建成的鹊山引黄调蓄水库可满足半个城区的用水需求。这一年，济南市采取“北水南输”，泉城“水荒”得到缓解。

此后不久，玉清湖引黄调蓄水库于 2001 年 7 月建成供水。2 座水库日供水能力 80 万立方米，完全能够满足城市日用水需求。2002 年，济南再次遭遇大旱，2 座水库发挥巨大作用，市民亲切地把两座水库称为“咱们的大水缸”。

引黄保泉也取得立竿见影的效果，有力保证了地下水位上升，泉水复涌“水到渠成”。2003 年 9 月 6 日趵突泉复涌，至今已连续喷涌 20 周年，创下自 20 世纪 70 年代以来持续喷涌时间最长的纪录。2008 年始建的“引黄保泉”建设项目东联供水工程业已发挥作用。目前，2 座水库及其他供水工程正常情况下，每日可供城市及工业用水 110 多万立方米。换言之，济南“引黄”每天可少采 110 万立方米的地下水，长此以往，济南地下水将得到充足涵养。十多年“引黄保泉”的努力换来泉群持续喷涌，也为“泉水节”的成功举办奠定了坚实的基础。引黄补源彻底改善了小清河两岸生态环境，使对接“北跨”发展的滨河新区成为济南北部未来发展的亮点。而鹊山龙湖、澄波湖之水，完全由引黄调蓄补水。黄河水既保障了泉城之魂，又改善了黄河两岸的生态环境，加快了北部区域的城市化进程，黄河水重焕济南经济发展新活力。

趵突泉公园泉水盛宴 朱兴国 摄

泉群复涌、泉水节的顺利举办、水生态文明城市创建，这些都离不开一个“水”字。济南曾不断出台“采西停东”“封井保泉”“泉源保护”的保泉措施，这些措施的前提是必须要有水源替代开采地下水。事实证明，若没有替代水源，只靠开采地下水或南部山区几座储量不足的水库，大旱年份，连城市生活用水也难以保障，更不用谈泉水喷涌了，泉水节和生态文明城市，将只能是济南人一个遥不可及的梦想。

然而济南是幸运的，因为黄河从此流过。有了“母亲河”的哺育，泉群才能持续喷涌，济南才有了勃勃生机。

从城市发展来看，黄河是济南城市发展不可替代的客水资源。自2013年6月，济南市提出新的引黄补源战略——卧虎山水库引黄补水工程，就是从平阴田山灌区引黄河水，通过南水北调济平干渠补水济南，除了补充卧虎山水库，还分流补充玉清湖水库。该项工程是济南市打造“六横连八纵”的水网规划之一。黄河水入卧虎山水库后，除日常为南郊水厂供水外，可在地下水位下降至警戒线时，放水到玉符河进行回灌补源，保障泉群持续喷涌。进入玉清湖水库的渠道连通后，极大满足水库供水及小清河补水要求，实现黄河水、东平湖水和长江水多水源联合调度，保证了济南城市供水安全。

水是一个城市的“血脉”，而在济南市的“血脉”里流淌着80%以上的是黄河水，黄河已然成为济南市的“生命线”。现在，济南市正在重新认识黄河水资源的开发利用，并以黄河为中心提出今后的城市发展战略，“黄河新区”呼之欲出，黄河水助力济南经济社会可持续发展将提升到一个新的高度。

一脉黄河润天衢

茫茫禹迹，画为九州。德州，地处九州中的兖州，因黄河而生，因黄河而名，因黄河而兴。德州人的基因中农耕文明符号烙印深刻，人们相信，黄河安澜，国泰民安。

如今的黄河是夺原大清河的河道，古称济水。据记载，大禹治水的时候，就有提及济水。《尚书·禹贡》:“导沇水，东流为济，入于河，溢为荥”。黄河从聊城东阿李营险工进入齐河潘庄险工后，蜿蜒北流，至齐河南坦险工折向东偏北方向流，至大王庙险工折东偏南，然后进入济南泺口。其中，潘庄险工至南坦段河道长51公里，南坦险工至大王庙险工段河道长20.4公里。

德州黄河河务局辖潘庄、韩刘、李家岸、豆腐窝等4个引黄闸，担负着德州市工农业用水的重任，也为河北、天津的经济社会发展提供着水资源支持。黄河水从引黄闸出发，顺着水管进入千家万户，流淌着幸福生活的甘甜味道；奔流在德州大地的田间地头，浇灌着生长的秧苗，演绎着母亲河的慷慨奉献；引黄干渠串联起河流、湖泊，补充着城市和乡村的脉动，为生态德州美丽景观建设再添活力。

从苦咸水到舌尖上的甘甜

黄河是德州市最主要的客水水源。德州市从20世纪70年代开始引用黄河水，于20世纪90年代实施建设“千百十”平原水库工程，即县有千万方水库、乡镇有百万方水库、村有十万方水库，通过平原水库引蓄黄河水，为德州城乡送来了清凉和甘甜，吹响了幸福德州建设的号角。

农民群众引水浇灌

德州市地下水含氟量高，不适合饮用，又苦又涩。上了岁数的老人们都说，以前来了亲戚串门，都不好意思请人家喝茶，现在咱们喝上黄河水，水甜了，心里也美滋滋的。以前来德州上学、打工的年轻人都喝不习惯这苦咸水，哭着喊着要离开，现在黄河水不仅让世代居住在这里的老德州人欢欣，也吸引着更多的人共享这份甘甜。

在德州人心里有这样一个共识：老百姓放心地喝上黄河水，村村用上黄河水，那就叫幸福。位于引黄末端的宁津县、乐陵市、庆云县 3 县（市）农民用水困难，人畜饮水是令人头疼的难题，关系着民生，更牵动着民心。为解决这个大问题，自 1989 年以来，德州市先后建设了丁庄、庆云、丁东、惠宁等平原水库，设计总库容近 1.6 亿立方米，为庆云等偏远地区输送黄河水。为确保全市人民都能用上安全方便的自来水，自 2004 年始德州市又启动了“村村通自来水”工程和“人蓄引水安全工程”，其水源全部来自平原水库调蓄的黄河水。

水源、水库、水厂有了，甘甜的黄河水带来了饮水环境的大变化，解决了民生大问题，夯实了民心所向。水更甜了，心情更美了，生活也更幸福了。

从盐碱地到吨粮市

黄河水从引黄闸出发，沿着引黄干渠一路北上，滋润着脚下的泥土，不断地改变着这片土地的面貌。秋天来到齐河县祝阿镇李家岸村，几千亩的水稻到了收获的季节，一片金黄铺满了大地，恍然间仿佛到了塞上江南。“我们这里近水楼台，水稻喝的都是黄河水，大米也格外的香甜呢！”村民自豪地介绍。“前几年，春旱严重，五月份下地插秧，六七月份正是水稻生长、抽穗的时候，眼看着地里干裂开指头大的缝，是李家岸闸管所的职工帮我们引来了水，才保证了收成。”村支书动情地描述。如今黄河大米已经成为齐河的知名土特产，摆上了超市商场的柜台，走上了餐桌，为百姓带来了财富。

齐河县后甄村村民正在使用“小白龙”春灌

“引来黄河水，受益最大的还是我们老百姓，是黄河救了这里的盐碱地。”平原县王庙镇坡刘村曾经是有名的贫困村，村民以种地为生，但土地大多为盐碱地，庄稼收成不多。当地流传着“夏秋水汪汪，冬春白茫茫，风吹白粉起，就是不打粮”的民谣。黄河水顺着引黄干渠流到了这里，曾经的洼地、荒地经过黄河水滋润压碱，慢慢变为良田。“庄稼喝上了黄河水，长得就是好。没了盐碱地，我们村的人均土地面积也翻了好几番，以前是每人几分地，现在能到两亩多。最让人高兴的还是庄稼的收成，以前亩产200多斤的玉米现在能收1500多斤。”言语间透着当地村民的喜悦。

引来了黄河水，庄稼收成节节高。近年来，随着引黄灌溉设施的不断完善，灌区有效灌溉面积不断加大，粮棉单产不断增加。据不完全统计，灌区粮食单产由引黄灌溉前的每公顷2700千克，达到目前的每公顷15吨。2010年德州市被评为国家整建制的吨粮市。黄河水为德州市粮食“十一连增”做出了突出贡献。

黄河水带来了改变，让盐碱地成为历史，让北方土地收获了稻花香，富了一方百姓，也赢得了一方口碑。

从用水紧张到水环境新风貌

随着经济社会的不断发展，地下水已远远不能满足生产要求，黄河水已成为德州企业可持续发展的重要保障。近年来，德州开展了向晨鸣造纸集团、莱钢集团直供水项目，为工业发展送水到家门口。积极调蓄黄河水，保障企业生产用水，改善了投资环境，引来了地方发展金凤凰。

2010年10月，引黄济津潘庄线路应急输水工程向天津正式输送黄河水。每年调水10亿立方米，极大缓解了天津市缺水的状况，并使沿线河北省多个缺水地区受益。在此基础上的引黄入冀项目，每年为远处的河北沧州也送去了黄河水，传递着母亲河的关爱。

引黄济津潘庄线路应急输水工程实现了德州市“马颊河、岔河、减河、南运河”四河水系贯通，彻底解决了德州市新建工程沿线区域用水难题，使德城区南部岔河至南运河区域及北部二屯镇、武城东北部、运河开发区等供水死角，全部用上了黄河水，为德州南部生态区建设奠定了良好基础。另外，引黄济津工程可以使德州市每年获得近 2 亿立方米的地下水补充，极大地改善地下水环境，开启了德州市千亩湿地建设的步伐，推进了水生态文明城市的创建。2008 年，引黄工程和平原水库建设被评为德州市改革开放 30 年“十件大事”之一，受到市委、市政府隆重表彰。

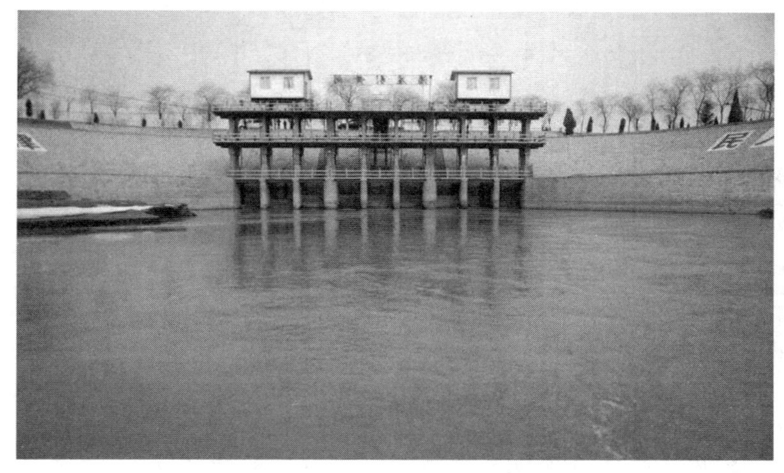

引黄济津潘庄引黄闸

黄河水润泽德州的乡村和城市，像一位营养师调配着健康食谱，像一位建造师开创了富裕道路，又像一位美容师勾画着大地的美丽密码，更像一位执着的耕耘者，在日夜奔流中持续为德州带来财富和喜悦。

九曲黄河齐都魂

黄河，四渎之宗，百水之首，是中华民族的母亲河。淄博，齐国古都，石化名城，是齐文化的发祥地。

淄博因境内淄水、博山而得名，地势南高北低，是一个老工业城市，全国重要的石油化工、医药、建材基地之一。因区内水资源匮乏，20 世纪 80 年代末至 90 年代连续大旱，尤其是 1989 年遭受了百年不遇的特大干旱，城乡 10 万居民吃水告急，200 万亩农田受旱、60 万亩农田绝产，部分企业停产、齐鲁石化公司面临停产……水的问题引起各级领导高度重视和社会各界的广泛关注，怎样破除水资源短缺这一制约淄博经济社会发展的瓶颈？

“建设引黄供水工程，提请调整行政区划”。淄博市领导班子集思广益，果断决策，他们把目光投向了黄河。

1989 年 12 月 2 日，经国务院批复同意将惠民地区的高青县划归淄博市，至此，齐国古都与古老的黄河紧密相连。1990 年 1 月，淄博黄河修防处（淄博河务局前身）应运成立。

淄博高青刘春家引黄闸

1990 年 3 月，淄博市引黄供水工程正式开工建设，在经历了停工缓建、复工等曲折过程之后，2001 年 9 月 28 日，引黄供水工程正式竣工了！在通水剪彩仪式现场，近万名干部群众从四面八方奔涌而至。掌声、欢呼声、鞭炮声，处处洋溢着欢乐祥和的喜庆气氛，一个停工 7 年，复工后用了 11 个月的引黄供水工程终于建成通水了！人们望着涓涓流淌的黄河水，眼里浸满了久盼的、幸福的泪花。

2000 年以来，黄河水助力淄博大地物阜民丰，抵御了 2002 年、2006

年严重旱情和2014—2016年特大干旱。淄博河务局积极作为，支援地方抗旱生产，确保大旱之年不受灾、不减产，实现了引黄灌区60万亩夏粮十三连丰，滋养了“高青大米”“高青西瓜”等13种国家地理商标名优农产品，有力促进了沿黄地区农业增产、农民增收、农村发展。据统计，2001—2015年，淄博河务局累计引黄供水28亿立方米，基本满足了城乡居民生活和工农业生产用水需求，为淄博经济社会发展和生态文明建设提供了重要的水资源支持。

坐落于齐国古都——淄博市临淄区的中国石化齐鲁石化公司，是一家集石油化工、盐化工、煤化工、天然气化工为一体的特大型炼油、化工、化肥、化纤联合企业，1989年曾因缺水面临停产。2001年以来，黄河水基本保证了齐鲁石化公司用水需求，同时推动了72万吨乙烯扩产。据市引黄供水管理局副局长郭兆学介绍：引黄供水的作用，不仅仅局限于齐鲁石化一家企业，淄博市作为传统工业城市，曾经因为缺水导致部分企业停产，也曾经因为缺水与许多招商引资项目失之交臂，黄河水的引入，推动了一大批工业项目在淄博落地，有力保障了全市经济发展用水。

“过去10年，黄河水支撑了我市一半的新增工业产值。今后10年，尤其是在我市下一个万亿元产值中，黄河水，包括南水北调的长江水，将通过吸引积聚大量的优质生产力，支撑其中的五千亿。”原淄博市委书记周清利如是说。

淄博市水文局数据显示，2014年9月至2016年5月淄博市降水严重不足，遭遇严重旱情。在如此干旱的背景下，淄博并没有出现规模以上工业企业因为缺水而导致的停产情况。原因无它，黄河水滋润了整个城市。

引黄供水的生态效益在近年凸显。20世纪濒临干涸的马踏湖湿地从2002年起实施了“引黄济湖”应急调水，逐步恢复了湖区的生机和活力。2016年1月，马踏湖湿地公园晋升为国家级湿地公园，也是淄博首个国家级湿地公园。使桓台县大放异彩的红莲湖公园，因得黄河水的滋润，如今已经成为桓台县一张亮丽的风景名片。

问渠哪得清如许，为有源头活水来。淄博，这个美丽富饶的城市，在黄河之水的滋润下，将更加充满勃勃生机。

虹吸如龙泽聊城

虹，在中国被誉为龙，虹吸则被称为“龙吸水”。在聊城人民治黄历史上，自 20 世纪 50 年代至 80 年代，虹吸是为农业丰收提供水资源保障的“水龙”。它卧在黄河边，吸水泽田，为大地丰收和人民生活幸福提供着用水保障。随着科技和经济发展，如今聊城黄河上的虹吸已经淡出人们的视线，但是它永远镌刻在人民治黄丰碑上，并将永远绽放光彩。

虹吸，是指利用液面高度差的作用力，可以不用泵而吸抽液体。黄河上的虹吸就是利用虹吸原理而修建的黄河取水工程——虹吸管。因为黄河是地上河，河水经常高于两岸背河地面，具有自流引水条件，所以虹吸是跨越堤防引水的良好方式。

昔日虹吸工程

聊城所处黄河冲积平原，属半干旱大陆性气候，干旱发生频繁，有“十年九旱”之说。聊城人均水资源占有量不足全国人均占有量的十分之一。聊城耕地面积近1000万亩，匮乏的水资源，严重制约着工农业发展，黄河水资源利用，对加快发展工农业生产至关重要。

虹吸工程规模小，投资小，深受群众欢迎，在未建设黄河涵闸时，虹吸在抗旱保丰中发挥了重要作用。1956—1981年，聊城黄河上共建有10处虹吸工程，为聊城的农业丰收和改良土地、加固堤防发挥了重要作用。

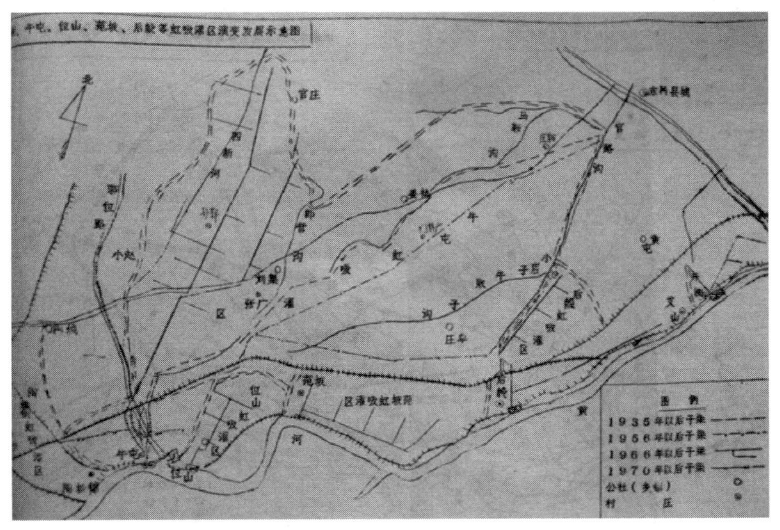

20世纪70年代前聊城虹吸灌溉发展示意图

聊城境内的第一处虹吸是地处东阿县境内的牛屯虹吸。

1956年1月，山东省人民委员会根据“根治黄河灾害，开发黄河水利”的总方针，批准河务局建设虹吸引黄灌溉的报告，并批准在山东黄河兴建34处虹吸工程的方案，其中就包括聊城的牛屯和井圈两处虹吸。

牛屯虹吸于1956年3月动工，6月建成。虹吸地址在东阿黄河牛屯村前的16号护岸上，设计流量6.44立方米每秒，灌区面积9.8万亩。灌区干支渠长达155.46公里，开挖土方96万立方米，建筑物96座。1957

年春开始春灌，引水效果和用水效果良好。1956年11月，井圈虹吸在东阿井圈险工上建成。该险工背河系复堤施工坑，常年积水，是天然的沉沙池，设计流量6.65立方米每秒，灌溉面积17.3万亩，修建干渠节制闸8座、支门13座、斗门12座，以及桥梁、退水闸等。1969年之后，聊城黄河上又相继修建了位山、范坡、殷庄、郭口、周门前、邵庄、刘营、陶城铺黄河虹吸。

东阿井圈虹吸

虹吸的建设，让沿黄群众靠天吃饭的问题从根本上得到解决。聊城还利用虹吸改造沿黄涝洼地，种植水稻，把一些不毛之地改造为良田，提高了粮食产量。据《聊城引黄灌溉史志》载，新中国成立后，聊城共建成虹吸10处，截至1985年，虹吸累计引水14.85亿立方米，共淤改土地达4.83万亩。1971年，阳谷县全县粮食作物平均亩产201.5千克，到1983年，阳谷全县粮食作物平均亩产达到650千克。

利用虹吸淤背是虹吸工程的又一个作用。截至1985年，虹吸抽水站共完成引黄淤背土方621.2万立方米，对改造沿黄盐碱低洼面貌、改变黄河大堤临背悬殊、加固堤防起到很大作用，同时为解决黄河堤防施工和农业生产争劳力的矛盾创出条新路。

自1956年起，虹吸对促进聊城农业生产发挥了重要作用。然而，在几十年的运行中，虹吸管也暴露出了一些问题，如钢板管道容易腐蚀，难以管理，容易形成堤防隐患。加上黄河河道逐年淤积抬高，大堤经过几次大的加培，虹吸设计标准偏低等。从防汛安全考虑，自20世纪80年代后，聊城境内的虹吸逐步拆除，引黄灌溉任务由引黄闸所取代，引黄供水更加方便快捷，运行安全更有保障。在20世纪50年代到80年代后期，聊城境内建成了近 600 万亩的引黄灌区，年亩产粮食达到 1000 千克以上，人民群众的生活水平发生了重大变化，实现了发家致富的目标。如今，聊城人民正在黄河的滋润中，伴着田野中那汩汩的黄河流水声，奋进在小康之路上。

虹吸在 30 年的建设历程中，为聊城经济社会发展做出了重大贡献。如今，它虽然已完成了历史使命，退出了引黄灌溉历史舞台，但在人民治黄中发挥的重要作用、为社会经济发展所做出的重大贡献，将镌刻在治黄丰碑上，也将永远存留在我们的记忆中。

引黄灌溉话滨州

滨州市位于黄河三角洲腹地，地跨黄、淮、海三流域，黄河下游河道过境长度 94 公里。黄河以北有滨城区、沾化区、惠民县、阳信县、无棣县，海河流域的徒骇河、马颊河与簸箕李、小开河以及韩墩引黄干渠构成灌溉水网；黄河以南有邹平市、博兴县，淮河流域的小清河中游段与胡楼、道旭、打渔张引黄干渠构成灌溉水网。滨州市是传统农业大市，山东省粮食主产区，也是黄河三角洲区域内最大的行政区。

靠天吃饭 望水兴叹

在灌区开发以前，这里地广人稀，土地严重碱化。全市除邹平市有部分低山丘陵区外，大部分为黄河冲积平原，地下水埋藏多在 1 ～ 3 米，土壤含盐量高，矿化度 10 ～ 30 克 / 升，土地易碱化。全市多年平均降水量 575.4 毫米，降水集中，加上海潮、风暴的侵袭，淡水资源总量 10.16 亿立方米，人均占有水资源量 260 立方米，是全国人均水资源量的 1/8，属于资源型缺水地区。那时，人们开荒躲碱围种，今年种这块，明年抛荒这块种那块，终年忙碌却收入无几，土地虽多却难以维持家用。田间里多用广口井灌溉，几十亩地只能靠一眼井，井里的水有限，一晌就能汲完，一亩地要浇上半天，甚至一天，人累、井干、牲口乏。大旱之年，农民们或吃救济粮，或外出谋生，生活十分艰难，就连居民饮用水也是靠用水缸积存雨水来解决。水的问题一直影响着人民的生活，制约着工农业的发展，如何解决“水”的问题，成为摆在滨州人民面前的民生大事。

载舟之水　引以惠民

黄河由滨州腹地穿过，年过水总量300多亿立方米，因此，滨州有着极其优越的引黄灌溉条件。早在民国23年（1934年），当时的山东省建设厅就曾拟定过一个引黄淤田、兴建虹吸工程的计划，但因当时国穷民潦，筹资艰难，全区仅在青城县马扎子（今高青县）、蒲台县王旺庄（今博兴县）分别修建了直径400毫米和200毫米的引黄虹吸管各一条，并试验引黄放淤成功，但后来因经费和战事影响，未正常运用遂即废弃。

1956年，惠民专区动工兴建举世闻名的打渔张引黄灌区，由此掀起了引黄灌溉高潮。打渔张灌区是继河南省人民胜利渠之后，在黄河下游兴建的一处大型引黄灌溉区，由苏联专家参与规划设计，是山东省开发最早、规模最大的一处引黄灌溉工程，同时也是国家第一个五年计划的重要项目。渠首引水闸自1956年3月破土动工，至1958年年底竣工。当工人们把引黄闸闸门徐徐提升，汹涌的黄河水从闸口倾泻而出，经过沉沙地和干渠，流到畦田里。在群众心中，多年来的水害黄河，终于开始变成人民灌溉的利河，人们期盼着在这片土地上创造出新的美好生活。

在先后建成张肖堂、白龙湾、刘春家、大道王、打渔张、韩墩、簸箕李等引黄灌区后，惠民地区经历了停灌阶段（1961—1965年）。滨州市档案馆馆藏档案《滨州地区簸箕李引黄灌区复灌三十年工作总结汇报》中这样记载：由于对引黄认识的局限性，把灌区工作的重点放在了大引大蓄大灌上，而忽视了排水的重要性。在用水管理上片面强调“灌溉自流化”而忽视了盐渍化的危险性。加之开灌后连年遭受暴雨侵袭，农业耕作粗放，引黄区域内发生了严重的涝碱灾害，和全国大多数引黄灌区一样，刚刚投入运行的簸箕李引黄灌区于1962年奉上级指示停灌，废渠还耕。灌区除打渔张保留外，其余工程设施破坏、损失极其严重，对人力、财力造成极大浪费。

1966年3月，水电部同意在总结经验教训的基础上，贯彻积极慎重的方针，开始复灌。惠民专区建立了专、县引黄灌溉管理机构，陆续修复了原灌区损坏的灌排工程，新建了兰家、道旭、归仁虹吸工程和张桥引黄灌区。

20世纪70年代以后，为适应黄河防洪和扩大引黄灌溉面积，惠民地区先后改建了引黄涵洞6座，改建翻修了虹吸工程2处，灌区建设也达到了前所未有的规模。

20世纪80年代，惠民地委、行署审时度势，先后集中力量扩建了韩墩、打渔张、白龙湾、刘春家、簸箕李等一批骨干引黄闸工程。奋战3年，胜利建成胡楼引黄灌区，兴建引黄济青调水工程，利用打渔张灌区引黄闸引水，解决了青岛的严重缺水问题。据统计，1985年全区共有引黄灌区14处，总设计引水能力424立方米每秒，设计灌溉面积532.5万亩。

1988年，为了解决百姓的吃水问题，滨州水利部门开始着手小开河引黄灌区的前期工作。1993年11月25日，小开河引黄灌区正式破土动工，但是由于资金限制，施工进展缓慢。1997年年底，建成了渠首引黄闸、徒骇河、沙河渡槽等7座大型建筑物工程。1998年，滨州地委、行署把多年筹集的准备用作重建办公楼的2000万元投到小开河建设和解决群众吃水问题上，同年11月28日，举行了隆重典礼，提闸放水。为解决无棣滨海11.28万人、2.93万公顷农田用水问题，1999年，小开河继续开挖输水渠26.51公里。2000年，小开河干渠全线贯通，河水贯穿黄三角腹地，涉及滨州黄河北部地区42万人口，解决了北部地区历史性饮水问题，几十万亩荒芜盐碱地变成丰产田，村村户户通上自来水，灌区百姓的生产和生活日新月异，灌区群众亲切地称之为“人民心中的河”。小开河灌区开创了引黄灌区模型试验的先例，成为全国第一个进行模型试验的灌区。

1985—2005年，滨州年平均引水13.31亿立方米，实灌面积达564.9

万亩，改善灌溉面积 130 万亩，同时缓解了城镇及沿海数十万人的吃水困难。

至 2007 年，全市已建成引、输、蓄、排体系完整的灌区 13 处，引水能力 466 立方米每秒，控制灌溉面积 583 万亩，基本满足了全市农业生产、人民生活和城市生态建设用水需求。

2019 年 4 月，由原滨州市簸箕李引黄灌溉管理局、滨州市韩墩引黄灌溉管理局、滨州市小开河引黄灌溉管理局整合组建为滨州市引黄灌溉服务中心。设计灌溉面积 324 万亩，抗旱补源面积 45.5 万亩，设计引水流量 195 立方米每秒，承担着滨州市黄河以北滨城区、沾化区、惠民县、阳信县、无棣县 5 个县区的工农业生产用水及 216.7 万城乡居民生活用水的供水任务。三大灌区建有干级渠道 10 条 405.37 公里，干渠建筑物 661 座；支渠 343 条 1147.7 公里；平原水库 19 座、总库容 2.5 亿立方米，形成了较为完善的引、输、蓄水工程体系。

2021 年，小开河、簸箕李、韩墩、打渔张、胡楼、白龙湾 6 处大型引黄灌区，张桥、道旭、兰家、张肖堂、大崔、归仁、大道王 7 处中型引黄灌区，有效灌溉面积 528 万亩，彻底改变了农业生产条件，为全市的经济发展和社会和谐起了重要的促进和保障作用。

人水和谐 水润滨州

引黄供水改善了滨州生态环境，给灌区的工农业生产、人民生活用水提供了宝贵的淡水资源，带动了农、林、牧、渔的全面发展，建成大面积的草场、良田，使不毛之地变成绿洲。沾化冬枣、阳信鸭梨、无棣金丝小枣的品质和产量明显提高，3 万多亩南美白对虾养殖基地闻名省内外，粮棉产量迅速增长，社会效益、经济效益、生态效益十分可观。

自 2008 年开始，滨州市委、市政府利用沿黄优势，将林水会战和总体规划进一步衔接，实施了绿色生态、水系生态、农业生态、乡村生态、路域生态“五大生态”示范工程建设。之后，又抢抓“黄蓝”两区开发建设重大机遇，全面加快推进滨州市沿黄生态高效现代农业示范区建设，充分利用滨州沿黄河流域土地、生态环境等要素资源，以“一带、两轴、三核、四区”规划模式打造现代农业产业布局，发展绿色生态农业、循环设施农业和休闲观光农业，以科技创新和现代服务业引领全市现代农业发展。

2017 年，滨州粮食产业经济发展领域实现“五个全国第一”。“滨州模式”成为全国推广的第一个粮食产业经济发展模式。2018 年，国家粮食和物资储备局科学研究院与滨州举行联合共建粮食产业技术创新中心签约仪式。全市粮食产业年加工转化量 1583 万吨，是本地粮食年产量的 4 倍；实现主营业务收入 1326 亿元，占全省的 1/3、全国的 1/25，打造了千亿级粮食加工产业集群；工业总产值 1010 亿元，成为全国唯一的千亿地级市。

从“鸟无枝头栖，人无树乘凉”的盐碱荒滩，到“低头见绿荫，抬头见鸟飞”的“粮丰林茂，北国江南”，黄河给滨州带来了天翻地覆的变化。田成方、林成网、渠相通、路相连、旱能浇、涝能排，通道连绿、水系扩绿、村庄兴绿、林下透绿、湿地添绿、产业富绿，让滨州这座地处生态脆弱地区的城市完成精神气质的蜕变。

第二节 灌 区 掠 影

福泽鄄城苏泗庄

每年秋天，位于母亲河畔的苏泗庄披上了金色的衣裳，绵延十余里的银杏林如同一条金色的巨蟒，又似一条黄金缎带，散发着迷人的光芒。距菏泽市牡丹区不足40公里，有座苏泗庄引黄闸，每逢闸门打开，汩汩黄河水在鄄城沃野欢快流淌，润泽田畴万顷，浇灌出丰收的希望与喜悦。

中华人民共和国成立前，黄河流域备受泛滥之灾，又受干旱盐碱之苦，水灾、旱灾交替发生，菏泽鄄城一带人民生产生活常年处在水深火热之中。中华人民共和国成立后，大力兴建引黄工程，兴修水利，鄄城县苏泗庄引黄灌区就是其中一项重要水利工程。

苏泗庄引黄灌区位于鄄城县中南部，兴建于1960年，自1965年复灌以来，先后建成输沙渠6条，长65公里；总干渠3条，长38公里；干渠15条，长160公里；支渠321条，长732公里，干支沟、渠建筑物总计695座，设计灌溉面积46万亩。灌区内辖11个乡镇2个办事处，880个自然村，总计人口57万人。

苏泗庄引黄闸于1960年3月1日开工兴建，5月1日竣工，5月3日放水。该闸为箱式涵洞，5孔，设计流量50立方米每秒，控制灌溉面积30万亩，后因防洪需要加宽加固大堤，仅使用18年，于1978年拆除。为兴建引黄闸，国家拨付专项资金80万元，鄄城县动员全县力量，出动民工上万人，夜以继日，奋战60天，建成了鄄城县区域内第一座引黄闸，也是鄄城县最大的一项水利工程，为解决鄄城生活用水、抗旱送水作出了突出贡献。

苏泗庄引黄灌区是鄄城县主要粮食基地，该灌区自1960年建成以来，为当地国民经济发展发挥了重要作用。但经过长时期的运行存在着诸多问题，诸如灌区内渠道老化、退化、坍塌、渗漏现象严重，存在水资源浪费现象；渠系建筑物残缺不全，损毁严重；建筑物配套率偏低，水利设施不完善等，严重影响着灌区整体工程效益的发挥，制约着灌区的发展。

为保障该区域水资源的可持续利用，促进商品粮基地建设和国民经济的可持续发展，2020 年，鄄城县委、县政府决定实施引黄灌区农业节水工程，坚持高标准规划，高起点建设，大力发展高效节水灌溉，完善建管护一体化机制，实现有效灌溉面积全部节水化，打造高效节水灌溉示范区。苏泗庄分水闸改建工程是鄄城县引黄灌区农业节水工程建设的重点项目之一，该工程于 2020 年 10 月初开工，鄄城县水务局制定了较为缜密的、切合实际的冬季施工方案，克服工期紧、标准高，冬季施工难度大等重重困难，经过 5 个多月的施工，2021 年 3 月底完成全部施工任务，完成总投资 1140 万元。

新建的苏泗庄分水闸，4 座分水闸均采用双吊点螺杆式启闭机开启，闸孔净宽均为 3 米。作为鄄城县最大的水利枢纽工程，建成后的苏泗庄分水闸已经充分展现了良好的经济效益、社会效益和生态效益，今后将继续为推动鄄城县高质量发展提供坚实的水利支撑与保障。

前世今生李家岸

黄河文明的历史也是一部治理黄河除水害兴水利的历史。把兴河之利付诸行动的，首推清朝末年张大官人——山东巡抚张曜。

张曜（1832—1891)，字朗斋，号亮臣，祖籍浙江上虞。早年在河南固始兴办团练，曾参与镇压捻军和太平天国运动，历任知县、知府、道员、布政使、提督等职。陕甘平定后，率部于哈密屯田垦荒，岁获军粮数万石，为清军收复新疆之战准备。1884 年，率部入关，警备直隶北部。

清光绪年间，黄河连年泛滥，百姓苦不堪言。1886 年，时任河南布政使的张曜赴济南接任山东巡抚。他把治理黄河当作首要任务，深入百姓调查研究，认为“治河如治病，泛滥冲决，此河之病也，淤滩沙嘴，横亘河流，此又致病之由也”。根据这一判断，他提出了“疏”与“分”

相结合的治河主张：一方面疏通泄流河道，增强泄洪能力；另一方面分流洪水，减轻泄洪压力。

为减轻河道行洪压力，1891 年，张曜带领百姓在齐河县桑梓店镇（今属济南市天桥区）油坊赵附近黄河大堤督修 3 孔石闸（中华人民共和国成立后开工建设的李家岸灌区引黄取水口，就选在距石闸 600 米的李家岸村，灌区也因此而得名），并沿南北方向开挖河道至徒骇河，用于分流黄河水，并考虑用于农业灌溉。由于当时人们对黄河的极度恐惧，工程建成后，没有来得及使用就被废弃了。这可能是山东省将黄河水用于兴利的最早设想。

中华人民共和国成立后，山东引黄事业发展经历了试灌、停灌、复灌、大发展几个阶段，引黄灌区已经成为区域经济社会发展的命脉工程。李家岸灌区就是在这样的历史背景下应运而生的。1956 年，党中央发出“根治黄河水害，开发黄河水利”的号召，山东省决定探索引黄灌溉的路子。经过两年试验，1958 年，背河淤改洼地种植的水稻产量历史性地达到 200 公斤。引黄工程建成并发挥效益，直接颠覆了千百年来黄河为害的传统看法。

但是，由于人们对旱、涝、碱的自然规律认识不足，工程不配套，重灌轻排，急于引水，1961 年大涝之年，只引不排和排水不畅的引黄灌溉活动加重了涝灾，扩大了土地的盐碱化，全市盐碱面积由新中国成立初期的 128 万亩，猛增到 1962 年的 326 万亩，给全市农业生产造成了严重危害。1962 年 3 月，时任国务院副总理谭震林在范县召开了由水利电力部、黄河水利委员会、有关省地负责同志参加的现场会议，他认为“三年引黄造成一灌、二垮、三淤、四涝、五碱化的结果”，决定“今后十年二十年不要再希望引黄”。4 月 9 日，山东省水利厅召开平原地区排涝改碱会议，确定德州除济阳县的沟阳灌区保留外，其他灌区全部停止引用黄河水，废渠还耕。

1965 年，天气干旱严重，山东省委向水利电力部报送了《关于恢复和发展引黄灌溉的报告》。1966 年 3 月，该报告获得批复，时任山东省委副书记穆林宣布恢复引黄。1968 年,德州大旱,冬春连续 147 天无雨雪,河干井枯，连群众吃水都发生了困难，市政府决定扩大引黄灌区的规模。1970 年 10 月，经山东省政府和黄河水利委员会批准，结合黄河北展修建将李家岸分洪闸改为分洪灌溉闸，兼作灌溉功能，分洪流量 800 立方米每秒，灌溉流量 100 立方米每秒，闸后新建南北向 36 公里总干渠一条，其他建筑物若干，李家岸灌区初步成形，设计灌溉面积 132 万亩。次年 6 月 7 日灌区正式提闸引水。

在灌区多年的运用实践中，灌溉工程不断配套，灌溉范围不断扩大。1974 年 6 月，李家岸灌区总干渠大堤由棉李泄水闸接长到王书干沟引水闸，接长 10.5 公里。1985 年冬，又将总干渠接长到牛角店泄水闸，接长 0.9 公里。1989 年冬，通过接长北四分干渠，将地下输水总干渠由德惠新河延长到马颊河及以北的宁津新河。至此，通过地上总干渠、地下总干渠，借助德惠河、马颊河，灌区供水范围扩大到齐河东部，临邑全部，陵县、宁津东部，乐陵、庆云全部共 43 个乡镇、4 个街道，设计灌溉面积扩大到 321.5 万亩，基本达到现有规模。

1999 年以后尤其是近几年来，随着水利部大型灌区续建配套与节水改造项目的实施，李家岸灌区发展进入快车道。截至目前，新建改建各类水工建筑物 369 座，治理各级渠道 138 公里，新建改建管理道路 53.4 公里。2015 年实施的三分干引水复线项目在总干渠东风闸开口，通过王书干渠、三分干渠，穿德惠新河继续向北供水，彻底解决了临邑北部高亢地区乐陵、庆云两县的供水问题。

引黄供水为德州市经济社会发展提供了重要的水源保障。截至 2017 年年底，李家岸灌区累计引水 273 亿立方米，年均引水 5.7 亿立方米。不仅为德州粮食生产实现十三连增打下了基础，而且通过为灌区内平原水库供水，使德州 2015 年在全国首先整建制实现城乡供水一体化，灌区下游的庆云县 11.7 万人告别了世世代代饮用苦咸水、高氟水的历史，喝上了优质甘甜的黄河水。中央电视台新闻联播节目以《大旱之年无大旱》为题，对李家岸灌区冬季引水工作进行了典型报道。2017 年实施引黄济沧项目，为河北沧州送去黄河水 1.1 亿立方米，受到了河北人民的广泛赞誉。

位山泽润鲁西地

浩浩荡荡的黄河水从青藏高原一路奔腾向东，经东阿县位山村南的位山引黄闸，就到达“鲁西命脉”“水城之源”——位山灌区。

位山灌区始建于 1958 年，1960 年建成运行，1962 年因涝碱停灌，1970 年复灌，是全国第五大灌区、黄河第二大灌区、山东省最大灌区。

聊城是水资源紧缺地区，具有“春秋冬易旱、夏季旱涝急转”“十年九旱”的气候特点，人均水资源占有量仅为 206 立方米，不足全省人均的 2/3、全国人均的 1/10，经济社会发展对黄河水资源依赖程度高。1957 年，为充分利用黄河水利资源，本着“兴利为主，兴利与除害相结合”的方针，综合解决山东黄河的防洪、防凌、灌溉及工农业用水问题，根据沿黄工农业生产发展的需要，山东省委和山东省人民委员会提出修建位山枢纽。1958 年，在党和政府的领导下，几十万聊城人民齐上阵，担条筐、挥铁锨，靠肩挑手推，拉开了位山引黄灌区建设的序幕。自 1958 年 5 月到 1960 年春，共组织 3 次大规模施工，上工 140 万人次，先后兴建了位山引黄闸和输沉沙渠、干渠工程，共动土 1.15 亿立方米，用工日 4100 万个。由于 1959 年、1960 年、1961 年连续 3 年聊城出现丰水年份，加上灌区工程不配套、排水系统不健全，导致 600 万亩耕地严重次生盐碱化。为此，1962 年 3 月国务院决定停止聊城地区引黄灌溉，恢复地面水的自然流势，当年位山灌区便关闭位山闸，停灌、废渠、还耕，引黄事业陷入了低谷。

1965 年以后，聊城地区出现连年干旱，饥渴的土地使聊城人民再次把目光投向了身边的黄河。中共山东省委、山东省人民政府向国务院提交了《关于恢复和发展引黄灌溉的报告》。同年，国务院指示：“引黄要有两个决心，一是决心要用，二是决心用好”。山东省委据此提出恢复引黄的四条原则："处理好泥沙，地下渠，提水灌溉，排水有出路”。根据上级指示，位山灌区1970年3月11日正式复灌。自此，位山灌区的发展掀开了新的历史篇章。

灌区渠首工程——位山引黄闸位于东阿县位山村南，设计引水流量240立方米每秒。闸上“山东位山引黄闸”7个巨型金字，是时任山东省委第一书记、被毛泽东主席誉为“红军书法家”的舒同亲笔题写。1958年5月1日，位山引黄闸开工兴建，1958年10月竣工，总投资288.21万元。通过几十年的开发建设，现在的位山灌区骨干工程包括东、西2条输沙渠，2个沉沙区，1条总干渠和3条干渠，总长274公里；53条分干渠，总长797公里；支渠825条，总长5100公里；整个灌区干支渠总长6171公里，设计灌溉面积540万亩；各类水工建筑物5000多座，形成了覆盖聊城大多数县（市、区）的引黄灌溉网络体系。作为引进与配置黄河水资源的主要工程，位山灌区滋润着鲁西大地540万亩良田，承担了聊城65%的耕地灌溉任务，保障了100多万城乡居民的饮水安全，已经成为聊城农业、工业、城市生态水系、居民生活用水的主要水源支撑。

位山灌区不仅为当地农业灌溉及经济发展提供宝贵水源，还多次承担引黄济津、引黄济淀、引黄入卫等跨流域调水任务。温家宝、回良玉等党和国家领导人曾多次到位山引黄闸视察，提闸放水。引黄入卫工程建成后，得到各级领导的高度评价。1995年10月，中共中央政治局委员、书记处书记、国务院副总理姜春云专门题词："团结治水共同发展”；国务委员陈俊生题词："农业综合开发大有可为”；引黄入卫工程领导小组向聊城地区引黄入卫工程指挥部颁发锦旗："团结治水联合开发，加强管理共同受益”；河北省水利厅赞扬："喜迎黄河水，感谢聊城人”。

引黄必引沙。引黄在造福灌区群众的同时，也引入了大量泥沙，形成黄河流域乃至全国最大的沉沙池。“一天进嘴二两土，白天不够夜里补。”这句顺口溜就是原来沉沙池区老百姓生活的真实写照。

位山引黄闸航拍图

位山灌区坚持生态优先、绿色发展理念，把水利风景区作为美丽生态灌区建设的重要抓手，相继建成位山黄河公园、二干渠城市生态公园和兴隆村、周店、四河头、王堤口、王铺水利枢纽等一批具有鲜明生态特色的水利风景区，为广大人民群众提供了集旅游度假、休闲娱乐、文化启迪于一体的独具水利特色的生态产品，受到社会各界广泛赞誉。特别对于饱受泥沙之苦的沉沙池区群众来说，水利风景区的建设不仅大幅改善了生产生活条件，也促进了农业增产、农民增收、农村稳定，以水利生态振兴融合三产发展，推动池区群众就业创业、脱贫致富。位山灌区于 2021 年 12 月成功入选第十九批“国家水利风景区”名单。

大河滔滔，渠道漫漫。在黄河流域生态保护和高质量发展上升为重大国家战略的新形势下，涌动着创新和希望的位山灌区，将迎来更加广阔的发展空间，一幅现代化生态美丽灌区的美好蓝图已经徐徐展开。

沧桑巨变打渔张

打渔张是黄河岸边的一个村庄，自明朝起，这里的居民世代以打渔为主，故而得名。打渔张引黄灌溉工程是国家“一五”期间重点工程，是山东省建设最早的引黄灌溉工程，也是当时全国最大的引黄灌区之一。

因灌区渠首引水口原定于蒲台县打渔张村（后渠首上移至王旺庄，但工程仍沿用原名）而得名。

在打渔张引黄灌区开发以前，灌区内地广人稀，广种薄收，区内多为荒碱地和盐碱光板地，群众只有采取开荒“躲碱围种”的办法种田，时常受蝗灾困扰，同时还受到海水侵袭、黄河决口的威胁。当时，当地流传着“播时好大一片，收时颗粒不见”“走的是光板道（寸草不生的沙碱地），听的是鸭连子叫（一种盐碱芦草地的小鸟），吃的是黄须菜，喝的是牛马尿（指水质泛黄的地沟水）”等民谣，可见当时区内土地的荒凉贫瘠和人民群众的困苦景象。

为发展农业生产，1951 年年底，中央军委把开垦黄河三角洲地区列入了新中国的屯垦规划之中，决定在山东广饶县北部开辟军垦区。1952 年春，华东棉垦委员会亦决定开垦山东滨海荒地。同年 6 月，山东省政府将军垦与棉垦合并，成立山东省棉垦委员会，统一组织领导山东北部滨海荒地的开垦工作。为解决垦区人、畜饮水和灌溉用水，山东省棉垦委员会决定引黄兴利，建设打渔张引黄灌溉工程。

1953 年 3 月，苏联专家沙巴耶夫、拉普图列夫同中央水利部、农业部负责同志到打渔张引黄灌区考察。苏联专家建议首先进行一系列的勘测、研究等工作，搜集土壤、水文地质等资料，同时考虑到引黄泥沙的处理，建议渠首的位置由打渔张村移至上游王旺庄。是年秋冬，先后在灌区设立水文、泥沙、灌溉、地下水、潮位等试验与观测站，同时开展灌区土壤调查、地质钻探、径流观测、社会经济调查等一系列基本资料的搜集和试验研究工作。1955 年 4 月 19 日至 25 日，中国科学院竺可桢副院长偕同中国科学院首席顾问、苏联科学院院士柯夫达一行来灌区考察,柯夫达代表考察团对灌区开发提出了肯定性意见。几年来的实验研究，为灌区开发建设明确了正确的方向，积累了宝贵的资料。

1955 年 7 月，山东省水利厅打渔张引黄灌溉工程处根据三年的试验研究资料，进行了工程初步设计，同时在苏联专家和中国专家的指导下编制了第一期工程技术设计。1956 年 1 月，水利部对打渔张灌溉工程进行了初步审核并提出初步意见。1956 年 3 月，山东省水利厅批复《山东打渔张引黄灌溉工程第一期工程技术设计》，进一步明确了主要设计指标及王旺庄黄河险工段作为渠首引黄闸位置等。1956 年 4 月 2 日，打渔张引黄灌溉工程正式开工。由惠民、胶州、昌潍、泰安 4 个专区的 20 多个县近 10 万人参与施工。

工地处在荒碱涝洼地带，施工开展困难重重。广大技工和民工积极响应号召，战胜种种困难，以“完成任务光荣回家”“支援打渔张，碱地变粮食，现在多流汗，社会主义早实现”等为口号，保证质量提高工效。1956 年 6 月 8 日，山东省人民委员会下发通知任命：山东省水利厅副厅长张次宾同志亲自挂帅兼任打渔张引黄灌溉工程指挥部指挥，邢钧同志为副指挥，领导工程建设。在全体建设职工的积极劳动下，1956 年当年就完成了引黄闸、沉沙地、总干枢纽、总干上段及第四干渠所属的 17 条支渠、80 条斗渠、659 条农渠和大中小建筑物 6000 余座。1956 年 11 月 27 日，水利部致电山东打渔张引黄灌溉工程指挥部，祝贺打渔张一期工程竣工放水。11 月 30 日，打渔张引黄灌区第一期工程竣工及引黄闸放水典礼大会在王旺庄渠首举行，在场的 1500 余名与会代表共同见证汩汩河水流向广袤大地。打渔张引黄闸的建成，为沿黄、沿海的博兴、广饶、垦利等县 200 万亩可耕地的灌溉增产和 124 万亩荒碱地的改造开发提供了水土资源，更为经济社会发展稳定发挥了巨大作用。

打渔张引黄灌区建成之初，在农田灌溉、土壤改良等方面取得了良好效益。粮食亩产由建灌区前的 57 公斤上升到 80 公斤，同时，灌区人民结束了饮用咸水的历史。初灌的成功，使人们认识到了引黄灌溉的好处。但是，片面地大引、大蓄、大灌，排水不畅，引起地下水位上升，土壤板结，发生次生盐碱地 33 万亩，粮棉产量大幅度下降，引黄灌溉受到了质疑。

1962 年 3 月，中央召开引黄灌溉会议，决定全部停止引黄灌溉。对停灌后打渔张灌区的各类问题，水利电力部、农垦部共同组织了规划组，深入调查研究，提出了《山东省打渔张灌区灌溉改碱方案》，后成立机构，具体组织实施灌溉和排水工程。经过三年的调整、改建，基本具备了复灌条件。1965 年春，灌区旱情严重，当地干部、群众强烈要求恢复灌溉。1965 年 4 月开始，各干渠相继复灌。复灌后灌区范围调整缩小，更加注意合理用水、科学灌溉，灌区粮食产量明显提高，充分发挥了灌区效益。

打渔张引黄闸

打渔张将甘甜的黄河水源源不断地引进了田间地头、千家万户，为区域经济社会发展提供了水源保障，促进了黄河三角洲的开发。在灌区开发前，是万亩荒碱地和盐碱光板地，群众只有采取开荒“躲碱围种”的办法种田。灌区 1956 年通水后，不仅解决了人畜饮水问题，次年就获得农业大丰收。如今，灌区耕地亩产早已达到了吨粮田标准，产量、效益增长了几十倍。灌区人民不仅喝上了黄河水，还用上了自来水，不仅解决了温饱问题，而且和全国人民一样走在奔小康的路上。

打渔张灌区是在滨海盐碱地上建设的试验田。通过灌排分设、蓄淡压碱、畦田改造、合理灌溉等方式，盐碱地基本变成了良田，灌区土地得到全面改良。打渔张灌区的开发也为油田生产和城市发展提供了不可替代的水源保障，加快了黄河三角洲的开发，促成了东营市的成立。山东省胶东调水工程建成后，灌区还承担着青岛、烟台、潍坊、威海四市供水任务。

如今，历经60余年的岁月沧桑，山东打渔张灌区引黄闸已实现华丽转身。一处集观光、垂钓、采摘、游园为一体的旅游观光胜地，在母亲河畔逐渐形成。景区以涵闸为中心，融入黄河工程林带，园内花木葱茏、鸟类齐翔。当地群众大力开发淡水养殖业和生态农林业，3万多亩南美白对虾养殖基地闻名省内外，数百亩黄金锦玉梨园春来堆雪砌玉，秋来硕果飘香，粮丰林茂，宛若北国江南。

水利粮丰小开河

山东滨州，地处黄河三角洲腹地，南靠泰沂山脉，北邻河北，东依渤海，九曲十八弯的黄河横穿滨州境内盘桓94公里。小开河灌区引水干渠宛如一条输血动脉纵贯东西，横亘在滨州市北部7县（区），源源不断地将来自黄河母亲的甘甜乳汁送到了沿线群众心田，养育了一方水土，滋养了万物生灵。

小开河灌区因村得名。灌区引黄渠首边有一个小村庄，毗邻黄河大堤，因此处黄河经常决堤，故得名小开河村。灌区建设之初，将引黄渠首闸选在了这里，灌区名也由此而来。

作为受海潮侵袭的“退海之地”，滨州地区土地盐碱化严重，地表淡水资源短缺，可饮用水源只有黄河水，用于农业灌溉和人畜饮用的地下水资源极度匮乏。与此同时，这里降雨年际变化较大，年内分配不均，多年平均年降雨量为575.2毫米，6—9月降雨量占全年降雨量的80%以上，12月至翌年2月降雨量仅占全年降雨量的2.5%左右，形成了春旱、夏涝、晚秋又旱的气候特征。

不仅如此，位于北部的无棣县城以北至沿海几乎没有浅层淡水，而深层淡水中钠、氟、碘含量均远远超出国家饮用水源安全标准红线，有些数据指标甚至超出国标120倍。灌区内饮用深井水的人群，患甲亢病、氟斑牙的比例较高，对人民群众的身体健康造成极大危害。

为解决当地饮用和灌溉用水问题，经批复，滨州市建设了设计引水量 60 立方米每秒、设计灌溉面积 110 万亩的小开河灌区，实际灌溉面积 130 万亩，干渠全长 94.2 公里，干渠建筑物 178 座，支渠 86 条 365 公里，平原水库 7 座，承担着滨州市滨城区、惠民县、阳信县、沾化区、无棣县的工农业生产和 50 万城乡居民生活用水的供水任务。

1998 年 11 月 28 日，小开河引黄灌区正式通水。94.2 公里的引黄干渠就像一条飞舞的巨龙，将母亲河的甘甜第一次送到沿线百姓面前，终结了无棣、沾化沿海地区百姓祖祖辈辈喝苦咸水的历史，因此被称为一条流向人民心中的河，黄河三角洲盐碱滩上的“塞罕坝式”工程。

“十四五”以来，灌区深入贯彻落实习近平总书记“节水优先、空间均衡、系统治理、两手发力”十六字治水思路，通过续建配套与节水改造工程，建设完善了干、支渠水量计量设施，实现了水量计量到支渠，为灌区水量精准调配夯实了工程基础。2020 年灌区被水利部、国家发改委纳入“十四五”重大农业节水工程,2022 年被水利部授予“节水型灌区”称号。改造后的小开河灌区，增强了灌区渠首清淤能力，提高了灌区输水效率，“十四五”以来，完成引黄水量 6 亿多立方米，保障生活供水 2 亿立方米，灌溉农田近 200 万亩（次），生产粮食近 20 亿公斤，供给工业用水 2 亿立方米，改善灌溉面积 1.5 万亩，年节约水量 100 万立方米，保障了灌区的可持续发展。

党的十八大以来，习近平总书记从生态文明建设的宏阔视野提出“山水林田湖草是一个生命共同体”的论断，要求共抓大保护，不搞大开发，这也给了小开河人启发。

自 2011 年以来，小开河灌区管理局在沉沙池区域相继实施多期水土保持工程，在干渠两侧 90 公里范围内筑起了 5 米宽的绿化平台，种植近 20 万棵适合当地生长的防护林。为减少人为破坏，小开河灌区与滨州林业部门协商后，在灌区设立了警务室。2013 年，管理局将沉沙池沿岸一周全部疏通为深沟，保持常年存水，采取封闭式管理，并由政府出面关闭了引黄干渠沿线的 5 家砖窑厂，将人为活动降到最少。同时，灌区沿线千余亩土地被承包到户，部分上游干渠两侧区域种植了大片白莲藕，逐步形成了沿干渠的绿化带、经济带、旅游带，良好的生态给农户带来了客观的经济效益，使当地群众对生态保护的态度由过去的“要我保护”转变为“我要保护”。

此外，20 余年间，水库、河道、沉沙池常年蓄水，上游冲下来的草种和树种在沉沙池区生根发芽、自由生长，引来了野鸭、野鸡、白鹭、天鹅等鸟类栖息繁衍，经年累月形成了水草丰茂、鱼鸟繁多的湿地核心区。

暮秋，沉沙池湿地核心区内依旧是碧波荡漾、鸥鸟翔集，野生绿柳疏密有致，芦苇菖蒲摇曳生姿，残荷静卧宛若水墨；岸边沿，长茅草、红荆条、国家珍稀物种资源二级保护植物野生大豆等野生植物正恣意生长。

小开河引黄灌区成为全国引黄灌区中第一个“引黄生态灌区”、第一个“国家水利风景区”，2020 年获批国家湿地公园，使灌区成为名副其实的“天蓝、水净、地绿、粮丰”的生态灌区，为黄河流域高质量发展做出了积极贡献。

风采多姿看路庄

路庄灌区位于山东省东营市垦利区中部，西起黄河大堤，东到利河路，北至黄河，南到广利河上游段，设计灌溉面积 4.5 万亩，为中型引黄灌区。灌区以路庄引黄闸为渠首水源，故命名为路庄引黄灌区，简称路庄灌区。灌区于 1971 年建成，现有路庄引黄闸 1 座，路庄引黄泵站 1 座，设计引水流量 30 立方米每秒，引黄干渠 2 条，共计 19.73 公里，支渠 20 条，共计 61.6 公里，干支渠系建筑物 123 座，平原水库 1 座为胜利水库。灌区主要承担着垦利城区、胜坨镇及油田部分单位的供水任务，服务人口 12 万人。2015 年和 2022 年实施了两期续建配套与节水改造工程，以建设全国数字孪生灌区先行先试为契机，将路庄灌区打造成节水型、数字型、智慧型、文化型、生态型的“五型”灌区。

以灌区需求为导向　着力打造“节水型”灌区

垦利区认真贯彻落实习近平总书记“节水优先、空间均衡、系统治理、两手发力”治水思路，聚焦黄河流域生态保护和高质量发展重大国家战略，全力打造节水型灌区。路庄灌区聚焦精细管理，实现精准计量、高效配水到田间。依托2020年引黄灌区农业节水工程和2022年路庄灌区续建与节水改造项目，开展信息化建设，以精准计量节水为目的，在路渠、路南干渠及部分支渠首部建设视频监控59处、流量监测站21处、工情监测18处、水位监测站8处、水质测站1处、墒情测站1处、气象测站1处等。实准测墒灌溉，提高灌溉水利用率。

以信息化建设为着力点　着力打造“数字型”灌区

为尽快实现调度运行制度化、科学化、精细化管理，区水利局与省水利科学研究院所合作，通过建立大数据基础支撑平台，对原有灌区信息化系统、水资源管理系统、水库视频监控系统等进行融合增效，构筑可持续拓展的业务体系，形成水利系统数据汇集、数据存储、数据展示到数据共享和服务等基础信息流程，初步形成了“一个平台、一个中心、一张图、一套标准、一套服务”的“东营市垦利区都水智慧水利平台”，实现水利管理“一网统管”、全域覆盖。

以提高服务质量为目标　着力打造“智慧型”灌区

实时采集渠道流量、水位、水质、水库库容、大坝安全监测等参数，实现灌区工程“实时监控、应急感应、综合调度、智慧运管”。通过泵站闸室声纹监测、温感监测、烟感监测、视频融合等多种技术，改变传统监管依赖视频监视、人工巡查，实现对工程、设备状态立体全方位远程感知，为灌区运行安全提供精准预报、预警、预演、预案。通过卫星遥感反演作物种植面积、土壤含水量与田间土壤墒情监测数据相结合，综合考虑未来一段时间内天气状况和作物生长阶段，科学预测灌区灌季总体需水量，农田灌溉用水由原来的“凭经验要水”变为“按数据供水”，实现减水稳产增效的良好效益。安装物联网智能水表，在线监控城乡生活工业用水，实现用水自动抄表、数据远程传输、后台智能管理、水费账单推送等功能，供水变“被动受理”为“主动服务”，变“群众跑腿”为“数据跑路”。

以打造“五型”站所为契机 着力打造“文化型”灌区

路庄灌区通过建章立制，持续开展“学党章、学技能、提本领”等系列活动，精心打造方式新颖、氛围浓厚的学习型基层站所。大力实施“管理制度规范、工作方法规范、工作过程规范、技术要求规范”的全过程规范管理模式，使灌区管理所各项工作，全部公开、阳光、规范、有序。以打造“红色路庄·党建LIAN社”基层党建服务品牌为抓手，深入工作一线，走村入户宣传水利法律法规、节水灌溉技术，了解社情民意，做好灌区服务工作。深入开展以服务创新为重点的各类创新活动，坚持创新理念、丰富创新形式，将路庄灌区打造成为创新型的示范灌区。切实履行党风廉政建设，增强廉洁自律意识，将践行初心使命融入到工作全过程。

以坚持绿色发展为主题 着力打造“生态型”灌区

正确处理除害与兴利、开发与保护的关系，坚持全灌区“一盘棋”，一体谋划、协同推进保护治理，全面恢复灌区生态。为提升灌区品位、拓宽灌区发展路子，积极创建灌区水利风景区，大力发展灌区多种经营，利用闲置土地资源投资建设了泰生农场，逐步恢复灌区农业生态。积极争取上级资金6000余万元实施灌区干支渠、水源地改建项目，进一步提升灌区美化亮化、经济化、规范化建设标准。加强灌区水资源节约保护和优化配置，将灌区河湖生态流量纳入水资源统一配置，压减河道外不合理用水，实现还水于河。贯彻绿色生态发展理念，以恢复和维持全区河湖生态为目的，2021年前，每年平均向溢洪河生态补水2500万立方米，河流省控以上考核断面地表水环境质量指数为3.40，水源地水质稳定达到地表水Ⅲ类水质，达标率为100%，将灌区内河湖逐步打造成为“河畅、水清、岸绿、景美、人和”的美丽幸福河湖。

第三节　流　域　调　水

黄河之水润胶东

20 世纪 80 年代，青岛流传着“水贵如油”的说法。随着城市的发展，因受自然条件的限制，加之连续干旱，向青岛市区供水的河流频繁出现断流，且地下水濒临干涸，美丽的海滨城市青岛实际上一度成为一座干渴之城。1981 年，青岛市遭遇历史上罕见的严重干旱，全市大部分水库全部枯竭，一部分企业因为缺水停产、半停产，市民吃水发生严重困难，一条街上只有一个水龙头，市民们每天最重要的事情就是排长队去接水，且每人每天用水限量只有 20 升。“老少三辈一盆水，用过留着冲厕所”就是当时青岛市民日常生活的真实写照。

此前的 1979 年，邓小平视察青岛时还有一段插曲。一天，邓小平偶然发现有消防车开过，于是问起消防车的去向。陪同人员告诉他，因为青岛缺水，消防车是专门来送水的，而老百姓只能按时定量供水。邓小平听后，马上对陪同人员说：“一定要让老百姓有水吃，青岛市连水都没有，搞开放旅游是不行的，要赶快解决水的问题。”

为了解决青岛市的饮水问题，1982 年 1 月，国家在青岛召开“青岛市水资源研究讨论会”，首次提出了引黄济青的设想。1985 年，国务院正式批准了引黄济青工程方案，并于 1989 年 11 月 25 日建成通水。时任国务院总理李鹏在引黄济青工程通水之前，亲笔题词赞其为“造福于人民的工程”。

奔涌的黄河水自打渔张引黄闸出发，经过几级泵站提水，淌过 290 多公里的输水渠道，最终流入青岛供水管网。从此，青岛人民告别了排队接水的历史，喝上了甘甜的黄河水。引黄济青工程不仅解决了青岛市的用水问题，也为输水渠道沿途的滨州、东营、潍坊等地提供着水资源保障。工程实施 30 多年来，累计引用黄河水 43 亿立方米，保障了 71 万人的饮水安全，滋润了 80 万亩耕地。

引黄济青工程的成功运行，开启了山东跨流域调配水资源的先河。为使省内水资源实现优化配置，缓解了胶东地区水资源紧缺的局面，借鉴引黄济青的成功经验，山东省委、省政府将目光对准了更为广袤的胶东地区，决定实施胶东调水工程。

2003 年国务院批准了山东省胶东地区应急调水工程可行性研究报告，当年 12 月，工程开工建设。原引黄济青线路由打渔张引黄闸一路向东南延伸至青岛棘洪滩水库，胶东调水工程利用现有的引黄济青线路 172 公里，在昌邑市宋庄分水闸转向东北，新辟输水线路 310 公里，经潍坊、青岛、烟台，最终到达威海米山水库。工程全部建成后，将在山东大地上画一个“T”字，实现水源的南北东西连通。

2015年山东黄河支援胶东四市抗旱工作，图为黄河水首次流向烟台

2015 年 4 月 23 日，在烟台人民翘首期盼中，黄河水通过胶东调水流入莱州干渠。烟台历史上首次用上了黄河水。2015 年 12 月 23 日，威海米山水库开始引黄蓄水，标志着胶东引黄调水工程全线通水。这一年，打渔张引黄闸放水 328 天，向包括青岛在内的胶东供水达到 5.84 亿立方

米。截至2022年6月底，引黄济青工程（含胶东应急调水工程）累计引水116.74亿立方米，累计为胶东地区配水80.53亿立方米，为工程沿线提供农业灌溉用水16.76亿立方米，有效补充地下水超13亿立方米。

近年来，以引黄水闸及周边区域为核心，滨州市积极创建国家水利风景区，水闸附近绿树掩映，花团锦簇，生机盎然，逐渐成为集水文化展示、水情教育与休闲娱乐为一体的新地标。打渔张引黄闸正在以更加美好的姿态，在新征程上肩负起造福齐鲁人民的历史使命，为黄河流域生态保护和高质量发展作出新贡献。

位山调水惠津冀

1958年5月，正在辛苦施工的60万民工不会想到，他们正在建设的位山引黄闸，除了为位山灌区提供灌溉用水，会在1981年改建后的40多年里，引导着滚滚黄河水入渠穿河，滋润几百万亩农田，惠及津冀地区万千民众。

人民治黄以来，黄河水脉的润泽范围逐步拓展蔓延。引黄济津，是几座城市的记忆，也是饱受干旱侵扰的人类历史的记忆。天津，地处海河下游，当地水资源量有限，随着流域治理开发和上游地区用水量增加，入境水量大幅减少，经常饱受干旱缺水之苦。

1981年，为京津供水的官厅、密云两座水库仅存水0.2亿立方米，加上全年预估来水也仅能供北京市用水，无水支援天津。日供水量由正常情况的100万立方米，急剧下降至40万立方米以下。将有1070家工业企业停产或半停产。产量预计下降62%，影响月产值10亿元。

缺水严重，天津告急！

同年8月11日至15日，国务院召开“京津用水紧急会议”，决定分别由河南人民胜利渠、山东位山、潘庄3条引黄干渠引黄济津，为天津这座干渴的城市解燃眉之急。

1981年8月27日至29日，山东省政府召开第一次引黄济津紧急会议，确定了两条输水线路，一是位山线路，从聊城市位山闸引水，在临清胡家湾入卫运河，全长110公里；二是潘庄线路，从德州齐河县潘庄闸引水，在四女寺入卫运河，全长130公里。两条输水线路在卫运河汇流后，顺南运河送水至天津团泊洼和北大港水库，两条线路共输送黄河水5.79亿立方米。

1982年年底，河南人民胜利渠和山东潘庄引黄干渠不再向天津输送黄河水，位山线路独自将引黄济津的重任扛在了肩头。

在位山闸工作的黄河老人的记忆中，总有几次调水让人印象深刻，如在昨日。

2000年，华北地区已连续干旱4年。国务院决定实施引黄济津应急调水，从山东黄河位山闸引水，横跨山东、河北、天津3省（市），途经卫运河、南运河送水至天津。

10月13日，时任国务院副总理温家宝视察位山闸。15时05分，温家宝按下位山闸闸门按钮，闸门徐徐提起，滔滔黄河水带着期盼和希冀流向了天津。

2003年，第八次引黄济津应急调水，9月12日，回良玉副总理到山东检查引黄济津准备工作，察看引黄济津渠道等工程。15时50分，回良玉按动位山闸提闸按钮，黄河水滚滚翻涌奔向天津。

2010年，山东新辟潘庄线路实施引黄济津应急供水，6年间，位山线路与潘庄线路相互配合，圆满完成了历次引黄济津任务。

跨流域将母亲河的大爱播撒到天津的路途中，黄河水也滋润着河北渠道沿线的部分地区。

河北是缺水大省，不得不通过超采地下水解决“用水荒”，过度消耗结出了恶果：地面沉降、提水成本增加。

引黄入卫、引黄济淀等引黄入冀工程应运而生。

20世纪90年代，国家农业综合开发领导小组和水利部批准，从山东位山引黄闸实施引黄入冀调水。1992年10月，水利部、山东省、河北省共同签订《引黄入卫工程供水协议》。1993 年 1 月 30 日，第一次引黄入卫开闸放水，黄河水蜿蜒前行近 300 公里，有效地缓解了沧州、衡水等地区的工农业及生活用水紧张局面。

自 1993 年引黄入卫工程临时输水至今，共实施了 21 次引黄入冀，其中引水量较大的是 2006—2008 年间两次引黄济淀应急生态调水。

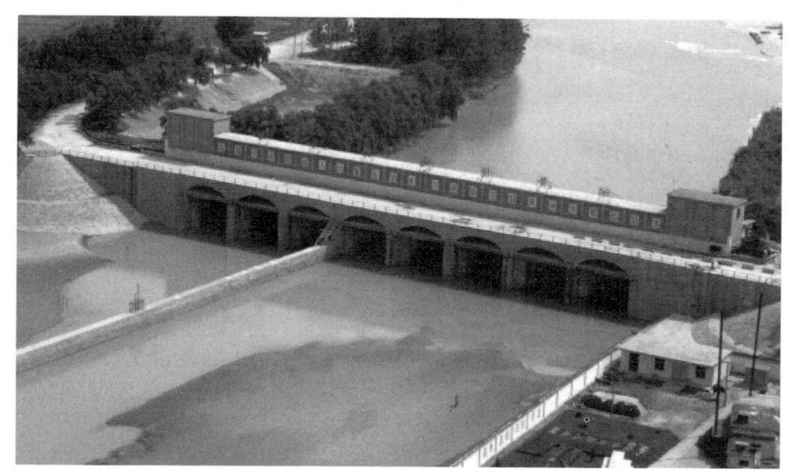

黄河水通过位山闸调往白洋淀

2006 年、2007 年，华北北部干旱少雨，“华北明珠”白洋淀濒临干涸。2006 年、2008 年分别实施了两次引黄济淀应急调水，渠首位山闸不辱使命，引黄河水 17.1 亿立方米，有效缓解了河北旱情，保证了 2008 年北京奥运会用水，改善了白洋淀区及周边生态环境，白洋淀水质不断变好，核心区水质达Ⅲ类标准。

2010 年以来，黄河渠首位山闸先后 20 次为河北地区输送黄河水，其中，2011—2012 年，位山线路联合潘庄线路，完成了引黄济津、引黄入冀应急调水任务。

问渠哪得清如许，为有源头活水来。多年来，位山闸与潘庄闸携手，解津渴，缓冀忧，用源头活水、命脉之水为津冀地区注入了鲜活动力，累计向河北省供水 121 亿立方米，向天津市供水 48 亿立方米，母亲河的大爱有力支持了津冀地区经济社会发展和生态文明建设，助力了津冀地区和谐发展。

亿万河水汇津门

天津是一个水资源严重匮乏的城市。历史上，潘庄引黄闸曾经先后 4 次在天津用水的危难时刻屡担重任、屡建奇功，经过长途跋涉，将饱含深情的黄河水送到天津，缓解了缺水危机，滋润着这方土地，让千里之外的天津人民感受到母亲河的浓浓恩情。

临危受命

1981 年，由于干旱少雨，为京津供水的官厅水库、密云水库存水仅剩 0.2 亿立方米，加上全年预估来水，也仅能供北京市用水，天津需另辟水源。当年 8 月 11 日，国务院召开紧急会议，确定分别由山东潘庄、位山和河南人民胜利渠 3 条线路实施引黄济津。山东省政府要求，潘庄引黄闸放水 1.5 亿立方米支援天津。此次引水自 1981 年 11 月 19 日开始，1982 年 2 月 23 日结束，潘庄引黄闸顺利完成了首次引黄济津任务。

潘庄引黄闸航拍图

1982 年入夏后，天津再度出现用水危急，国务院要求再从潘庄、位山两条线路向天津送水。此次潘庄线路引水 57 天，共计向天津放水 2.35

亿立方米。

随后，天津连续多年依靠引滦入津工程和位山线路引黄济津，解用水之急。

2010年10月，引黄济津通水仪式

2010 年，由于引滦来水减少、城市供水不断增加和位山引黄压力增大，天津市供水形势越来越严峻。因此，重新开辟引黄济津应急调水线路迫在眉睫。经过多次调研和实地查勘，由于具有“闸底高程低、引水保证率高，泥沙处理成本较低，引水线路短、沿途输水损失低”等优势，时隔 28 年后，潘庄引黄闸再次临危受命，承担起引黄济津的重任。此次引黄济津自 2010 年 10 月 22 日开始，历时 172 天，是历次调水中时间跨度最长的一次，共计放水 11.84 亿立方米。

2011 年，为保障天津市城市供水和举办第六届东亚运动会用水需求，实施了 2011—2012 年度引黄济津潘庄线路应急调水。此次调水自 2011 年 10 月 18 日开始，2012 年 1 月 15 日结束，历时 90 天，渠首潘庄引黄闸累计放水 4.96 亿立方米。

攻坚克难

潘庄引黄闸于 1971 年 10 月动工修建，1972 年 6 月竣工引水，主要为德州市实施农业供水，季节性强，冬季供水量很小。引黄济津项目实施前，闸前闸后淤积严重、闸门老化失修、测验设备陈旧、没有取暖设施，难以满足引黄济津引水量大、流量监测精度高、冬季引水过程长等具体要求。引黄济津关系到 1023 万天津人民的吃水问题，保证潘庄线路引黄济津应急调水正常运行刻不容缓。

“1981 年第一次引黄济津，由于需要新建桥涵、拆迁房屋，总干渠也需要清淤，时间紧、任务重，省市各级高度重视。为提前完成任务，不少村庄暗中增加了人手，施工高峰时，德州市原计划动用民工 6000 人，实际却有 9800 余人参与施工。当时，大家喊着‘迎着风雪、克服困难，三天任务、两天干完’的口号，工作热情高涨，干劲一鼓再鼓，德州引黄济津工程于 1981 年 10 月 23 日开工建设，11 月 16 日结束，提前 7 天圆满完成了工程施工任务，为引黄济津顺利实施提供了保障。”谈起第一次引黄济津，德州市水利局调研员刁宏伟深有感触地讲。

28 年后，面对再次实施潘庄线路引黄济津的迫切要求，为保证引黄济津任务顺利实施，面对时间紧、工序多、任务重等实际困难，德州黄河河务局克服大河涨水、阴雨天气、农民工回乡秋收秋种等不利因素，参建人员放弃节假日，昼夜连续奋战在工地，抢工期、赶进度、严质量，按要求完成了清淤工程施工、闸前导拦冰设施安装、融冰采暖设施购置、闸门维修改造、计量设施更新、备用发电机组安装调试等渠首应急工程建设任务，确保按时达到了供水条件。

由于引黄济津任务重、时间紧、要求高，且均跨越冬季凌汛期，为保障引黄济津线路畅通无阻，德州黄河河务局组织有关技术人员，精心制定了调水管理保障措施、应急调水黄河防凌方案、应急调水黄河水量调度应急处置方案及可能突发事件处置等各种预案，对引水测报、凌情及汛情、水量调度等情况进行了预估，明确了应对措施。调水过程中，严格落实调水值班制度及各项岗位责任制，妥善处理好防凌、灌溉和调水三者关系，全力保障引水顺利、线路畅通。

李家岸闸管所原所长王长亮介绍："由于天气寒冷，引黄渠道内冰层厚达半米，局部地方瞬间就形成了冰坝，对引黄安全形成了威胁。为了保证引水安全，春节期间全所职工都没有休息，顶风冒雪坚守岗位，他们早起晚睡、轮流值班，分班带着工器具值守在引黄涵闸前后围堰两侧，时刻注意着冰凌的动向，一旦发现有冰凌堆积，便立即疏导分散冰凌。并根据上级调水指令及下游渠道实际承受能力，随时调整闸门。地方水利部门在桥涵、闸口、弯道、险工险段等地方，紧急部署了 100 多台大型机械，破冰除冰引黄，确保了引水正常。"

据统计，从 1981—2012 年年底，4 次调水共计引水 20.79 亿立方米，黄河水似甘霖滋润着津门大地，解决了天津缺水的燃眉之急，保障了城市居民用水安全和社会稳定。

从长远考虑，引黄济津潘庄线路可与位山线路互为备用，在南水北调中线工程通水后，作为天津及山东、河北 3 省（市）应急输水渠道，还可以作为沿途地区日常农业灌溉和生态补水渠道。

此外，引黄济津潘庄线路应急输水工程也是连接鲁、冀、津人民之间的纽带工程，不仅可以改善输水沿线地区的水生态环境，还可以借助大运河悠久的历史文化背景，使京杭大运河山东段至天津段焕发新的生机，是一项多赢的举措。

第四篇

生 态 之 河

云巅苍苍，大河泱泱，造化齐鲁，山高水长。保护母亲河是事关中华民族伟大复兴和永续发展的千秋大计。近年来，山东省持续推动黄河流域生态保护和高质量发展，大力实施黄河湿地保护治理与生态修复，坚定不移走生态优先、绿色发展之路，亿万齐鲁儿女团结奋进，合力绘就一幅人水和谐、保护发展同频共振的生态河、幸福河美好画卷。

第一节 大 河 之 畔

故道明珠浮龙湖

单县浮龙湖位于山东省菏泽市单县境内，南北宽 2.5 公里，东西长 10 公里，是明清时期黄河决口冲击而形成的平原湖泊，为明清黄河故道遗迹。作为具有历史文化和水乡风情的“文化湿地”，浮龙湖也是中国四大名泽之一的孟渚泽遗址。老子曾隐居此地，所悟“上善若水”尤为启迪人生；李白、杜甫、高适、陶沔曾联袂游猎孟渚，赋诗抒怀。

1958 年，依托浮龙湖建成浮岗水库，蓄水后造成库外大面积次生盐碱化，1962 年被迫停蓄还耕。1997 年山东省计委批准水库复蓄，并根据蓄水要求进行建设，2000 年蓄水运行，2009 年对水库进行科学设计、除险加固，设计最高蓄水位 52.77 米，相应库容 1.04 亿立方米。水库有东明县闫潭灌区引黄干线、焦庄引水闸两条输水途径，年蓄水量 5000 万立方米，形成了一座以农业灌溉为主，兼顾工业用水、发展城镇供水的大（2）型水库，是山东省第二大平原水库。

单县浮龙湖

浮龙湖烟波浩渺、风光优美，荷花万塘争艳、芦荻千顷摇曳，享有“江北西湖、故道明珠”的美誉。2011 年 11 月，单县浮龙湖被评为国家水利风景区；2013 年 10 月，山东省政府批复设立浮龙湖省级旅游度假区；

2015 年 12 月，单县浮龙湖被评为国家 AAAA 级旅游景区。浮龙湖公园西起月亮湾水库，东至故道林场，贯穿单县南部边陲，是呈东西向带状分布的绿色生态景观长廊。湖内公园规划总面积为 49.882 平方公里，其中带状湿地中心轴线长达 39 公里，湿地现状面积 36.672 平方公里，湿地率 73.72%，属于内陆湖泊沼泽湿地。

公园依托浮岗水库，包括西侧月亮湾、南侧部分黄河故道等周边重要的湿地资源，水上面积 21 平方公里，是杭州西湖的 4 倍。

公园蓄水来源主要为地表水，黄河客水为补充水源。园内植被繁茂、物种丰富多样，尤其湿地植被类型丰富。据统计，共有维管植物 379 种，其中水杉、莲、野大豆、中华结缕草分别为国家一级、二级重点保护植物。这里还是众多动物的栖息地，也是候鸟和旅鸟取食、饮水的重要场所。现有各种脊椎动物 264 种，包括鸟类 197 种，其中东方白鹳、中华秋沙鸭、大天鹅、小天鹅、灰鹤等 25 种为国家级一级、二级重点保护动物。

公园不仅以其优越的地理位置、优良的湿地生态环境备受关注，更兼备自然质朴的湿地自然资源，是绿色健身与休闲观光的理想去处，成为鲁豫苏皖四省交界五市八县的生态高地。

单县浮龙湖国家级湿地公园

金堤逶迤护安澜

金堤河，黄河下游的一条重要支流，流经河南省新乡、鹤壁、安阳、濮阳和山东省聊城 5 市 12 县，纵穿北金堤滞洪区，干流全长 158.6 公里，流域面积 4869 平方公里，属平原河道，流域内地势西南高、东北低，呈狭长三角形，上宽下窄，因平行北金堤下泄黄河故道，故称金堤河。

金堤河并非古河道，是因黄河迁徙、决泛而形成的。据史料记载，北金堤以南原有河道，在多次黄河决泛中，有的被侵占，有的被淤塞，成为洼淀。由于北金堤的阻挡，一遇大水，水流就沿北金堤向东北流，久而久之形成泛道。民国 27 年（1938 年）黄河决花园口夺淮入海后，金堤河成为排涝河道，黄河以北的坡水，上自长垣、封丘、延津，逐渐向金堤河集中，形成了黄河下游较大的一条支流。金堤河山东段位于流域下游低洼区，干流全长 60 公里，流域面积达 115 平方公里，耕地面积有 76 平方公里。

金堤河

为加强对金堤河的治理，1991 年 1 月 3 日，黄河水利委员会成立金堤河管理局，负责金堤河干流治理和金堤河以南引黄入鲁输水工程建设及管理张庄入黄闸、张秋排涝闸等工作。2002 年机构改革，金堤河管理局撤销，整体并入河南黄河河务局管理，金堤河管理局直管工程按照属地原则管理，张庄闸由河南黄河河务局负责管理，高堤口闸、张秋闸由山东黄河河务局负责管理。

金堤河洪水灾害频繁，近30年以来，每隔三四年发生一次较大洪水，造成严重洪涝灾害。自1993年以来，金堤河接连发生了几次较大的内涝水，造成北金堤防洪工程多处出险。1999年，国家对金堤河河道进行了第一期初步治理，开挖疏浚张庄闸至五爷庙段河道131.6公里，干流河道新建八座生产桥，并对张庄闸进行了改建，保留分洪退水和黄河倒灌两项功能，按照2030年水平，设计挡黄河水位48.08米，闸底板高程由37.00米抬高到40.00米。经过一期治理后，虽然上游排涝、防汛问题基本得到解决，但金堤河汇流速度加快，导致上游洪水集中在阳谷境内的北金堤滞洪区末端，使得金堤河末端的防汛形势变得异常严峻。

2015年5月，国家发展和改革委员会批复《金堤河干流河道治理工程（黄委管辖工程）可行性研究报告》，当年10月13日，工程（山东段）开工建设，工程自山东省聊城市莘县高堤口起至阳谷县陶城铺，主要包括渗水段险点加固、塌坡段堤防加固、穿堤建筑物改建、险工改建加固、堤顶道路硬化，历经22个月完工。2018年5月16日，通过黄委竣工验收。该工程彻底改善了北金堤原有的工程面貌，消除了工程安全隐患，有效保障了金堤河的防洪安全，并于2018年荣获2017—2018年度中国水利工程优质（大禹）奖。

金堤河莘县河段

2016 年，聊城市开始实施金堤河干流桥梁改建工程和金堤河二期治理工程建设，对莘县、阳谷境内的跨河桥梁进行维修改建，建排灌泵站，重建漫水桥及危桥，硬化南、北小堤部分堤顶道路等，用以解决区域内灌排和交通安全问题，改善人民群众的生产生活。

如今，金堤河水质得到大幅度提升，杨柳依依，水草萋萋，鸟儿飞翔，鱼儿潜游，一派生机勃勃的景象，聊城市多年平均利用金堤河水量 0.90 亿立方米，不但为农业灌溉提供了良好水源，也成为聊城最大的生态湿地。

碧波荡漾大清河

这里所说的大清河，是指大汶河下游戴村坝以下河段，现正式名称为“大汶河下游”，又名“北沙河”，为古漆沟故渎，下游曾称盐河，全程均在山东省东平县境内，在东平县马口村注入东平湖。大清河全长 30 公里，河床宽 500 ～ 1500 米，流域面积 281 平方公里，是东平县境内最大的排洪河道，也是东平湖生态保护的重要水源。

大清河

据《东原考古录》载：“水清莫如济，故济以清名。”济水原在郓城分流南北，南济水为南清河，元、明时期称南运河，清咸丰时期称牛头河；

北济水为北清河，因汶济合流，又名大清河，名属“济”不属汶。自济水伏流不见以后，大清河所属唯汶水，故沿称大清河。汶水未入济渎以前，东至戴村坝，西经东平城北统称大清河。

大清河下游曾有南城子、后亭、尚流泽、鲁屯、大牛村、马庄、武家漫、路口、单家楼、北桥等渡口。其中，位于大清河下游展营村南的北桥渡口最大，是重要的水运码头。清乾隆十三年（1748 年），东平知州在北桥渡口捐修石桥一座，名曰“状元桥”，后遇洪水塌淤，渡口改设木船摆渡，日可摆渡千余艘。1940 年，日本侵略军焚毁渡船，控制渡口，附近村民集资建船利用夜晚摆渡。1945 年，日本投降后，恢复渡运，有渡船 2 艘、船工 21 人。1952 年，建东平汽车站后，县政府拨出资金造载重 50 吨木质渡船 1 艘，开始船渡汽车。1972 年，渡口安装操舟机，每天可渡运 7000 ～ 10000 人次。1977 年 7 月，东平大桥竣工通车，北桥渡口撤销。

现大清河北岸有防洪堤 17.8 公里，南岸有防洪堤 20 公里，共有险工工程 4 处、控导工程 4 处、排灌涵闸 5 座。大清河源短流急，含沙量大，1918 年最大洪水流量达到 9450 立方米每秒。中华人民共和国成立以后，多次对两岸防洪工程进行了大规模培修加固，全河防洪标准由新中国成立前 3000 立方米每秒提高到 7000 立方米每秒，确保了两岸人民的生命财产安全。为解决跨河交通问题，从 1977 年开始先后修建了大清河 105 国道流泽大桥（双桥）、王台大桥、G20 高速公路大桥。

如今，大清河两岸生态防护林绵绵数十里，北岸有国家级文物保护单位白佛山、国家级城市湿地公园稻屯洼，有建于元代的龙山书院遗址，风景秀丽，文化气息浓厚，成为人们休闲游赏的好去处。

前世今生话东平

古典名著《水浒传》第十一回写道：山东济州管下一个水乡，地名梁山泊，方圆八百余里。现黄河下游南岸山东境内的东平湖，就是古代梁山泊的遗存水域。

梁山泊古称大野泽，亦称巨野泽，形成于远古时代，以古济水、汶水为主要补给水源。《尚书·禹贡》记载：大野既潴，东原底平。《尔雅·释地》载：国有十薮，鲁有大野。把大野泽列为全国十大湖泊之一。史书记载，大野泽曾屡遭黄河决溢。早在西汉元光三年（公元前132年），“河决于瓠子（今河南濮阳西南），东南注巨野泽”，时间达23年之久。在五代以后的决溢中，于滑、澶、濮、魏等州河段南决，一般都要沿济水、濮水故道流入大野泽。这一时期大野泽不断得到黄河决溢补给的大量水资源，同时大量泥沙淤积使大野泽不断向北推移，到五代后期形成以梁山为主要标志的积水湖泊。

梁山泊水寨

历史上黄河在山东决口，多次以梁山泊为尾闾，因此湖泊面积逐渐扩张，至宋宣和年间达到方圆八百余里。宋王辟之《渑水燕谈录》里说：“往年士大夫好讲水利，有言欲涸梁山泊以为农田，或诘之曰：‘梁山泊，古钜野泽，广袤数百里，今若涸之，不幸秋夏之交行潦四集，诸水并入，何以受之？’贡父适在座，徐曰：‘却于泊之旁凿一池，大小正同，则可受其水矣。’座中皆绝倒，言者大惭沮。”此书由宋绍圣二年（1095年）正月王辟之自序，绍圣距宣和不远，其时梁山泊广袤已有数百里，可见《水浒传》说梁山泊方圆八百余里，并非夸大之词。

靳辅《治河方略》载:“安山湖在东平州治西十五里,绕安民山下。旧志:周围一百余里。自明中叶,许民佃种,百里湖地,尽为麦田。然其低洼之区……周围三十八里,湖形尚存。”由此看出,明清时期,由于水源补给不足,又加黄河多年淤积,梁山泊已退缩为局部洼地积水的小湖泊。梁山以北由于部分汶水和坡水补给,仅在安山一带洼地蓄水成湖,面积较小。

清咸丰五年(1855 年),黄河在铜瓦厢决口北徙,夺大清河入海,从而抬高了原汇入安山一带洼地河流的尾闾水位,使安山湖向北大为扩展,并与黄河连通,黄河涨水便自然流入湖泊以及洼地。东平旧志载:自清咸丰己卯河决兰封,灌入县境,安民山屹立洪波中,水涨则流入县境,水过沙填,诸水尾闾,俱被顶托,旁溢四出,纵横数十里,民田汇为巨泽,患且无已。由于淹没地区都属东平县,民国年间始称东平湖。

静谧幽美的东平湖

1938 年,国民党军队炸开花园口大堤,黄河改道入淮,东平湖水源随之中断,湖底干涸成田。1947 年,花园口决口堵复,黄河归故道入海,东平湖重又蓄水。马踏、马场、蜀山、南旺四湖随着黄河改道淤积和梁济运河的开挖,先后干涸变为耕地。至此,沧海桑田,八百余里梁山泊大都已无踪迹,唯东平湖这片仅存的水域,尚依稀能映出它昔日的容颜。

江北水城漾碧波

东昌湖，又名胭脂湖，位于聊城市东昌府区。此湖始建于北宋熙宁三年（1070 年），为加强东昌古城防御，北宋政府下令掘地取土修筑城墙及护城堤，因之形成护城河，河面宽四五十尺，宛如玉带环绕在古城周围。北宋熙宁九年（1076 年），北宋政府重修护城堤，护城河面积随之扩大。明清时期，护城河又得到了进一步修缮和加宽，水源由运河调剂。1902 年，运河上游河道淤塞，护城河水一度断绝，1935 年运河重新疏浚，护城河方重新有水源补给，并始终保持着一定的水位。

聊城城市水系

中华人民共和国成立后，政府对护城河进行综合治理，1964 年加深拓宽护城河东地片，从此更名“环城湖”。后随着引黄灌溉的发展，进一步疏浚了运河，并在龙湾处修建了新的进水闸，把黄河水引进湖内。综合治理后，湖水面积达 4.2 平方公里，水深 2 ～ 3 米，是济南大明湖的 5 倍。1995 年，聊城建设火车站，取湖中之土，筑车站之基，使东昌湖的水面进一步扩大，水域面积达 6.3 平方公里，形成了今天的规模，并将其改名为东昌湖。

如今的东昌湖以黄河水为主要水源，常年水深 3 ～ 5 米，湖水清澈，水产丰富，形成了“湖水相连，城湖相依，城在水中，水在城中，城中有湖，湖中有城，城湖河一体”独特的水城风貌，也正是靠黄河水源源不断的补给，美丽的东昌湖常年不竭、碧波荡漾，成就了聊城“江北水城”的城市品牌。从城市空中俯瞰，湖水环绕古城，古老的大运河似玉带在古城区蜿蜒而过，海源阁、铁塔、光岳楼、山陕会馆如明珠闪烁于城中湖畔，赋予了东昌古城独特的风情风貌。

东昌湖湖心小岛

一带玉水护清泉

玉符河是黄河下游最后一条支流。上汇锦绣、锦阳、锦云三川之水，于济南市历城区仲宫镇合流入卧虎山水库，向下称玉符河。河水流经卧虎山、小寨山、党家庄，沿济南西郊丰齐村、周王庄、由里村、八里庄于西郊北店子村入黄，全长约 36 公里，河道一般宽 20 米，最宽处达 89 米，流域面积 800 余平方公里。原属季节性泄洪常年流水河道，中华人民共和国成立后，由于上游筑坝蓄水已变为防洪河道。

玉符河古称“玉水”，北魏郦道元所著《水经注》称：“济水又东北，右会玉水。水导源泰山朗公谷……其水西北流，迳玉符山，又曰玉水。”乾隆《历城县志》载其“延袤六十余里，或以云林竞秀，或以山水呈奇，天开画图”。

玉水发源于锦阳川之长城岭，沿途遇锦云川之水，汇流于太甲山以西，又汇锦绣川之水。锦绣川，俗称北川或仲宫河，位于仲宫镇东20里处，源于梯子山云梯涧，为南三川之首。民国《续修历城县志》中记载："两岸之上，峭壁云峰，俨若画屏，松柏掩映，生于石罅，禽鸟飞鸣，如在镜中，春涧野花，秋林红叶，望之如锦，故名锦绣川。"清乾隆年间文人任弘远赞曰："十里泻平川，春风绘锦绣。属玉一双飞，剪得烟波绉。"锦阳川，又名南川，源于长城岭之阴的长峪，上游称玉带河，是玉符河第二大支流。锦云川，又名西川、锦银川，水发源于长城岭之阴。清代学者毕沅有诗称其"日华霞彩映晴川，潋滟波光夺目妍。试唤乌篷乘兴去，一篙撑上水中天。"

玉符河河道多弯，呈蛇形，河底不平，宽窄不均。中华人民共和国成立前，雨季山洪暴发，河水猛涨，洪水四溢，两岸泛滥成灾。旱季河水断流，河道干涸。中华人民共和国成立后，为解决玉符河旱季枯水、雨季成灾的问题，开始在上游和支流上兴建水库、打坝修塘。1957—1973年，在玉符河流域内兴建了大中型水库各1座，小型水库23座，塘坝42座。由于大量修建水利工程，拦截了洪水，玉符河雨季不成灾，旱季不断水，而且还能灌溉农田、发电、养鱼，小清河更是因为玉符河的补源而重获新生。

玉符河生态美景航拍

玉符河下渗的河水是济南泉水的主要来源。北宋《齐州二堂记》记载："盖水之来也众，其北折而西也，悍疾尤甚，及至于崖下，则泊然而止。而自崖北至于历城之西盖五十里，而有泉涌出，高或至数尺，其旁之人名之曰趵突之泉。"曾巩在《趵突泉》一诗中亦提到："一派遥从玉水分，暗来都洒历山尘。"自2002年济南开始回灌补源，玉符河自催马庄至西渴马村的强渗漏带已成为保泉大动脉。

随着城市化和工业化进程加速，玉符河曾一度"疾患缠身"，河道淤积，垃圾遍野，堤防残缺，断流严重，已濒"死河"，严重危及城市雨季防洪安全、地下水安全，并影响两岸交通联系。

2013年，济南市被列为全国首个水生态文明试点城市，玉符河综合治理工程作为重点示范工程于同年12月启动，实施治污、交通、配套景观等方面的综合治理和系统规划，历经3年，将玉符河打造成了具有防洪补源、生态保护、旅游休闲等功能的绿色安全屏障和生态景观长廊，玉水得以重生。

烟波浩渺马踏湖

马踏湖，位于山东省淄博市桓台县东北部，湖东西长12公里、南北宽8公里，占地面积96平方公里。相传春秋时期，齐国称霸，齐桓公会盟各路诸侯，聚兵列阵，平地马踏成湖，因此得名"马踏湖"。

湖区水源由乌河、孝妇河、杏花河及东、西猪龙河等河流汇集成湖。清康熙五十八年(1719年)，始在湖区中心人工开挖一条东西向的预备河，用于湖水排泄。清末，在湖区北侧建翟公闸（滚水坝)，控制湖区水位。20世纪50年代，又在湖区北端建义和闸，旱时闭闸，水涨时启闸注入小清河。20世纪60年代末，乌河、孝妇河上游工业崛起，河源截流，入湖水源减少，为此实施了引小清河水入湖，从萌山水库、太河水库引水入湖等工程补充湖水。1988年，建成引黄过清补源工程，此后多次引黄河水入马踏湖进行应急生态补水，使其初步恢复到"稻香蒲茂柳苇翠，鱼虾毛蟹河蚌全”的“北国江南”景象。湖内碧水滢滢、河道纵横、交织成网，芦苇荡、荷花塘一望无垠。乘船湖中游，杨柳参天，蒲苇夹道，曲径通幽。

五贤祠

徐夜书屋

马踏湖美景

马踏湖历史悠久，曾有锦秋湖、麻大湖、官湖等称谓。五贤祠、冰山遗址、徐夜书屋等文物古迹均坐落于此。众多历史名人如齐景公、诸葛亮、李白、于钦等均至此游览或隐居，留下了脍炙人口的诗词歌赋。相传，三国时期诸葛亮曾在此留下“官湖何秀气，锦翠胜姑苏”的赞语，宋代苏东坡也流连于此，生发过“卷却天机云锦缎，从教匹练写秋光”的感叹。马踏湖物产丰富，金丝鸭蛋、鱼龙香稻、白莲藕曾是明清两代官廷贡品。此外，水上婚礼、放荷灯、芦苇编织、纺纱织布等湿地民俗文化也有很强的观赏性。

马踏湖作为省级风景名胜区，先后获得国家级湿地公园、全国农业旅游示范点、国家 AAA 级风景区、国家水利风景区等众多荣誉，成为闻名遐迩的旅游胜地，吸引着省内外众多游客前来观光旅游。

第二节　大 河 之 绿

大河苍翠启新篇

九曲黄河十八弯，奔流入海润齐鲁。全面推行河湖长制以来，山东扎实推动黄河流域生态保护和高质量发展重大国家战略实施，锚定美丽幸福河湖建设目标，突出河湖特色定位，聚焦保护水资源、防治水污染、改善水环境、修复水生态等主要任务，强化岸线空间管控，补齐河湖生态保护和综合治理短板，河湖面貌持续得到改善。目前，山东沿黄已初步形成“临河防浪林、堤顶行道林、淤区适生林、背河护堤（坝）林、各类防护草皮全覆盖”五位一体的生态屏障体系，黄河流域建成国家水利风景区 9 处，累计创建省级美丽幸福示范河湖 11 条（段），一幅“河畅、水清、岸绿、景美、人和”的大河生态长卷正徐徐展开。

如今在山东，7 万余名河湖长为河湖管理保护“保驾护航”，各级河湖长一手抓河湖问题清理整治，一手抓美丽幸福河湖建设，推动河湖长制从“有名”“有实”到“有责”“有能”再到“有为”“有效”。实践证明，推动河湖长制是解决山东省复杂水问题、维护河湖健康生命的有效举措。自 2020 年在全国率先启动省级美丽幸福示范河湖建设以来，已建成省级美丽幸福河湖 482 条（段），河道总长度 6000 余公里，湖泊面积 90 平方公里，基本实现省级美丽幸福河湖县域全覆盖。

黄河流域生态保护和高质量发展，是事关中华民族伟大复兴和永续发展的千年大计。2022 年 10 月，黄河保护法出台，明确国家加强黄河流域生态保护与修复，加强流域环境污染的综合治理、系统治理、源头治理，推进重点河湖生态环境综合整治。

有了行动纲领、法治保障和载体抓手，山东各地因地制宜谋实策、出实招、见实效，不断巩固美丽幸福示范河湖创建成果，努力塑造山东黄河高质量发展新优势，让“美丽”看得见、“幸福”体会深、“示范”效应强，全力打造防洪保安全、优质水资源、健康水生态、宜居水环境、先进水文化的美丽河湖、幸福河湖。

黄河博兴段

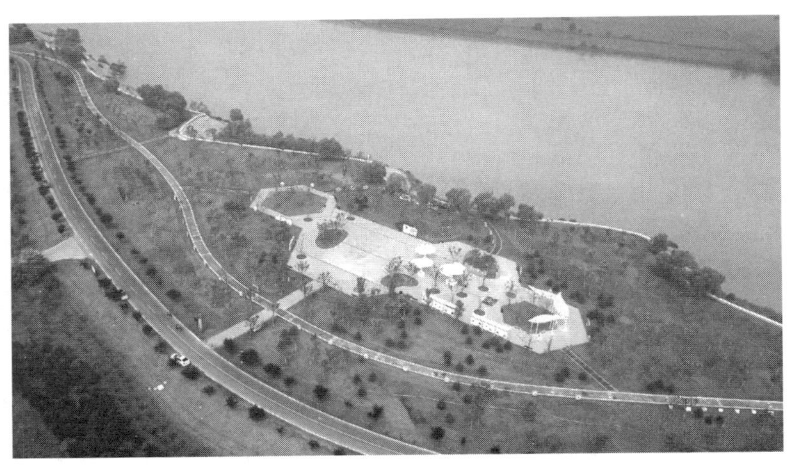

黄河济南段

2023年伊始，山东省多部门联合印发《山东省黄河生态保护治理攻坚战行动计划》，进一步明确山东省黄河生态保护治理攻坚的重点任务，以黄河干流、主要支流（大汶河）及重要湖库（东平湖）等国家攻坚区域为核心，以济南、淄博、东营、济宁、泰安、德州、聊城、滨州、菏泽等黄河沿线9市辖区范围为重点，覆盖全省16市。加强河湖水生态保护，完成黄河干流、主要支流及重点湖库水生态调查评估，建成一批美丽河湖、幸福河湖。巩固提升河湖水质改善成效，建立全流域入河排污口“一本账”“一张图”。加强河口海湾污染防治，推进入海排污口整治与规范化管理，2023 年完成全部入海排污口整治任务，2025 年黄河入海断面总氮浓度得到有效控制。

樱花大道 李佳 摄

碧水有声，皆是序曲。山东将乘着黄河流域生态保护和高质量发展伟大战略的东风，探索完善黄河治理保护长效机制，坚定不移走生态文明发展之路，把生态优势转化为发展优势，打造黄河流域生态保护和高质量发展的“山东高地”。

古菏今生绿盎然

大雁翔集，锦鲤游弋。大河流润，沃野千里。

菏泽，因水而名，与水共生。黄河菏泽段长 185 公里，成为 860 多万菏泽人民名副其实的母亲河，同时黄河水浇灌着 636 万亩农田。因此，用好管好护好黄河水、推进水生态环境持续向好是头等大事。

菏泽坚持把黄河水资源作为最大刚性约束，深度强化河长制，强力推进“清四乱”专项行动。菏泽黄河河务局与菏泽市河长办密切合作，开展了如火如荼跨区域共治共管整治工作，与河对岸濮阳黄河河务局联合巡查，凝聚巡河护河的强大合力，与菏泽市公安局、检察院联合督导，切实加强菏泽黄河生态保护的司法保障。4 项重大水事问题督办、29 张整改通知、127 项“四乱”问题、820 次日常河道巡查……菏泽迎难而上，坚持出重拳、啃到底，着力解决区域内水生态环境治理突出问题。

查处河道内违法运营船只

2021 年，15.48 万棵造林工程的实施为生态保护体系建设发挥了重要作用，菏泽黄河生态长廊轮廓初显，绿色长堤四时如春，郓城、牡丹黄河河务局顺利通过国家级水管单位复验；2 处工程被评为 2021 年度黄委工程管理“示范工程”。风景如画的生态廊道、绽放新颜的治黄文化景点、如诗如画的新建村台社区……走在菏泽黄河两岸，处处可见以治黄文化为主题的地标，3 个山东黄河文化建设示范点依河而建，生态中彰显治黄文化元素，成为市民休息娱乐的首选之地。

菏泽黄河水利风景区，绵延百里，风光秀美，绿意盎然，是菏泽境内黄河生态蝶变的印证。景区结合黄河工程的规划建设与管理，不断强化黄河绿色生态观光带，深入推进沿黄生态廊道建设。充分利用现有工程土地资源，积极开展植树绿化工作，建设绿化美化防洪工程，做到植满植严、消除空白段。目前，淤背工程树株、防浪林、行道林、绿化苗木总树株达到1000万余株，涉及品种20余个。特别是以险工、坝岸、涵闸为重点进行美化，雕塑、花卉、奇石、凉亭和回廊穿插其间，错落有致，令人赏心悦目，景区韵味十足。其中，苏泗庄景区最具特色，景区内建设了生态采摘园，园内种植了凯特杏、黄金梨、苹果等果树。每逢果子成熟季节，游客纷纷前来采摘。景区近百亩银杏林连绵成片，将整个秋天渲染到了极致，成为旅游观光和摄影爱好者的打卡地。每年谷雨前后，300余棵大型牡丹花竞相开放，人们游弋在牡丹花丛里，陶醉在沁人心脾的花香中。

黄河水润牡丹城

良好的生态环境是景区发挥功能和高质量发展的基础条件。近年来，菏泽黄河水利风景区不断提升黄河防洪工程绿化美化，完善生态防护体系，形成“临河防浪林、堤顶行道林、淤区适生林、背河护堤（坝）林、各类防护草皮全覆盖”的生态屏障体系，河畅、水净、岸绿、景美的生态蝶变一步步照进现实。

杨柳依依醉河堤，东风浩荡满目新。从漫天黄土到百里绿廊，从人迹罕至到车水马龙，菏泽黄河生态美获得越来越多沿黄百姓的点赞称道。菏泽黄河人围绕建设生态用水保障带、打造生态屏障带、维持河湖安全保障带，锚定目标，绵绵用力，为城市增“绿芯”，为群众建“绿廊”，擦亮民生福祉生态底色，书写着生态保护和高质量发展的壮丽篇章。

翠染长河满目春

岁月前行，留痕万里。东方破晓，前路迢迢。

谈及聊城，人们的话题总是绕不开黄河。在鲁西这片广袤无垠的平原上，黄河咆哮百里，运河穿城而过，得天独厚的地理位置赋予她重大历史机遇。近年来，聊城紧紧围绕生态保护和高质量发展两个核心关键，积极探索“两山论”的有机统一，切实走好生态优先、绿色发展之路，良好生态赋能区域经济社会高质量发展不断迈上新台阶。

东依泰山，南临黄河，作为中国阿胶之乡和喜鹊之乡，东阿县被誉为“万户喜鹊吉祥地，千年阿胶福寿乡”。

聊城市抢抓机遇，高标准建设黄河大堤及引黄干渠两侧景观为主体、自然景观和人文景观为依托的东阿黄河水利风景区，景区总面积 101.28 平方公里，其中水域面积 20 平方公里，景区内林草覆盖率 98%，2010 年被水利部确定为第十批国家水利风景区。同时，壮丽的大河风光、宏伟的堤防工程及悠久的黄河文化融为一体，使园区集聚深厚的文化内涵和持久的生命力。后期陆续建成的山东省规模化生态林场，被山东省绿化委员会命名为“山东省义务植树基地”；鱼山曹植墓是全国重点文物保护单位；井圈险工 13 号坝被山东黄河河务局命名为党员教育活动基地和地理标志文化园。

目前，东阿黄河水利风景区已形成“一园三带十区”的生态格局。“一园”指东阿黄河森林公园，“三带”指百里黄河风光带、引黄干渠风光带、田园风光带，“十区”包括艾山、香山、旧城、鱼山、范坡、位山等景区。其中，新建成的艾山卡口地理标志文化园地处黄河下游最窄处艾山卡口，已成为聊城黄河文化的网红打卡地。

艾山卡口地理标志文化园

艾山牡丹观光节

一子落，满盘活。由点带面，东阿黄河水利风景区实现周边一体化发展，千年古村艾山村的美丽风情和黄河淤背区的黄金梨、桃园采摘园吸引了大量外地游客，不少村民瞄准商机办起农家乐，艾山村投入 1600 万元进行了整体设计、修葺，千年古村重新焕发生机。

绿色映底蕴，山水见初心。目前，“旅游 + 农业”的模式成为高质量发展的新方向，运用生态文旅的独特吸引力，将东阿黄河水利风景区列入东阿县黄河康养度假区、艾山风景区等文旅项目，打响了“阿胶养身、鱼山养心、黄河怡情”的特色文化旅游品牌。

绿色做底色，发展有亮色。

身边的绿色，就是最好答卷！百里黄河，百里绿廊。翠染长河满目春，一水向东将绿绕。黄河在聊城有多长，与她蜿蜒同行的绿廊就延伸多远。

十年治水澄如许

九月的金堤河畔，树木郁葱，清风徐徐，鸟鸣阵阵。蓝天白云下，清澈的河水犹如一块巨大的蓝宝石，熠熠闪光。河面上水鸭肆意远游，白鹭绕水低飞。这里是阳谷境内的金堤河，黄河下游的重要支流，聊城市最大的湿地。

水清岸绿景美的金堤河

党的十八大以来，山东大力推进生态文明建设，着力解决金堤河环境问题，通过十年不懈努力，实现了“堤固、岸绿、水清、景美”的目标。

“影响金堤河环境的主要问题有工业污染、生活垃圾污染、违法捕鱼、阻水障碍物、河道违法作业、堤防障碍、垦堤种植……由于历史原因，金堤河滩区内居民多，部分堤防从村中穿过……”当年，阳谷黄河河务局这份金堤河检查工作报告，道出了金堤河生态治理面临的任务繁重而艰巨。

金堤河是山东和河南两省界河，干流长 158.6 公里。金堤河阳谷段处于金堤河最下游，境内河道长近 50 公里，沿河有阳谷县的 6 个乡镇、82 个自然村，以及台前县城和乡镇村庄。河道特殊的地理位置，让金堤河生态环境保护面临巨大的压力。2004 年 7 月，金堤河下游水质受到污染，水面上到处是翻着白肚的死鱼。人水和谐相处才能实现经济社会健康发展。党的十八大以来，阳谷县大力推进金堤河环境治理，构建了“政府主导、属地负责”的管理体制，制定了针对性强的保护措施，形成了河务、沿堤镇、沿堤村河道保护网络。阳谷黄河河务局作为北金堤工程的管理者，强化水行政执法，加密巡查频次，及时发现和处理问题。10 年来，共开展日常河道巡查 600 余次，现场制止违章违禁行为 500 余起；出动宣传车 65 次，发放宣传资料 4.3 万份，受教育人数达 10 万人次以上。

在金堤河环境治理中，河长制发挥了至关重要的作用。阳谷境内黄河、金堤河和其他河流有县、镇级河长 200 余名，从县长到镇长，再到沿堤村村委负责人，都不定期对金堤河河道及沿岸环境进行检查。乡镇派出所所长还承担了县、乡、村级“河道警长”职责，加大依法治河、管河力度，河道范围内的垃圾、拦河渔网及违章建筑物等得到集中清理。近年来，阳谷金堤河北金堤堤脚下 1000 平方米的碑林得到清理；河道违建庙宇、占压护堤地的 2 处小工厂得到拆除……诚如沿堤村一位老人所讲，河道管理严了，河水清了，鱼多了，100 多种鸟把金堤河当成了家，每到星期天，游玩的人坐满了堤肩。

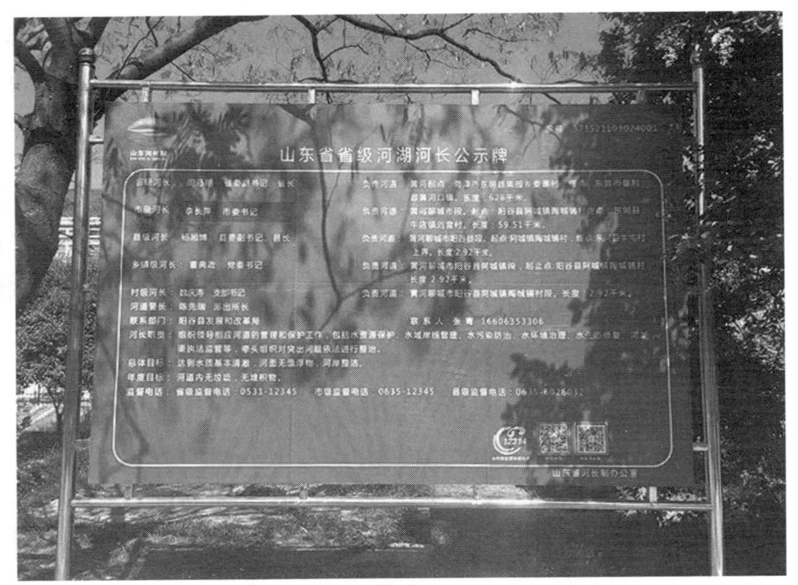

河湖长公示牌

水清鱼读月，山静鸟谈天。如今，金堤河碧水荡漾、湿地壮观，鸥鹭翔集、鱼儿游弋，乘着黄河流域生态保护和高质量发展的东风，重新焕发出新的生机与活力……

生态长廊绿意涌

清晨，被一道穿过繁茂浓荫的阳光叫醒，在葱翠的林间漫步，耳畔响起鸟儿的嘤鸣，鼻尖萦绕花果的香气，脚下踏过柔软的步道，周围布置着驿站和廊亭……一棵树、一片林，汇成百里绿色长廊，这情景是济南黄河数十年坚持绿色发展的积累；一个亭、一座园，串起百里生态风光，这情景是黄河战略在济南落地生根的见证；一个点，一条线，铺开百里如画美景，这情景只是济南黄河生态长廊建设的开端。

黄河流域生态保护和高质量发展上升为重大国家战略。济南黄河动作迅疾、加快落笔，从系统规划、谋定黄河风貌带示范线路和毛主席视察纪念地、泺口古渡等 7 个重要节点建设项目，到提升 31 公里淤背区防护林、建成 6 处郊野公园，再到高标准实施济南百里黄河风景区核心区提升改造和堤防绿化提升工程……如今，济南黄河两岸的生态景观筑起了黄河生态安全屏障，黄河这张“生态名片”更加亮丽。

绿色生态景如画

济南黄河百里风景区中心景区西起建邦黄河大桥，东至济南黄河公路大桥，长约 14 公里，可绿化总面积 60.87 公顷，是济南黄河生态建设的一颗璀璨明珠，2003 年被水利部命名为“国家水利风景区”，在 2018 中国黄河旅游大会上被评为“中国黄河 50 景”，年接待游客量达 20 万人次以上。

济南打造网红打卡地千亩银杏林、黄河樱花大道，实施济南黄河堤防工程绿化提升改造，全面消除淤背区绿化空白段，建成 6 处风光各异的郊野公园。如今，绵延百里的济南黄河形成了 1667 公顷、300 余万株苗木的生态林带。金色银杏、红色海棠、青色雪松、粉色紫叶李、黄色油菜花……四季风光不同，令人流连忘返。

自 2020 年以来，为积极践行山东黄河生态屏障带建设总体布局要求，更好地建设济南黄河生态廊道，济南市先后实施了济南黄河堤防工程绿化提升改造项目（一期）与黄河流域生态保护与修复工程（二期），完成淤背区绿化面积共411.5公顷，建设沿黄郊野公园6处，面积约67.7公顷，完成植树共计16万余株。2022年，开展了济南黄河生态保护与修复工程（三期）项目，绿化总面积约213公顷，包含济南黄河百里风景区中心景区景观提升和济南黄河防洪工程的绿化提升工程。在黄河控导、险工段、淤背区背坡以及防浪林区域实施防护林建设，面积约为152公顷，栽植黑松、白蜡、五角枫、紫叶李等乔灌木2.6万株，完成宿根花卉、狗牙根等地被草皮栽植、播种77.2万平方米，并因地制宜完善游憩设施。

鸟瞰百里黄河风景区

深秋，槐荫黄河千亩银杏林进入最佳观赏期，银杏叶落，一地金黄，大批市民争相前来游玩。与此同时，身穿深蓝色工装的黄河职工在大堤上不间断巡查，遇到乱丢垃圾、乱停车等不文明行为第一时间制止。

济南黄河靠近城区，游客管理困难，河道内“四乱”等情况也易发难治，黄河流域生态保护和高质量发展重大国家战略实施以来，济南黄河河务局先后与河长办、公安、法院、检察院、水务局建立了黄河生态保护联合监管执法协作机制，7家黄河派出所所长兼任县级河务局副局长，建立“黄河安澜 生态警务”联建工作站和5处黄河环境资源巡回法庭、3处法官工作室、1处司法修复基地、4处检察工作室，将法治之网越织越密。

航拍黄河大堤银杏林 肖东庆 摄

目前，通过“清河行动”“拆违拆临”“妨碍河道行洪突出问题整治”等一系列专项行动，展现了法治护河威慑力，黄河济南段“四乱”问题基本得到根治。同时，通过精选典型案例推进以案普法等形式，提升沿黄人民群众法治意识，违法案件有较大幅度降低。

春风渐暖，黄河岸边晨练的老人们微笑着聊着家常，热恋的情侣漫步在柳条编织的帷幔中，欢笑的孩子像散落在天空的星星……

沐浴着“黄河战略”的春风，站在全面建设社会主义现代化国家新征程的起点，济南将“生态景观显著提升”作为“十四五”时期的重要目标，作为建设“幸福河”的重要使命系统谋划，提出要实施黄河生态风貌带打造行动，打造沿黄“绿廊”“绿网”“绿芯”。蓝图徐展，未来可期，济南黄河生态长廊正迎着春风不断成长。

最是一年春好处

阳春布德泽，万物生光辉。黄河之春，韵味无穷。

德春天的德州黄河大堤到处是风景，红叶李、梨花、海棠、碧桃相继绽放，与静谧的黄河、嫩绿的垂柳、蓝天白云交相辉映，洋溢着一股绿色的生机与活力，尽显生态之美。

潘庄闸管所院内的海棠，东风袅袅泛崇光，香雾空蒙月转廊。只恐夜深花睡去，故烧高烛照红妆。海棠艳美高雅，花开似锦，素有“花中神仙”“花贵妃”“花尊贵”之称，享“国艳”之誉。枝间新绿一重重，小蕾深藏数点红。爱惜芳心莫轻吐，且教桃李闹春风。

层层绿叶缀满枝头，娇嫩花苞深藏叶间，俏皮可爱的花蕾露出红晕点点。

一从梅粉褪残妆，涂抹新红上海棠。开到荼蘼花事了，丝丝天棘出莓墙。竞相绽放的海棠花，朵朵嫣红，挤满枝桠，如同新涂胭脂的美人，妩媚又不失清新。海棠绽放，浅粉淡白。莹白嫣红、明丽活泼，惊艳了时光，美好了岁月。

黄河大堤德州潘庄段辖区盛开的红叶李，在如歌的春天里，红叶李热热闹闹地盛开了，俏丽活泼，轻快明媚，香气袭人，像一片片盛开的云霞，美不胜收！

草色青青柳色黄，桃花历乱李花香。东风不为吹愁去，春日偏能惹恨长。春草丛生，草色青青，柳色嫩黄，柳丝飘拂；桃花盛开，李花飘香，花枝披离，花气氤氲。好一幅生机盎然的春景图！

堤顶两侧盛开的红叶李组成两道茂密的花墙，绵延十几公里，颇有“漫山红遍，层林尽染”之感。

小小琼英舒嫩白，未饶深紫与轻红。满树的花朵像漫天飞雪，洁白的花瓣冰清如玉，花朵娇小玲珑，花色淡雅素洁，一团团，一簇簇，开放在春天的季节里，向人们传递春天的讯息。

水晶帘外娟娟月，梨花枝上层层雪。花月两模糊，隔窗看欲无。

月华今夜黑，全见梨花白。花也笑姮娥，让他春色多。

开在春天里的梨花，花色洁白如雪，清香隐隐淡淡。虽无艳丽姿色，亦无馥郁芳香，却以素淡清雅著称人间。亭亭玉立，叶柄细长，花色淡雅，临风叶动，响声悦耳。

梨花院落溶溶月，柳絮池塘淡淡风。梨花开得正好，一树树皆是雪白之景，如冰雕玉砌而成。一枝枝，一簇簇，一丛丛，如云如雪，如诗如画，壮观烂漫。

桃花春色暖先开。问余何意栖碧山，笑而不答心自闲。桃花流水窅然去，别有天地非人间。阳春三月，桃花吐妍。红叶碧桃三月份先花后叶，芳菲烂漫，妩媚可爱，是优良的观花树种。桃花不仅观赏价值高，也有极佳的美容养颜、减肥瘦身等功效。争花不待叶，密缀欲无条。傍沼人窥鉴，惊鱼水溅桥。

独步寻春，风和日丽，春光怡人，且倚微风，以寄诗怀。

二月春归风雨天，碧桃花下感流年。桃花流水，碧水蓝天，幽深遥远，是天然、宁静与自由的所在，悠闲自得、令人神往。

满树和娇烂漫红，万枝丹彩灼春融。满树红花娇艳，鲜丽灿烂，千条万枝丹彩流溢，明亮灼目，渲染出一派融融的春色。火红的桃花仿佛要燃烧起来，清新明快，春意盎然，心情欢快喜悦。

野菊花也有春天。暗暗淡淡紫，融融冶冶黄。陶令篱边色，罗含宅里香。穿花度柳飞如箭，粘絮寻香似落星。小小微躯能负重，器器薄翅会乘风。草长莺飞二月天，拂堤杨柳醉春烟。何处生春早？春生柳眼中。绿柳扶风，春风杨柳万千条，柳树是春天的使者，最先传递春天的讯息。

柔软细长的柳枝跟随微风拂拭大地，柳絮随风飘舞，宛如妙龄女子翩跹起舞，婀娜多姿，更显柳树嫩绿轻柔的绰约风姿，诗情画意惹人醉，如在画中游。

水清景美新画卷

马踏湖位于淄博市桓台县东北部，有“北国江南”的美称。20 世纪后期，流域内高强度工业化、城镇化开发活动，让马踏湖不堪重负，水质恶化，生态功能退化严重，原本游人如织的马踏湖一度成为臭水沟。

痛定思痛！淄博市痛下决心，打响了马踏湖流域生态治理修复攻坚战。在全省率先全面实行河湖长制，创新完善“河湖管理委员会＋河湖长＋河长办＋河湖警长＋民间河湖长＋河湖管理员”的河湖管理运行机制，不断提升生态环境治理能力和治理水平，水安全、水生态、水环境质量水平不断提高。突出用系统思维做好治水文章，坚持把马踏湖流域作为一个整体进行综合治理，探索全领域治理、全流域修复、全过程管控的“治保用”水环境治理模式。在湖区所在的桓台县，当地充分发挥生态环境保护的倒逼传导机制，强化环境标准的“硬约束”作用，先后关停取缔各类涉水企业 35 家，实施了 52 家企业 60 项污水深度治理再提高工程，有力提升了企业污染治理水平，加快了产业绿色、循环、低碳发展的步伐。

马踏湖航拍图

河管员是河湖长制管理体系的基石。为推动马踏湖流域综合治理，淄博市专门成立河湖管理机构，全面配齐市、县、镇、村四级河长，常态化坚守河道管护一线，构建职责明晰、细化具化的制度体系和责任机制，推进流域水生态环境持续改善。同时，结合河道治理，对河道内污水管线进行改建。比如，孝妇河干流治理工程，将河道内 32.76 公里污水管线迁出河道，杜绝了污水管道渗漏。另外，对全市 3512 个入河雨排口分类编码建档立牌，标识二维码等信息，便于各级巡河员及群众监督。

淄博市实施孝妇河干流治理工程，清淤疏浚河道 40 余公里，大大减少了淤泥对水质的影响。另外，通过在石笼护坡上播撒草种，加强河道两岸的水土保持，进一步改善水质。2022 年 1 月，马踏湖被评选为全国首批美丽河湖优秀案例第一名。

农村生活污水是城乡面源主要污染源。近年来，淄博市积极探索农村生活污水治理新路径，以市场化运作推进农村生活污水治理，创新建立环卫一体化运行机制，构建完善生活污水全链条处理与资源化利用模式，让农村生活污水变成了农业园区、有机农产品基地里的“香饽饽”，有效改善了农村人居环境质量的同时，真正实现了变废为宝。

在桓台县起凤镇起南村，道路硬化、街道亮化、村容美化、生态绿化、村居净化等“五化”工程，令人眼前一亮。“从 2017 年起，起南村用五年时间筹措资金 480 万元，建设了旱厕粪污与大棚蔬菜秸秆综合利用项目，将全镇粪污集中收集处理，同秸秆共同发酵后通过水肥一体化的形式用于农田灌溉，实现了粪污、秸秆全部综合利用。”谈到该村水肥一体化技术，党支部书记魏锐祚颇为自豪地介绍。

来到桓台县起凤镇鱼三村，穿过一片清幽怡人的荷花塘，就能看到该村污水处理设施资源化利用的处理流程。据悉，该项目于 2020 年 10 月开工建设，2021 年 12 月正式投入运行，建设污水管网 3.3 公里、污水提升泵站 6 座及一体化污水处理站 1 座，主要收集鱼三村村南河、中心河和鱼四村部分沿河居民的生活污水。

“水清了，环境好了。傍水而居，我们的日子很舒坦。”一位村民开心地说。起南村和鱼三村的污水处理模式，是淄博市农村生活污水治理的缩影。

科学治水，付出多多，收获甘甜。水“活”了，乡村和城市有了灵魂。如今，淄博市主城区“八河联通、六水共用、清水润城”的生态格局已初步形成，以孝妇河湿地公园为调水枢纽，实现了“八河五湖”的互联互通，常态化进行生态调水。

得益于常态化的生态调水，已经干涸多年的乌河支流涝淄河重现清水绿岸。“多少年了，河里一直干着荒着，没想到现在能一年四季有流水。河道绿了，风景美了，日子越过越舒坦了。”家住涝淄河畔的陈丰年老人的话语，代表了众多市民的心声。

马踏湖湿地

春水烂漫润滨城

山东滨州，黄河三角洲中心城市。水韵灵动、林木葱郁，是滨州儿女引以为豪的“生态名片”，是滨州朝着黄河流域“明珠城市”加速发展的优势所在，尤其是黄河两岸绵延 144 公里的绿色长廊横穿滨州三区、三县，挺起了全市的“生态脊梁”。

巨变始于 2015 年。滨州站在生态文明建设的高度，对临河防浪林、堤顶行道林、淤背区适生林、背河护堤林建设管理作出前瞻性思考分析和全局性谋划部署，大力开展淤背区植树、适时做好其他林木更新，在大河之畔掀起了一场植树造林攻坚战、持久战。

2019 年 9 月 18 日，习近平总书记在黄河流域生态保护和高质量发展座谈会上发表重要讲话，发出了“让黄河成为造福人民的幸福河”的伟大号召。黄河流域生态保护和高质量发展上升为重大国家战略。

黄河大堤生态廊道　陈维达　摄

面对新时代、新要求，滨州市坚持多部门协调联动，聚焦生态保护，共谋黄河发展。滨州市河长办将黄河林木保护作为一项重要工作，层层部署、发动、落实，市、县、乡三级河长强化巡查、认真履职，并组织广大人民群众投入到林木保护攻坚战中；市、县各级公安部门建立黄河河道生态环境保护执法联勤联动工作机制，强化执法巡查，形成防范和打击涉河生态环境违法犯罪的新合力；滨州市开发区法院启用黄河水利风景区环境资源审判巡回法庭及生态环境司法修复基地，推行涉及环境资源领域刑事、民商事、行政案件“三合一”审理模式，将打击环境资源犯罪、惩戒环境资源破坏与环境生态修复结合起来，有力提升了司法保护实效……多方智慧的碰撞，交融出更加科学的思路；各界力量的融合，凝聚起更为强劲的力量，有效破解了该市保护林木力量薄弱、手段单一的问题。

随着黄河流域生态保护和高质量发展重大国家战略的实施，滨州市深入践行绿水青山就是金山银山的理念，以环境改善提升城市品质，以生态优先推动高质量发展。基于此，滨州市政府决定在小街控导兴建黄河“生态之星”，打造小街湾生态景区。

绿化提升后的黄河大道

根据规划，该景区分为综合服务区、休闲营地区、黄河生态园三大功能区，新植美国红枫、银杏、楸树、金丝柳、海棠、白皮松等 10 余种美化树 1000 余株，金鱼草、美国石竹等花草近 20 种，水生鸢尾、水生美人蕉、班叶芒等水生植物及观赏草 10 余种，乔灌花草高低错落、合理搭配。2020 年 5 月，黄河“生态之星”建设完毕，小街控导焕然一新，成为滨州市黄河生态保护示范点。

与此同时，由点及线的生态改善工作持续发力——滨州市启动黄河大道绿化提升工程，对黄河大道中分带、侧分带、路肩、重要门户节点进行绿化亮化，共栽植白皮松、白蜡等 1700 余株形成乔木树阵，多品种海棠、金叶榆、复叶槭等 3500 余株形成彩色树阵，造型龙柏、景松、丛生朴树等 1000 余株形成园艺树阵，此外还栽植了灌木，多种树阵排列整齐、规整有序，色彩丰富、移步换景，带动滨州黄河大道颜值再提升。在滨州各方共同努力下，一块林水相依、绿廊相连、多元相融的滨州黄河生态板块嵌入黄河尾闾。

绿色发展无止境。“十四五”以来，滨州市委、市政府深入谋划打造黄河风情带、“走近黄河”城市名片，加快建设黄河大道彩叶林带、黄河淤背区绿化提升工程，努力把这块生态板块打扮得更加亮丽多姿。

黄河大道彩叶林带项目要建设大色块、多树种、多层次、多功能、多效益的绿色景观带，并在重要上堤路口建设集观光游览、休息娱乐于一体的口袋公园，让黄河大道形成“结构优、景观美、功能强、效益高”的多彩景观廊道；淤背区绿化提升工程将在滨州黄河两侧淤背区建设高质量绿化林带，计划新建绿化面积、完善提升面积、高标准节点绿化面积共 380 多公顷，打造出具有沿黄地域特色的生态廊道。

面对生机勃勃的黄河绿化事业，滨州市在扎实做好自建自营植树项目，巩固、深化、提升植树工作成效的基础上，积极融入黄河生态保护和高质量发展大格局，完成好黄河大道彩叶林带建设、淤背区绿化提升等相关工程，用实际行动践行“让黄河成为造福人民的幸福河”的伟大号召。

凌云纵笔起长卷，华笔妙墨写鸿篇。秉持生态优先、绿色发展理念，在滨州黄河这片沃土上，一幅高颜值、高质量、写满幸福的生态长卷正迎风铺展。

刁口故道染新绿

金秋十月的刁口河波清水净、芦荻似雪，两岸平畴沃野、万鸟翔集。曾经河床龟裂、植被干枯、生迹难寻的盐碱滩重新焕发勃勃生机。

秉纲而目自张，执本而末自从。自黄河流域生态保护和高质量发展上升为重大国家战略以来，河口黄河河务局以党建引领凝聚磅礴伟力，坚决扛稳黄河三角洲生态保护的政治责任，扎实推动黄河刁口河备用入海流路生态保护实践，使生命之花在古老的黄河故道重新绽放。2022 年 4 月，河口黄河河务局与东营市公安局河口分局联合设立“生态警长”制办公室，并建设“生态警长”制展厅，集中宣传践行习近平生态文明思想，展示黄河现行流路和刁口河备用流路生态保护成果，画出生态保护最大“同心圆”。

补水路线从取水口崔家节制闸到刁口河入海口，长达 52 公里，其间有 4 座水库、9 座取水闸和泵站，还有违规取水的“小白龙”不时出现。为保证刁口河生态补水取得最大成效，河口黄河河务局党总支成立刁口河生态补水行动支部，对刁口河沿线开展不间断执法巡查。

2021年刁口河生态补水 梅涛 摄

补水后的黄河三角洲 张延丽 摄

大道至简，实干为先。刁口河作为黄河首选备用入海流路，对维持黄河健康生命具有重大意义。但黄河自 1976 年 5 月由刁口河改道清水沟后，刁口河河道主槽淤积萎缩严重，长期做输水渠、沉沙池及水库之用，河道过流能力明显下降。2019 年，河口黄河河务局积极争取东营市政府投资，组织实施刁口河治理工程，疏通淤塞最为严重的河道 8.6 公里，为生态补水开辟了“绿色通道”。2020 年用时 133 小时，2021 年用时 81 小时，2022 年用时 50 小时，刁口河生态补水水头到达刁口河尾闾的时间逐年缩短，生态补水跑出“加速度”。

连续多年的生态补水，不仅扩大了刁口河故道的过流能力，更使河口湿地功能退化问题得到明显改善，植被覆盖率显著提高，珍惜濒危物种得到有效保护，湿地的环境质量和景观格局明显改善，在河海交汇之处、九曲大河之滨奏响了一曲刁口河生态保护的崭新乐章。

黄河三角洲生态改善　付建志　摄

黄河口美景　付建志　摄

第三节 大 河 之 洲

黄河不仅塑造了黄河三角洲，也滋润着三角洲上的一切生命。在黄河入海口，滔滔黄河水与渤海激情交汇，孕育了中国暖温带最完整、最年轻的湿地生态系统——黄河三角洲国家级自然保护区。在这里，全国第二大油田胜利油田为中国经济的腾飞源源不断地提供着新鲜血液。黄河之黄、大海之蓝、湿地之绿、石油之墨尽情挥洒渲染，共同描绘出了一幅美轮美奂的多彩画卷。

这片中华大地上仍在不断生长的土地，在发生奇迹的同时，却也在不断制造着“烦恼”。20 世纪 90 年代后，黄河频繁断流，打乱了黄河三角洲原有的生态系统，湿地生物多样性锐减，入海口海岸线后退，生态环境逐步恶化。黄河尾闾能否得到有效治理，直接关系大河生命的健康与否，也关系黄河三角洲经济社会发展以及生态系统的良性维持。如何统筹兼顾、实现科学发展、谱写出人与自然和谐相处的乐章？

河口之治，需要走生态之路

1976 年以来，黄河一直保持清水沟单条流路入海。清水沟流路为河口地区经济社会发展提供稳定的水资源保障，也改善了黄河入海泥沙量和海洋动力输沙能力的平衡关系。而已经尘封了 30 多年的刁口河流路早已归于孤寂与落寞。伴随着河流的消失，以及海水的肆意侵蚀，曾经充满活力的河道退化成零星散落、深浅不一的水洼、滩涂，一望无际白茫茫的盐碱地上只有赤碱蓬仍在昭示着生命的顽强……

刁口河故道内资源丰富，在停河阶段，胜利油田在刁口河流路范围内进行了大规模的开采，建设了许多油气生产设施，但是由于蓄水、输水期间没有采取任何沉沙措施，泥沙大部分淤积在故道河槽内，造成河槽不断淤积抬高，河道轮廓日渐模糊。

为了改善河口地区的生态环境，推进黄河三角洲高效生态经济区建设，高效管理和保护黄河入海备用流路，2009 年 12 月，国务院常务会议批复了《黄河三角洲高效生态经济区发展规划》。为了将描绘的恢弘蓝图转化为河口人民的福祉，2010 年黄河三角洲生态调水暨刁口河流路恢复过水试验迈出了历史性的一步。

黄河三角洲白鹭在水边悠闲戏水　高冬柏　摄

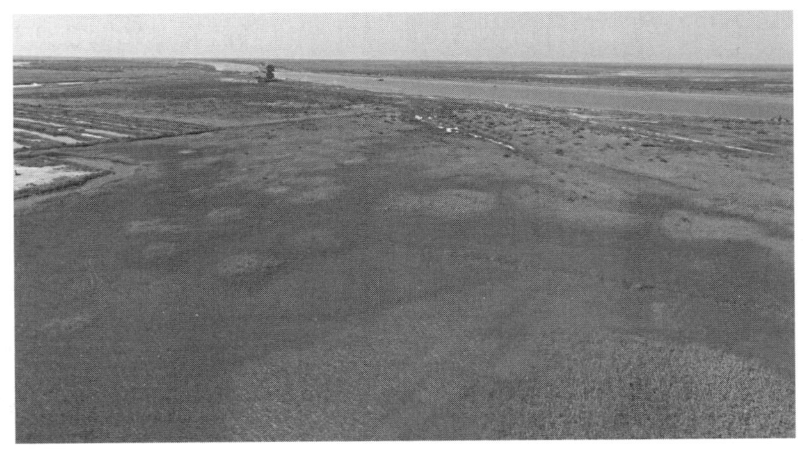

黄河口湿地自然景观“红地毯”　王玉民　摄

2010 年 6 月 24 日上午 9 时，随着东营市河口区黄河崔家控导工程节制闸的徐徐升起，久违了 34 年的黄河水潺潺流入刁口河。

2010 年 7 月 2 日 15 时，黄河水在山东东营油田生产路泄水闸流进故道滩涂，承载着守望与梦想一路奔入大海。

4.85 万公顷黄河三角洲自然保护区的北部核心区迎来了“生命之水”。沉睡 34 年的湿地睁开明亮的眸子，舒展妙曼身姿，迎来第二次青春……

随着黄河河口的综合治理与生态修复的不断前行，历经 6 年，刁口河流路累计过水量达 1.63 亿立方米。如果说黄河河口的综合治理与生态修复是河口治理历史上范围最为广阔、调整最为深刻、影响最为深远的一次探索，那么刁口河流路恢复过水试验走出的就是先行先试的一步。

拯救湿地，让大地之肾生生不息

从 20 世纪末开始的黄河干流水量统一调度，到 2002 年开始的黄河调水调沙，再到 2008 年开始实施的生态调水，使分布在清水沟流路两岸的 15 万余公顷保护区源源不断地得到黄河淡水资源的补充，这片被称为“地球之肾”的湿地生态系统逐步得到恢复，并步入良性循环。

经过连续 8 年为自然保护区现行清水沟流路进行生态调水，年均补水 1850 万立方米，累计补水 1.48 亿立方米。连年实施生态调水的直接效益是显而易见的，现行清水沟流路南北两岸共恢复退化湿地面积约 25 万余亩。多年的生态调水培育了良好的淡水湿地生态环境，为植被演替、发育创造了优越条件，植被退化的现象得到遏制，植被的结构组成和覆盖率显著增加，植被覆盖率提高了 10% 以上，已成为中国沿海地区目前最大的海滩自然植被区之一。

珍稀濒危物种得到有效的保护。良好的生态条件为珍稀濒危物种的栖息、繁衍提供了优越的生存环境，鸟的种类、数量明显增加。湿地的环境质量明显改善，黄河现行流路两侧湿地土壤的盐渍化程度大大降低。科研数据表明，湿地恢复区内表层土壤及 20 厘米、40 厘米、70 厘米深层土壤含水量均有明显提高，尤以表层土壤含水量最为显著，土壤总盐量则明显降低。

湿地的景观格局进一步优化。以芦苇沼泽、大面积水面为代表的湿地景观成为自然保护区湿地的主体景观，并进一步突显出湿地的综合效益。良好的湿地景观使黄河口湿地连续两次荣膺“中国最美六大湿地”称号，黄河三角洲自然保护区被评为国家 AAAA 级旅游景区。

黄河口湿地自由翱翔的鹤群　徐树荣　摄

黄河口湿地风光　孙志遥　摄

黄河治理新思路的形成，维持黄河健康生命理念的确立，黄河水量统一调度、调水调沙，让黄河河口湿地得以再生，再度成为万众瞩目、独特新奇的国家级自然保护区。

绿色发展，让湿地之城永续

东营市是伴随着石油的发现在黄河尾闾兴起的一座现代化新城，是黄河三角洲的中心城市。随着经济的发展，东营作为资源单一依赖型城市，其发展的局限性越来越突出，迫切需要新的发展“引擎”助推，从而打破发展瓶颈。

实现绿色发展总是与水密不可分。要打造陆地和水体绿化相映成趣、互为呼应的城市绿色风景线，水源保证成为生态建设首要解决的问题。作为黄河入海口的城市，流经东营市域138公里的黄河就是水源的重要保障。

但是20世纪90年代连年的黄河断流让东营市、胜利油田尝够了苦头。如何维持黄河口湿地生态的多样性和延续性？如何让这来之不易的湿地景观得以永续？如何对子孙后代有一个无悔的交代？饱受缺水之苦的东营市、胜利油田，把保护生态环境和水资源作为一项无可推卸的历史责任扛在了肩上。

“绿为水润、水为人利、人为生态”，坚持人与自然和谐、千方百计保护湿地生态的指导思想在东营市确立。

2004年，东营市出台《黄河三角洲湿地保护规划》。位于黄河入海口的垦利县也编制完成了《黄河入海口湿地生态系统保护2004—2010年规划方案》，湿地保护工作已被列入东营市国民经济和社会发展计划。

节水也潜移默化成为了从政府到市民的基本共识。东营市从选种耐旱植物到推广乡土树种，从减少草坪到科学利用雨水，从大面积使用喷灌、淋灌到铺设原水管道，把节水这篇大文章做得有声有色。胜利油田是黄河的用水大户，原来往油井注水引的全是黄河水，现如今进行了技术改造，回水利用量已达用水量的98%。

10年来，黄河河口管理局加强水资源调度，优化配置，统筹安排城乡、油田、济军的生活、生产、灌溉和生态用水需求，年均供应黄河水约 10 亿立方米，为东营市经济社会发展和黄蓝战略实施提供了可靠的水资源保障。黄河河口管理局助力市政府，突出“黄河、水系、湿地、文化”特色，通过多元投入，全民发动，取得了辉煌成就。经过多年不懈打造，城区内及周围大大小小的水库、常年积水的低洼地，形成了特色鲜明的生态湿地，“湿地之中有城市，城市之中有湿地”成为城市的一大特色。东营，这座建立在盐碱滩上的石油之城，正以世人瞩目的华丽转身演绎一场惊艳绝俗的蝶变之旅。

共产党领导下的人民治黄已经走过了 70 余载的光辉历程，时至今日踏足黄河口，我们欣喜地看到，黄河河口湿地得以再生，“东方湿地之城”的美誉戴到了东营头上，这是东营人民的骄傲，更是“生态山东”的亮点。作为黄河的代言人，河口黄河人更加清醒地认识到，正确地处理河口治理与三角洲地区经济社会发展的关系，强调治河与经济社会、生态环境的统一考虑，要充分利用三角洲地区的资源优势，促进三角洲地区经济社会的可持续发展和生态环境的保护，才能实现人与自然的和谐相处。

第四节 大 河 之 美

清渠绿水绕平畴

位山灌区水利风景区位于山东省聊城市，依托全国第五大灌区位山灌区骨干水利工程而建，属于灌区型水利风景区。

景区集生态保护、旅游观光、文化弘扬、科普教育等多功能为一体，已成为“江北水城·运河古都·生态聊城”文旅新名片和重要形象窗口。2019 年 1 月获批为山东省水利风景区，2021 年 12 月获批为国家级水利风景区。

位山灌区水利风景区主要依托灌区东西输沙渠，东西沉沙池，总干渠，一、二、三干渠，东西连渠及重要节点控制建筑物等骨干水利工程而建，规划总面积 38.65 平方公里，其中水域面积 9.35 平方公里。规划总体布局为“一核辐射，三带牵引，六区联动，水田相依”。其中“一核”指位于东、西沉沙区区域的位山湿地公园核心区；“三带”指东输沙渠至一干渠生态涵养带、总干渠至二干渠水利文化发展带、西输沙渠至三干渠水利风光休闲带；“六区”指湿地生态保育区、景区综合服务区、现代灌溉展示区、城市文化休闲区、田园休闲体验区、生态农业观光区。规划总投资 26 亿元，通过推进生态恢复改善、景观打造、水文化展示等，逐步将位山灌区水利风景区建设成为集生态保护、旅游观光、休闲度假、文化展示、科普教育于一体，彰显人水和谐的特色景区。

位山灌区骨干工程主要包括东、西 2 条输沙渠和 2 个沉沙区，以及 3 条干渠，总长 274 公里，另外还有分干渠 53 条、支渠 393 条、各类水工建筑物 5000 余座，形成了功能完整的灌溉网络体系。正是由于这张灌溉网络的支撑，自 20 世纪 70 年代复灌以来 50 多年间，500 多亿立方米黄河水让位山灌区昔日寸草难生的盐碱地变身成了吨良田，让曾经靠天吃饭的农民成为万元户，让曾经“越喝越渴”的高氟水被清冽的自来水所取代。在甘甜黄河水的滋润下，“先天不足”的位山灌区养活了一方百姓，而这方百姓也在黄河水的助力下，凭借勤劳的双手过上了越来越富足的日子。昔日灌区的“苦”已在黄河水的涤荡中成了实实在在的“甜”。

黄河水含沙量高，引黄必引沙。因此，黄河水在造福人民的同时，也给位山灌区带来了大量的泥沙，形成了全国最大的沉沙池区，总泥沙量达 3.6 亿立方米，占地近 5 万亩。曾经，偌大的沉沙池区，黄沙漫漫、寸草难生，沙随风起、无孔不入，给周边村民的生活带来了巨大的困扰。“关上门、闭上窗，不误晚上喝泥汤”“一天二两土，白天不够晚上补”就是沉沙池区群众生活的真实写照。

位山灌区沉沙池航拍图

利民之事，丝发必兴。位山灌区统筹山水林田湖草沙系统治理，建成 60.3 公里池区道路、26 座大中型桥梁等交通基础设施，续建 7 公里总干渠，彻底改变了池区基础设施落后、几十年不通公路的面貌，实现了位山灌区东渠系统和西渠系统的互联互通。建成以位山黄河公园为核心的连片景区，辐射带动特色种植、民宿、农家乐、采摘等产业发展，昔日生态脆弱、泥沙飞扬、交通闭塞、贫瘠落后的东沉沙池区成为碧水荡漾、生态良好、脱贫致富的生态扶贫、乡村振兴样板。

昔日黄沙飞，今日碧水流。初秋的位山黄河公园荷花万顷，水草摇曳，锦鲤成群结队，跃动其中。静谧的水面上倒映着水车和芦苇，偶有飞鸟掠过惊起片片涟漪，三三两两的游客在蜿蜒的步道上悠闲地欣赏着秋日美景。昔日黄沙满天飞的沉沙池如今已成为人们度假游玩的首选之地。

位山湿地公园——位山之韵 孙鹏 摄

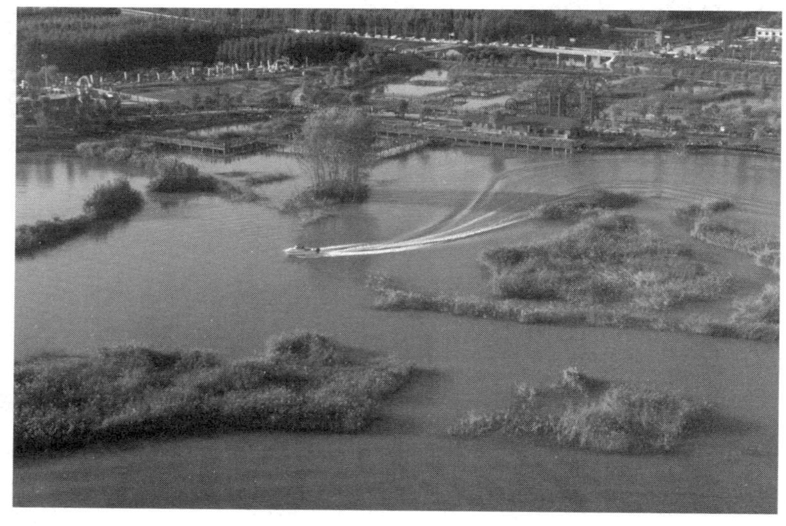

位山湿地公园——碧水龙舞 安文龙 摄

此外，位山灌区还大力实施“幸福河渠·生态廊道”工程，加强渠道两岸植树、护坡绿化和景观提升，建设百余公里生态绿廊和一批集水利功能、休闲便民、景观宜人、文化育人于一体的“水·堤公园”，把骨干渠道建设成为一干渠“乡村绿道”、二干渠“城市漫道”、三干渠“楷模大道”样板段，努力打造沿黄绿色生态廊道灌区样板；建成二干渠城市生态公园、二三干渠渠首周店、一干渠渠首兴隆村等9处国家水利风景区，使原来陈旧落后的水利工程变成功能完善、环境优美的特色水利景观，点亮了聊城生态旅游新名片。

大鹏之动，非一羽之轻也；骐骥之速，非一足之力也。党的十八大以来，位山灌区累计引水86亿立方米，为聊城粮食“十九连丰”、沿线200多万居民生活、骨干企业生产、河流生态环境保护提供了重要水源支撑。此外，还大力实施跨流域调水17次，向河北雄安新区和华北地区调水34亿立方米，有力支持了区域经济社会发展。

岁月的长河川流不息，时间的如椽之笔划出历史的刻度，写下时代的咏叹，镌刻下熠熠生辉的印记！半个世纪的前行，寒来暑往，位山灌区人以实际行动为我们树立了艰苦奋斗的榜样，用绿色做笔，用大地做纸，谱写了一篇令人称赞的华章。

碧波潋滟荡古城

江北水城水利风景区，位于国家历史文化名城——聊城市城区，由东昌湖、古运河和徒骇河3处自然与人文景区组成。聊城傍水而生，因水而兴，黄河在其境内蜿蜒百里，京杭大运河穿城而过，东昌湖如一颗明珠镶嵌于城区之中，马颊河、徒骇河等众多河流纵横交错、碧波荡漾。“一湖翡翠千重秀，碧波潋滟荡古城。”众多的河流，美丽的湖泊，使聊城形成了“湖水相连，城湖相依，城在水中，水在城中”的独特水城风貌。2003年，江北水城水利风景区被水利部批准为国家水利风景区。

水孕育了生命，也造就了文明。明清时期，聊城因水而兴盛400余年。

元至元二十六年（1289 年）到明永乐九年（1411 年）间曾数次兴工开通会通河，纵贯中国南北的大运河为聊城的发展繁荣带来勃勃生机，临清、聊城成为沿运九大商埠之一。聊城“廛市烟火之相望，不下十万户”，商贾云集、百业兴隆、帆樯如林、舳舻相接、车马络绎、货积如山。外籍商人会馆傍河而立，有崇楼高阁、殿宇名刹，清康熙帝 4 次来聊，乾隆帝 9 次驻跸聊城。当时聊城运河漕运发达，经济昌盛，文化繁荣，“运河古都”的称誉来源于此。

聊城莲湖景区

由聊城闸口往南，约一里许，便来到山陕会馆。会馆坐西朝东，依河而建，是一座集商业与文化之大成的典型建筑群，始建于乾隆八年（1743 年），成建于嘉庆十四年（1809 年），前后历时 66 年，耗银 6 万余两。会馆东西长 77 米，南北宽 43 米，占地面积 3311 平方米。步入馆内，驻足欣赏，其建筑组合之得体、雕刻装修之华贵、儒商文化之浓烈，无不给人极深的印象。整个山陕会馆建筑群由山门、过楼、戏楼、夹楼、钟鼓二楼、南北看楼、南北碑亭、南北中三大殿、春秋阁、望楼、游廊、南北跨院等组成，共约 160 间，多为联体结构，布局紧凑，疏密得体，错落有致，精巧夺神。聊城古志上记载，这样的外省会馆，如江西、苏州、赣江、武林等会馆共有 8 处。“半天下之财赋，悉由此路而进”“漕挽之咽喉，天都之肘腋”。由此可见当时“运河古都”街巷纵横，百业兴旺，市场繁荣，人流如织的昌盛景象。

除城区山陕会馆、光岳楼、宋代铁塔、海源阁等名胜古迹，这座“湖水相连、城湖相依”的城市周围三四十公里内还分布着武松打虎的阳谷景阳冈、斗杀西门庆的阳谷狮子楼，临清的舍利塔、清真寺，东阿的曹植墓，高唐的柴进花园等景点。位于聊城市区南部的聊城江北水城省级旅游度假区，更是将“江北水城”作为自己最突出的名片，以水韵和着古韵，共同展现“江北水城”独具特色的魅力。

近年来，聊城市持续开展河湖渠综合治理，目前已基本形成集防洪、灌溉、生态等多功能于一体的“五横六纵”骨干水网体系。“五横”指东西走向的黄河、金堤河、徒骇河、马颊河、漳卫河；“六纵”指南北走向的彭楼干渠，位山一、二、三干渠，南水北调干线，京杭运河干线。目前，聊城市已印发实施《聊城市现代水网建设规划》，谋划建设一批“河、湖、库、渠”连通、拦蓄工程，以“五横六纵”为骨架，通过水系连通、水体置换，实现互连互通、库河同蓄、五水统筹，构建“防洪排涝与水生态、水景观、水文化多功能于一体”的水系布局，进一步擦亮“江北水城”名片，塑强生态宜居优势。

位山二干渠与徒骇河相邻而行

“泰山东峙，黄河西邻，岳色涛声，凭栏把酒无限好；层台射书，微乡明志，人杰地灵，登楼怀古有余馨”。这座“颜值”与内涵兼备的千年古城，因与水结缘，积淀起深厚浓重的历史底蕴，留下浓墨重彩的一笔；也将借水起势，迸发出朝气蓬勃的昂扬动力，注入新的发展活力。

北国江南打渔张

打渔张引黄灌区水利风景区，位于黄河下游南岸黄河三角洲腹地滨州市博兴县境内，依托打渔张引黄灌区兴建而成。景区将工程景观及自然景观融为一体，形成了包括灌区文化景观带、黄河文化风情带、引黄济青思源景观带和三合干生态旅游区“一区四带”格局。渠首分水枢纽广场是景区的核心区域，1956 年建成的引黄闸和 1981 年建成的新闸坐落于此，交相辉映，巧妙地构成了时空交错的宏伟渠首景观。景区面积 15.2 公里，其中水域面积 10 平方公里，成为水利知识科普展示活动教育基地。2013 年，打渔张引黄灌区水利风景区被水利部批准为国家水利风景区。

漫步在翠意融融的打渔张森林公园，举目望去，可以看到有片区域集中设置了几块牌匾，向人们介绍这里的“前世今生”。其中一块牌匾上记录道：清咸丰五年（1855 年），黄河在河南省兰考县铜瓦厢决口，夺大清河入海。从此，打渔张便成为黄河岸边的一个村庄。打渔张村和山东许多村庄一样，是明初由河北枣强移民建立的村庄，据《山东省滨县地名志》记载：明初，张报从枣强迁此，因近河打渔为生，故名打渔张。

黄河入海之前在山东省滨州市博兴县乔庄镇王旺庄险工段拐了一个直角，因此黄患连年不断，每次黄河决口生灵涂炭。当地老百姓有句俗语：“开了蝎子湾，博兴冲的没一个砖。”旱涝不调，土地严重碱化，老百姓生活苦不堪言。新中国成立后，毛泽东主席说：“一定要把黄河的事情办好。”为开发利用黄河和滨海盐碱荒地资源，解决黄河三角洲地区人畜吃水、农业灌溉问题，国家决定兴建打渔张引黄灌溉工程。周恩来总理亲自批示，该灌溉工程成为全国“一五”计划中的重点水利工程。

1953年，苏联专家到打渔张灌区考察，考虑到引黄泥沙的处理，建议渠首位置由打渔张村上移17公里，在背河有近50平方公里洼地可供沉沙的王旺庄险工河段兴建。由于已经报国务院备案，所以名字依旧沿用了“打渔张”。打渔张，一个黄河边上小渔村的村名，如今却成为滨州水利史上一张闻名遐迩的名片。

今天，“打渔张”已在山东大地奔流了60多年，经历了规划、建设、停灌、复灌、调整、改造、发展等曲折辉煌的历史进程，结集为一部可歌可泣的人民引黄事业壮丽史篇。自1956年打渔张引黄灌区开灌以来，山东沿黄地区借鉴打渔张灌区的经验，陆续开工建设了一批大型引黄灌区，开辟了山东引黄事业的新纪元。

20世纪80年代，打渔张旧闸之后又建新闸。开闸引水，两闸间飞湍流瀑，蔚为壮观。引黄闸之下，又有四闸，错落有致。这一闸群，引领黄河水一路欢歌，不仅润泽博兴大地，还跋山涉水抵达胶东，济青工程享誉全国。1989年，山东省引黄济青调水工程建成通水，占用打渔张一干渠，并从打渔张引黄闸取水，从此灌区又承担起为青岛供水的任务。2013年南水北调东线及山东胶东调水工程建成，从打渔张灌区下游穿过，长江水与黄河水在这里交汇后送往胶东半岛，灌区的使命更加光荣。

60多年来，打渔张引黄灌区不仅以甘甜的黄河水哺育着灌区人民，更以艰苦奋斗、团结治水、科学实践、中苏友谊等灌区精神激励着一代又一代灌区工作者，形成了特色鲜明的灌区文化。在以打渔张渠首引黄闸为标志的核心景区内，分别屹立着1956年建成的老引黄闸、1981年因防洪标准不足而建成的引黄闸、2017年按照除险加固要求建成的新闸，与闸后的五条干渠进水闸形成了“三闸耸立”、现代水工建筑、水文化园、森林公园等景观。2006年是打渔张灌区开灌50周年，全国政协原副主席、中国工程院院士、水利部原部长钱正英老人欣然题词：“开拓创新，为建设和谐社会作出更大贡献！”2009年打渔张灌区入选《中国水利》新中国成立60周年水利名片。

大禹治水功成地

大禹文化水利风景区位于山东省德州市禹城市，景区依托泺清河综合整治工程而建，2014 年被水利部批准为国家水利风景区。景区贯穿禹城市城区，由泺清河、新湖公园和大禹公园“一河两园”组成，景区内泺清河连通新湖、大禹公园湖开阔水域，河道蜿蜒，碧波荡漾，活水循环一体，水韵生气无限。景区以凸显大禹文化为核心，集旅游、休闲、娱乐于一体，形成一幅水清、岸绿、景美、人水和谐发展的优美画卷。

鲁西北平原中部，滔滔黄河之北，屹立着一座千年古城——禹城。据旧志记载，禹城曾名祝国、祝柯、祝阿，唐朝天宝元年（742 年），唐玄宗李隆基为纪念大禹治水之功，改祝阿县为禹城县，此即禹城之名之始。一直沿袭至 1993 年，是年 8 月，撤县改市，更名为禹城市。

传说禹城为大禹治水“导三川、疏九河、会一泽、开二水”导洪入海、功成名就之地。

在京台高速禹城出口正对面，屹立着一座气势宏伟、栩栩如生的大禹治水群雕像。雕像底座前面“大禹治水”4 个大字由欧阳中石先生题写，底座后面是群雕像简介，底座两侧分别是清朝康熙年间和乾隆皇帝禹城知县曾九皋赞颂大禹的诗歌。群雕像长 20.13 米(象征雕像建于 2013 年)，宽 5.2 米（象征 52 万禹城人民），高 13 米（象征大禹治水 13 年），平台上 3 级台阶（象征大禹治水三过家门而不入）。大禹治水群雕像的建成，意在激励 52 万勤劳朴实的禹城人民传承弘扬“创新、实干、为民、奉献”的大禹精神，艰苦奋斗，众志成城，共同建设幸福美丽家园。

水，在这座千年古城的历史演变中，扮演着至关重要的角色。禹城，因水而兴，因水而盛，因水而名。数千年来，禹城的历史也是一部与自然斗争、征服自然、改造自然的奋斗史。而徒骇河正是这奋斗史中耀眼的一颗明星。

徒骇河古名漯川，为禹疏九河之一。《尔雅·释文》中载：“禹疏九河，用工极众，沿河工难，众徒惊骇，故曰‘徒骇’。”有一次，大禹带领大批助手来到一条河上，正要测量水的深度和流量，突然下起倾盆大雨，河水猛涨，几尺高的浪头咆哮而来，一下子卷起了数人。禹的助手们惊骇万状，纷纷往高处躲避。所以，禹就把这条河命名为徒骇河。从此，这条河流就与大禹结下了渊源，见证了黄河流域先民们世世代代与自然争斗、百折不挠的治水精神。

经过禹城人民世代治理与修复，昔日惊骇之河已蝶变为今日幸福之河，成为人们休憩游玩的首选之地。徒骇河水利风景区位于禹城城区西部，依托徒骇河综合整治工程而建，景区一期工程建成了“一河”“四景”“一湿地”等景观。其中，“一河”即徒骇河，是鲁北三大干流之一，流域面积 621 平方公里，河两岸绿草如茵、生态和谐。“四景”即夏都聚落、象天法地、文明足迹、时代韵律四个主题广场。“一湿地”即徒骇河人工湿地，面积 0.53 平方公里，深度净化、多层疏导污水处理厂外排中水，入徒骇河。景区水系纵横，闸、坝、桥、涵等工程设施一应俱全，集防洪、灌溉、生态、旅游等功能于一体，实现了灌排功能不变、景观效果万变、综合效益尽显的高度统一。

除徒骇河与大禹结下不解之缘，相传具丘山也是大禹治水留下的一处古迹。唐乾元二年（759 年），禹城县城移迁善村（现老城址）。首任县令登城向西眺望，见河西有一小丘郁郁葱葱，绿荫丛中隐现着一个草亭，似有紫气缭绕。县令随问当地一老者：“此系何山？”“具丘山。”老者回答，随将禹在具丘山上观察水势、疏通河流之事禀告了县令。是日，县令召县内豪绅三老，商定在城西门内修建禹王庙，在具丘山上修建禹迹亭，以便让世人永记大禹治水的功德。禹迹亭内供奉着禹王神像。县令亲率官员民众，携带香纸供品祭祀禹王。此后，历代县令都在春节和重阳节时亲赴禹迹亭祭奠禹王。

自唐至元，禹迹亭几次被毁重建。明天启四年（1624 年），十里望乡绅吴以达、吴以逻号召乡民在禹王亭旧址建了禹王阁，比禹迹亭有所扩大。清康熙五十年（1711 年），广东人曾九皋任禹城县令时，因其治理有方，加以风调雨顺，连年丰收，人民安居乐业，曾九皋称此为禹王护佑之果，所以又募捐重建禹王亭。清道光七年（1827 年）二月，林则徐离京南下，曾在禹王亭逗留一夜，并将其观感记入日记。明、清时期，禹王亭香火大盛，前来拜祭禹王者络绎不绝。不少文人墨客也来此朝拜观光，留下了不少诗词墨宝。抗战时期，禹王亭毁于战火，只留下了土丘遗址。1996 年，禹王亭在具丘山遗址东侧重修。

千年古城，载着她独有的厚重、沉稳与积淀一路走来，虽饱经沧桑而不失优雅。多少英雄豪杰、多少治水宦官、多少世事沧桑，或已铭刻进历史的年轮，或随风而逝烟飘云散。大禹虽已远去，但是永远为世人铭记。如今，这里的乡亲们正以另一种姿态拼搏奋斗，继续发扬着百折不挠、勇毅向前的大禹精神，积极运用现代治理理念，将千年古城打造成绿色生态、特色鲜明、底蕴深厚的幸福之城。

齐州古韵大清河

大清河水利风景区位于山东省德州市齐河县城南新区，依托大清河而建，属于城市河湖型水利风景区，景区面积 10 平方公里，其中水域面积 3.1 平方公里。景区以黄河水为水源，通过豆腐窝引黄闸引水经沉沙池进入大清河，河面宽阔，水质优良，生态良好。近年来，景区先后实施了生态治理、碧水绕城、历史碑廊等工程，形成了一脉大清河、一城齐福门、四图齐州景、五园贤人名、齐州老八景等人文景观。2018 年，大清河水利风景区被水利部批准为国家水利风景区。

齐河是德州市唯一沿黄县，被誉为“黄河水乡、生态齐河”。遥望黄河畔，一片滩涂的黄河泄洪区变成了灵秀宝地。近年来，齐河打造黄河文化博物馆群，建设大清河水利风景区，将水利景观、传统文化充分融合，积极营造“知水、节水、护水、亲水”的社会风尚，全面提升水文化内涵。景区兴建了齐州塔、大清桥、中国第一历史碑廊、名人园等标志性建筑，沿河布置了以花中“四君子”梅、兰、竹、菊及国花牡丹为主题的园中园。采用中国传统园林造景方式，将历史上“济水左绕”“隐城蜃气”“官堤荫柳”“泰山南峙”“长岭东环”“文庙古槐”“渔舟唱晚”“寒沙栖雁”齐州老八景重现于大清河畔，让市民在观赏美景的同时了解历史、尊重历史、留住乡愁。

大清河古称济水，源于河南省济源市，曾为天下江河淮济“四渎”之一，唐玄宗封之为“清源公”，宋封之为“清源王”，明代更称之为“北渎大济之神”。清代著名诗人查慎行的七绝《大清桥》“风柔自觉轻衫便，山近微嫌湿翠多。日暮大清桥畔望，一丛春树拥齐河”道尽了当年大清河的繁华风流。在大清河的山水画卷中，文史相辅，景城相映，以润物细无声的方式，让齐河的历史、民俗、风情、文化在源远流长的河水中静静地绽放。

大清河畔，坐落着一座气势恢宏的仿古殿宇式建筑——晏婴祠。晏婴祠是大清河文化民生项目之一，为纪念齐相晏婴而新建。这座仿汉制殿宇式建筑占地3000多平方米，殿宇宏伟，重檐翘角，雕梁画栋，气象庄严，建筑布局十分工整严谨。齐河县晏城镇曾为晏婴采邑之地，故得名“晏”。相传后人曾在晏城北建晏婴祠，又重建于清代，构造奇特，至建国时尚存。清初诗坛盟主钱谦益曾临齐河凭吊怀古，作诗《晏城》，诗曰：“采地遗者谁？相国齐晏子。千驷不匡君，二桃能杀士。激彼梁丘生，浮白为之起。”

晏婴，即晏子，名婴，字平仲，春秋时齐国大夫。齐灵公二十六年（公元前556年），晏婴之父晏弱去世，晏婴继任䐗齐卿，曾在齐灵公、庄公和景公三朝任事，辅政50余年，节俭力行、谦恭下士，以有政治远见、外交才能和作风朴素闻名诸侯。晏婴头脑机敏，能言善辩，勇义笃礼，内辅国政，屡谏齐王。对外他既富有灵活性，又坚持原则性，出使不受辱，捍卫了齐国的国格和国威。孔子曾赞曰：“救民百姓而不夸，行补三君而不有，晏子果君子也！”司马迁在写罢《管晏列传》之后，也禁不住感慨：

“假令晏子而在，余虽为之执鞭，所忻慕焉！”

作为齐国故地的山东，晏婴祠或晏婴庙不止一处，临淄、高密和晏城属于较为有名的 3 处。临淄是晏婴为官和长眠之地，也是齐国故都；晏婴故里位于高密；晏城则是晏婴收租子的地方，晏城的晏婴祠建筑精美，规模宏大，而且以晏婴姓氏为地名，在晏城绝无仅有。康熙在《齐河县志》中记载：“晏城，县西北二十五里，齐相晏婴采邑，今以旧址为镇，晏城驿亦以此名。”旧晏婴祠堂也曾被授予“金大殿”的美誉。不仅康熙对晏婴祠有记载，乾隆在游览晏婴祠时还留下了“彰君赐固服桓子，执彼鞭犹慕史迁。羸马敝车一时耳，晏城千古属斯贤”的精彩诗篇。

1855 年黄河夺大清河入海。历史沧桑变迁，岁月风霜侵蚀，导致大清河河道功能单一，仅剩灌溉排涝的最基本用途；两岸景观缺失，文化元素一片空白，变得黯淡寂静，不复昔日风采。在新时代下，大清河当焕发新的风貌意蕴，重现新的生机活力，来继续润泽齐河这颗黄河明珠。

为恢复大清河当年盛景，使之兼具城区防洪排涝功能，齐河县斥资 2.5 亿打造大清河生态水系景观工程。大清河城区段全长 7.8 公里，一期工程全长 2.7 公里，设计河道宽度 70 ~ 100 米，景观宽度 188 ~ 300 米。大清河风景区位于齐河县城南新区，以齐州塔为中心，建有滨河栈道、主题广场、亲水沙滩、景观长廊、生态堤岛以及河面上的车行桥和人行景观桥，布设树、桥、品、园等景观元素，形成主题迥异、各具神韵的水系景观，构成了“一河、四图、五园、八景”的景观布局。

大清河生态治理工程在县级城市层面首创了 5 个全国第一。对齐河传统城市文化景观的八景文化遗产规划复建实施，景入眼中，行在城中，乡印心中，为全国第一家；东南西北中五个牌坊，参照古城门，其构思、造型、规模、跨度全国第一；大清河入口巨型弧面长卷轴彩瓷画墙，长 30 米，高 6 米，以瓷砖画图形式全景展示大清河风貌，一如传世名作《清明上河图》，表现手法和体量全国第一；主题广场地面铺设长 6 米、宽 6 米的铸铜齐河县全域图地标，标示全县地理风貌，并勾勒大清河的山水轮廓，其体量全国第一；民俗文化长廊廊道穹顶彩绘人文中的二十四孝和天文中的二十四节气，寓意天人合一，表现手法全国首创。

碧波万顷雪野湖

雪野湖水利风景区位于山东省济南市莱芜区北部，交通便利，风光秀美，物产丰富，既有距今2500多年的古老齐长城，又有闻名遐迩的九龙大峡谷……雪野湖，原名雪野水库，始建于1959年，位于大汶河支流嬴汶河上游，是一座集灌溉、防洪、发电、水产养殖、旅游观光、工业供水等综合利用为一体的大型水库。雪野湖水面面积15平方公里，如今已成为济南市行政区划内的最大水域，四周群山环抱，森林苍郁，山水和谐，相得益彰。2010年，雪野湖水利风景区被水利部批准为国家水利风景区。

春夏之交，气候宜人。假期约三两好友来雪野湖畔，或散步赏景，或静坐垂钓，或泛舟湖上，还可乘坐快艇尽享速度与激情。漫步在雪野湖畔，身边会不时闪过自行车骑行爱好者，留下嗖嗖的风声在耳边回响；一个个散落在湖畔草地上的帐篷，犹如五彩斑斓的花苞，不时飘出阵阵银铃般的嬉笑；远山与炊烟，镜湖与垂柳，水鸟与薄雾，无不展现“结庐在人境，而无车马喧”的绝美景观。傍晚时分，细雨绵绵，在雪野街道大罗圈村，随着雪野山民宿里的灯光逐渐亮起，绿树青山、石板古屋交织在一起，美景如画，不禁让人心旷神怡。

关于雪野湖，当地流传着一个美丽的传说。传说一个叫翠翠的善良姑娘为了解救饱受旱灾之苦的当地村民，甘愿化身成泉水汩汩的山峰，山上瓜果琳琅，山下土壤肥沃，汩汩流淌的泉水汇流成河，聚集成湖，形成了美丽的雪野湖。时至今天，远远望去雪野湖畔海拔最高的两座山峰，形同女性丰满的双乳，仿佛雪野湖是甘甜的乳汁积聚而成，滋养着一方水土，造福着一方百姓。

走在宽阔的雪野湖大堤上，脚下的彩色沥青平缓而温和，仿佛有一股新生的力量传遍全身，这力量大概就是从脚下的长 1752 米、坝高 30.3 米、底宽 170.25 米的雪野湖大堤深处传来。

1958 年，国家支持兴办水利，时任莱芜县委书记处书记、副书记乔树荣按照上级指示，主持修建总库容为 2.21 亿立方米的大型水库——雪野水库。工程会战开始后，乔树荣就带领广大干部群众住工棚、睡窝铺，露天支厨，席地就餐，整个工地战旗飘飘，凯歌阵阵，炮声隆隆。指挥部临时搭在坝东头的豆茬地里，几顶大小不一的行军帐篷用玉米秸裹起来以御寒。大帐篷是指挥部的办公室兼饭厅，中间用“还魂坯”垒起的台子做会议桌，刚漫上的草泥还是软乎乎的。乔书记与指挥部的同志们围着会议桌聚餐，一人一碗炖萝卜，边吃边讨论工程问题。

当大坝到了要合龙的紧要关头，眼看汛期来临，必须尽快停工确保人民安全，若继续施工，有决口的危险，若就此停工，前面所有努力将功亏一篑。人们没了主意，纷纷看向乔树荣。“继续干，出了事情责任我担。”这铿锵有力的声音震撼着 4 万多个莱芜民工。他们大雨大干，小雨猛干，无雨拼命干，最终抢在汛期前完成了。随着后期工程的陆续完善，雪野水库在丰蓄枯用、调节水源的过程中发挥了巨大作用和效益，灌溉面积 20 万亩，为全县农业生产做出了突出贡献。

当年和乔树荣一起奋战在施工一线的英勇战士都是雪野湖周边村庄的村民，因为凛冽刺骨的冰水冻坏了双腿留下了终生的残疾，甚至是一年四季都要穿棉衣才勉强减轻身体的疼痛；因为搬运石块透支体力，腰杆弯曲成九十度的驼背，行动不便，然而他们的脸庞却写满了自豪和骄傲，他们说能够为家乡出一份力，为莱芜人民贡献自己的力量，再苦再累也值得。乔树荣是千千万万建设者的代表！正是因为有共产党的坚强领导，有像乔树荣这样的共产党员，才造就了今天美丽富饶的雪野湖。沧海桑田，时代剧变，但共产党人的初心和使命永远没有变。为了改变雪野一穷二白的面貌，2007 年 9 月，当地创建了雪野旅游区。雪野旅游区建成十几年来，在上级党委政府的坚强领导下，实现了从无到有、从小到大的快速发展，雪野从一个贫穷落后的山区、库区单位正逐步发展成为地域特色鲜明、功能配套完善、规模布局合理，具有广阔发展前景的旅游区。2020 年，为了满足人民对美好生活的向往，在市委和区委的坚强领导下，雪野旅游区党员干部和广大人民群众讲政治，顾大局，识大体，开展了雪野风景名胜区专项整治活动，累计拆除违章建筑 30 万平方米，开始了二次创业。

如今，乔树荣和千万建设者们的背影已逐渐远去，而这一池碧波荡漾的湖水却永远珍藏着他们的心血与汗水，永远铭记着他们无私的付出和博大的胸怀，并掀起一股巨大的精神力量，激励着雪野湖畔繁衍生息的百姓和来自远方的你我。

百里黄河安济南

济南百里黄河水利风景区，紧邻山东省济南市城区北部。景区依托黄河标准化堤防工程，在黄河滩地、堤防、淤背区、险工及生态防护工程的基础上打造而成。景区内除了堤防、险工、涵闸等宏伟壮观的工程景观及有“悬河”之称的黄河主干道，还建有济南黄河文化传承基地，拥有毛主席视察黄河纪念地、黄河古渡、百年铁路桥、九烈士纪念碑、治黄功绩碑林等丰富的历史文化遗存，并植有千亩银杏林、杜仲林等多种生态园林，是集景观旅游、生态旅游、红色旅游、文化旅游、运动健身旅游为一体的综合性旅游观光区。

2003 年，济南百里黄河水利风景区被水利部批准为国家水利风景区。

济南，这座齐鲁大地之上的千年名城，贯穿了中国千年的历史，从两千多年前汉朝的济南郡，到隋唐之时的齐州，白驹过隙，随着历史的长河川流宛转，直至如今；这里人才辈出，有宋朝闻名天下的“济南二安”，又有后世称扬的元代名臣、散曲大家张养浩，还有李白、曾巩、赵孟頫、王士祯、蒲松龄、老舍、季羡林等从古至今数不胜数的文人墨客都在此地留下了他们的足迹，道一声“济南名士多”无论在何朝何代都不为过。

百里黄河风景区主景区黄河公园 张庆民 摄

黄河，这条中华民族的母亲河，有时汹涌、有时平静。她以博大的胸怀滋养着这座清泉涌动、钟灵毓秀的城市。济南百里黄河风景区就位于济南市城区北部，是依托于济南黄河标准化堤防工程的国家水利风景区，主要以济南黄河河道为主线，以黄河滩地、堤防、淤背区、险工等为基础，上迄济南市槐荫区宋庄，经天桥区中部，下止济南市历城区霍家溜村，总面积 50 余平方公里，总长度 51.98 公里，其核心景区位于泺口险工及黄河右岸 10 公里的堤防之上，是水利部黄河委员会“三口”(郑州花园口、开封柳园口、济南泺口)重点规划之一。

黄河并非天生经过济南，济南与黄河的亲密接触始于 1855 年。当年黄河在河南兰考北岸铜瓦厢决口，洪水蹿向西北，折转东北，夺山东大清河入渤海，自此与济南结下了不解之缘，从此，黄河与苏北平原的历史便停留在那一次的决堤，黄河，重新回到了辽阔的华北平原。160 余年来，它们互相周旋，互相融入彼此的生活，成就了彼此的故事。

“济源遥抱县城东，渡口桥飞百尺虹。禹迹千年疏水道，秦鞭何日落神工。天寒好与行人惠，世难应烦设险功。”这几句诗形象反映了黄河夺道大清河之前济南人渡河的情景。1855 年黄河洪水的肆虐，彻底剪碎了大清桥的诗情画意。《老残游记》中对黄河淌凌期济南黄河渡口渡船过河的描写尤为悲壮："刮了几天的大北风，打大前儿，河里就淌凌，凌块子有间把屋子大，摆渡船不敢走，恐怕碰上凌，船就要坏了。"如若说，泉水滋养了济南人民的温婉静美，黄河则赋予济南人民更多北方宽阔与壮美的情怀，让济南这座千年名城平添了一股豪气。

泺口黄河铁桥，自从建成通车之日起，就成为山东甚至中国最重要的铁路桥之一。早在泺口黄河铁桥修建时，就与两位重要历史名人产生过联系。

这里曾留下詹天佑和孙中山的足迹。1908 年 12 月 8 日，詹天佑抵达济南，他步履匆匆，神色庄重，眉宇间透出一种学者的气息。他下了火车后，就跟随接应的人员急匆匆朝泺口奔去。当时，詹天佑还在负责修建京张铁路，他专程来济南，究竟为何？原来，他是来勘察铁桥的修建情况，还要更详细地了解黄河历年水文变化情况。詹天佑对欲修建泺口黄河铁路大桥的实地地址进行了勘察，又仔细研究了铁桥图纸，提出了一些修改意见，经过 5 次斟酌讨论，泺口黄河铁路大桥的图纸才被确定下来。

1912 年 9 月 26 日，孙中山带着使命来到济南考察。刚下火车，饭都没吃就来到泺口考察铁路和泺口黄河铁桥的修建情况。当时他是袁世凯委任的主管铁路的官员，对铁路建设非常重视。孙中山深知泺口黄河铁桥的重要性，根本容不得一丝马虎和疏漏，他反复勘察，进行细致的考究，才敲定了建设方案。

泺口黄河铁桥建成通车后，历经炮火洗礼，曾先后经历过 4 次战争破坏。1928 年，爆发了北伐战争。一天，随着"轰隆隆"一声巨响，8 号桥墩轰然碎裂。这是张宗昌溃退时炸毁了桥墩。1930 年中原大战时，蒋介石与阎锡山、冯玉祥的军队隔河炮击，损毁了多处桥梁，泺口黄河铁桥也受到炮击，桥身多处被损毁；1937 年，韩复榘为阻断进犯的日军，炸毁铁路桥，第 9、第 10、第 11 孔钢梁坠入河中。1949 年 2 月，济南解放后，国民党又派飞机轰炸泺口黄河铁桥，炸毁悬臂梁，当时进行了焊修，1959 年又进行大修加固。

在战争的烟火中，泺口黄河铁桥遭受了严重创伤，经过数次维修加固,它如一位伤痕累累的英雄,经过炮火洗礼后变得更加坚强了。1958 年，黄河又爆发了百年不遇的大洪水，郑州黄河铁路大桥的一个桥墩被冲毁，周恩来总理得知后立即赶到郑州视察，直到午夜才离开。这时，济南泺口黄河铁路大桥在洪水袭击之下也出现了险情。周总理得知后,甚是焦急，他不顾劳累，又急匆匆飞往济南。

周总理站在桥头上，神色庄重地说道：“无论如何，都得把这座大桥保住。”周总理顾不上吃饭，不知疲倦地进行研究查勘，并指挥铁路局的人员很快制定出了加固方案。施工人员全力以赴进行加固施工，周总理日夜不停息地站在工地上进行指导，直到加固工程顺利竣工。

秋染长堤 李佳 摄

为了铭记周总理为这座桥做出的巨大贡献，1977 年 12 月 23 日，山东省政府在大桥南桥头修建了“周总理视察泺口黄河铁桥纪念地”石碑，成为省级重点文物保护单位。这座石碑默默无言，似乎在静静感恩老一辈领导人对百年铁桥的关心之情。

如今，泺口黄河铁路大桥仍在正常使用中，成为目前唯一一座在黄河上仍承担铁路运输任务的百年老桥。2013 年，泺口黄河铁路大桥被国务院列为第三批全国重点文物保护单位；2018 年入选第一批中国工业遗产保护名录。

滚滚奔流的黄河不曾止息，济南市落实黄河国家战略的步伐不断迈进，百里黄河风景区的面貌被快速刷新。2003 年风景区被水利部命名为“国家水利风景区”，山东省委、省政府将其确定为山东黄河绿色风貌带建设示范窗口，并且纳入了省会济南“山、泉、湖、河、城”的旅游定编线路。近年来景区又增加了许多运动休闲的“时尚”元素：沙滩花海、健身步道、郊野公园、摄影基地、青少年生态科普园等，在集景观旅游、运动休闲旅游、农业观光旅游的基础上，同时还将增设红色旅游线路。景区角色的多重性和丰富性使它绽放出更加迷人的色彩。

满目苍翠美如画

山东济西国家湿地公园位于山东省济南市西部城区，横跨长清、槐荫两区，东到南水北调东线引水渠，南临济平干渠，西临黄河，北接黄河沉沙池，四面环绕玉清湖水库，总面积 35 平方公里。2011 年 3 月，济西湿地总规划通过国家林业局审批，被列为国家湿地公园试点；2013 年 12 月，被环境保护部列为环境教育基地；2016 年 6 月，被水利部列为国家级水土保持科技示范园；2016 年 8 月，顺利通过国家林业局验收，被命名为国家湿地公园；2016 年 12 月被评为山东最美湿地。

济西湿地作为济南市最大的城市湿地，在立足保护湿地生态的基础上，按照“师法自然、野趣化、本土化、自然化”的原则，根据湿地资源特色及济南城市发展需要，打造人与自然和谐共存的典范，逐步建设成为融生态保护、科普教育、文化展示、观光旅游等多功能为一体的综合性国家湿地公园。园区内沟汊纵横、芦苇丛生，野生动物众多，在秋日晨曦下映出一幅美丽的湿地图景。

济西湿地公园建设主要包括“两大工程、三大内容”。“两大工程”是指湿地保护工程和湿地恢复工程。前者通过水系水质保护、水岸保护、野生动植物及栖息地保护、湿地文化保护等内容建设，保护湿地资源。后者则主要通过退耕还湿、水道疏浚等方式恢复湿地资源，扩大湿地面积；通过植物种植、鸟类招引与救护，扩大野生动植物种类和数量，恢复野生动植物栖息地。“三大内容”则是小清河源头整治，保护山东省母亲河；玉清湖水库保护，保护济南市饮用水水源地；济南西部生态地标建设，拉动济西地区整体发展，提升济南市城市品位。

小清河对维持济南市生态平衡发挥至关重要的作用，济西湿地地处小清河源头，是小清河主要汇水区。济西湿地的建设，对于保障小清河水源安全，稳定发挥水系生态功能，加强河道综合治理起到关键性的作用。济西湿地中的玉清湖水库和沉沙池是济南市一级饮用水水源地，是整个公园的重点保护区。通过湿地公园的建设可以保护饮用水水源地最大限度地免受人类活动影响，保证水质安全，还可以通过渗透补充地下蓄水层的水源，对维持周围地下水的水位，保证持续供水具有重要作用。济西湿地公园的建立，在济南城市“东拓西扩”的城市发展战略背景下，为济南西区的城市发展提供了良好的生态环境支撑。

济西湿地汇集了黄河、玉符河、玉清湖水库、南水北调济平干渠、南部山区汇水、地下水等水系水资源，形成天然湿地。在打造生态湿地的同时，济西湿地公园将以丰富的文化资源为基础，打造一处生态文化、历史文化、民俗文化兼有的文化圣地。一是通过恢复湿地公园自然生态属性，以湿地景观、湿地生态功能为内容，打造突出湿地生态文化内涵和特色的展示平台；二是以自然湿地、田园风光为载体，以民俗风情、非物质文化遗产、农耕体验为内容，打造突出地域文化特色的文化展示平台。

初秋的济南，碧空如洗，天高云淡。在这个只需缓步慢行，也能立即沉醉在诗情画意的季节里，湿地公园是亲近自然的绝佳选择。当如梦如幻的秋色如约而至，莫要辜负美景，约上三五好友，来济西湿地公园愉悦身心吧！

第五篇

文 化 之 河

“黄河文化是中华文明的重要组成部分，是中华民族的根与魂。”黄河不仅是一条奔腾不息的自然之河，更是一条沉淀着民族记忆、民族精神的文化之河。一代代华夏儿女在对黄河的治理中汲取创造灵感，传承生存智慧，塑造精神世界，搭建了中华文明的主骨架，构建了中华文化的主根脉。黄河孕育了古老的华夏文明，也滋养了厚重的齐鲁文明。黄河，这条生生不息的文化之河，在亿万华夏儿女的呵护下必将焕发新的光彩。

第一节　民 族 摇 篮

纵观世界历史，古代文明多起源于大江大河流域。尼罗河文明、两河流域文明、恒河文明和黄河文明，都是在适合农业耕作的大河流域诞生的，其文明发展史各具特色，共同构成了灿烂辉煌的世界大河文明。在中国和世界文明史上，黄河是一条孕育古老文明的河流，是中华文明的重要象征。黄河文明以其源发性、连续性、包容性等文化特质成为中华文明的根脉和中华民族共享的文化基因和精神图腾。

习近平总书记在2019年黄河流域生态保护和高质量发展座谈会上强调，黄河文化是中华文明的重要组成部分，是中华民族的根和魂。进一步明确了黄河的独特性以及黄河文化的重要历史地位，对于强化黄河作为中华民族根源性文化符号意义重大。

黄河是中华文明的根源和象征

黄河是中国第二大河流，但黄河源头很小，流量也不大，水量仅为长江水量的1/20，尽管如此，为什么还是被称为“中华民族的母亲河”？

黄河为宗，地位尊崇。从历史上看，《山海经·西山经》有“河出昆仑”之说。《尚书·禹贡》第一次在古代中国版图上定位了禹河故道的地理坐标，即“导河积石，至于龙门，南至于华阴，东至于厎柱，又东至于孟津。东过洛汭，至于大伾；北过降水，至于大陆；又北，播为九河，同为逆河，入于海”。《汉书·沟洫志》进一步把黄河尊为百川之首：“中国川源以百数，莫著于四渎，而河为宗”，即黄河为“四渎之宗”。也就是说，黄河在中国境内“七大水系”中享有独特的历史地位。据《礼记·王制》，古代天子祭“五岳”与“四渎”等天下名山大川，黄河为帝王祭祀河水之首，这是古人对黄河因孕育炎黄子孙和中华民族而给予的崇高地位。

黄河对中华文明的起源、传承和发展具有无可比拟的重大贡献。文明的诞生实质上是人类第一次技术革命，即农业革命的结果，农业革命使“游荡的人”变成“聚落的人”，发展出定居模式和聚居群落。黄河有着世界大河中最为强大的塑造平原的能力，黄河泛滥所形成的黄河两岸及华北大型冲积扇平原，正是最适合农业革命的地方，为人类文明的诞生和发展奠定了坚实的自然地理基础。

在黄河流域发现的马家窑文化、齐家文化、老官台文化、裴李岗文化、龙山文化、大汶口文化和仰韶文化，这些极具代表性的新石器时代文化遗址构成了中华文明最初的文化形态。黄河流域孕育了整个华夏文明的胚胎，在洛阳盆地的二里头遗址产生了“最早的中国”，即历史上最早的广域王权国家。在中华民族 5000 多年的文明史上，黄河流域地区有 3000 多年是全国的政治、经济、文化中心。黄河中下游的“中原”地带，自然条件优越，成为许多朝代“定都”的核心地区，包括夏、商、西周（成周洛邑）、东周、西汉（初期）、东汉、曹魏、西晋、北魏、隋、唐（含武周）、五代、北宋和金等 20 多个朝代。在中国八大古都中，西安、洛阳、郑州、开封、安阳五大古都位于黄河流域。这些都充分证明了黄河对于中华文明传承发展的重要性。

同时，最具代表性的中华优秀传统文化许多都是在黄河流域诞生和发展完善的。代表古代先进物质文明的农耕种植技术、天文历法、数理算术、灌溉工程、传统医药、彩陶瓷器等均率先在黄河流域高度发展，诞生在黄河流域的“四大发明”更是对世界文明进程产生了重大而深远的影响。帝王传承制度与宗法制、用人制度与科举制、法律制度与伦理秩序体系等事关国家社会运转的各项制度，均在黄河流域发展完善。“河图洛书”文化思维的生发、周易理论体系的形成、儒家思想的发生发展、道家文化经典的著述传播等大都发生在黄河流域，其精神文化塑造了中华文明的基本品格，深刻影响着中华民族的民族心理与性格。诞生在黄河流域的《诗经》《易经》《尚书》《春秋》《礼》以及《论语》《墨子》《孟子》《老子》《庄子》《荀子》等元典是中华文明的精髓，对后世影响深远，对现代文明的影响依然可见。

黄河为中华民族奠定了深厚的根脉基础，黄河文化对于中华文明的根源性作用，是由黄河文化的文化基因决定的。在黄河流域形成发展的黄河文化在一定程度上决定了中华文明的发展方向和发展道路。可以说，黄河文化是华夏文明的主干和核心，黄河是中华文明的根源和恢弘象征。

黄河文化是增强中华民族文化自信的重要载体

习近平总书记曾指出:“文化自信,是更基础、更广泛、更深厚的自信。”在党的十九大报告中强调：“文化自信是一个国家、一个民族发展中更基本、更深沉、更持久的力量。”

黄河文化具有崇高的历史地位，是中华文明体系形成的发端和源头。在中华民族形成发展过程中，黄河文化一直影响着中华民族的发展历程，其不仅是流域文化，更是国家文化和民族文化，是增强中华民族文化自信的重要载体。

黄河文化在形成发展过程中始终彰显着强烈的文化自信。中国早期文明多元发展，以至于有“满天星斗”之说，但早期文明与黄河流域的夏商周王朝文明基本上是互为一体的，所以在“满天星斗”中，黄河文明始终处于重要的地位。在此基础上，形成了以中原王朝为核心的大一统观念,即尧舜禹时代族邦联盟一体观念、与夏商西周“复合制王朝国家”相适应的大一统思想观念、与秦汉以来中央集权的国家形态相适应的大一统思想观念。这样的“大一统”，保障了国土一统、政令一统、文化向心和民族自信。司马迁在《高祖功臣侯者年表》中记述了汉立之初的封爵誓词：“使黄河如带，泰山如厉，国以永存，爰及苗裔”，充分彰显了大一统国家的文化自信。

随着以黄河文化为内核的大一统国家的形成，丝绸、瓷器和茶叶等农业及手工业产品、以四大发明为代表的古代先进技术、中华元典思想和文化艺术，通过经贸活动、文化交流、政治外交不断从中原地区向四周传播并走向全球，形成了具有世界影响的朝贡体系和汉字文化圈。唐宋时期，长安和汴梁是当时全球范围内最发达的国际性大都市，其形成的城市文明对世界文明影响深远。黄河文化对推进世界文明进程产生的巨大影响力和作出的突出贡献，成为彰显中华民族文化自信的重要标志。

黄河是铸牢中华民族共同体意识的精神标识

习近平总书记曾以“中华民族多元一体”理论来阐释中华民族从多元到一体、从自在走向自觉的历史发展进程。他指出：“我国历史演进的这个特点，造就了我国各民族在分布上的交错杂居、文化上的兼收并蓄、经济上的相互依存、情感上的相互亲近，形成了你中有我、我中有你、谁也离不开谁的多元一体格局。”需要指出的是，黄河流域是中华民族多元一体格局发展的枢纽区域，黄河文化推动了中华民族多元一体格局的形成和发展。

黄河流域处于农耕文明与草原文明交流互动的独特地理中枢，是推进各民族交往交流交融的大熔炉，是形成中华民族多元一体格局重要的区域空间。中华民族多元一体格局的形成，源自于以黄河流域华夏为中心的“五方之民”格局。这一格局的核心是中国乃至欧亚大陆农耕文明与游牧文明的碰撞、迁徙、交流与融合。在黄河、长城和古代丝绸之路沿线，有着欧亚大陆成熟、典型和庞大的农耕集团和游牧集团。由 400 毫米等降水量线区分的农耕文明和游牧文明，在中国的历史长河里不断撞击、交流和融合，使黄河流域成为中国历史的高温区和中华文明的大熔炉。

中华民族多元一体格局的形成，国家认同和民族认同，都以黄河文化为核心进行凝聚和发展，形成中华民族独有的精神标识。黄河文化以兼蓄并融、博采众长的特性推动着中华文明的发展，展现着中华民族强大的包容性，积累传承了丰富的中华民族集体记忆。农耕文明与游牧文明、中原文化与草原文化、东方文化与西方文化在黄河流域的交流融合，塑造了中华民族多元一体格局形成发展的重要时空场景，孕育形成了中华民族多元一体的总体格局，促成了崇尚“大一统”的社会主流意识，筑牢了“万姓同根，万宗同源”的民族文化认同，彰显出中华民族“和为贵”“求大同”的独特精神标识。

黄河文化在中华民族多元一体格局形成发展中的重要作用，对新时代深化国家认同、增强文化自信和构建中华民族共有精神家园具有十分重要的意义。保护、传承、弘扬黄河文化，关键是要将其融入今天的文化创新和发展，融入当代的经济社会和人们的日常生活，推动黄河文化在新时代发扬光大，涵养好中华民族的根和魂。

第二节 孕 育 齐 鲁

黄河流域是华夏文明的诞生地，华夏文明在某种意义上可以被视为黄河文明。黄河文明实际上是逐步形成的。以黄河中下游流域为例，就经历了后李文化、北辛文化、大汶口文化、龙山文化、岳石文化等历史阶段。

后李文化

后李文化是目前海岱地区所见最早的新石器文化，1988 年首先在山东临淄后李官庄村北发掘而命名。据有关资料记载，早在 20 世纪 60 年代初期就发现了后李遗址，直到 80 年代末期才进行发掘。后李文化的发现缩短了这一地区新石器时代和旧石器时代的距离。经碳 -14 测定，其年代大约距今 8500 ～ 7500 年，前后延续约 1000 多年。

后李文化主要分布在泰沂山系北麓和南侧，通过几年的田野工作证明，两处文化有重叠分布的现象。在泰沂山系北麓的山前平原冲击地带，后李文化的分布比较集中，通过调查和发掘的地区有临淄、章丘、邹平、长清等地。后李文化的明显特征主要表现在陶器方面：一是在发掘的几处遗址中，仅见夹砂陶，不见泥质陶；二是陶系单一，器形单调，陶器在手制的基础上，多数器物为泥片贴塑而成。常见的器形如釜、碗、盆、壶等，在上述几个遗址曾连续出现，尤以釜的数量最多，占陶器总数的 70% ～ 80%。这几种器物构成了后李文化最基本的器物组合。器物以圈底和平底器为主，不见三足器或者说没有典型的三足器。以红色或红褐色为陶器的主要色调，纹饰也表现得比较单调，多以泥条堆纹、花边纹为主，少见绳纹、指甲纹和戳印纹。

通过对遗址中的孢粉进行分析，这一时期气候比较暖湿，气温可能比现在高出 2 ～ 3 摄氏度。环境一度较优美，既有旱生植物、水草及灌丛，又有低地及水体，当时居住区域地势比较平坦，接近河边，有不少野生动物栖息与嬉戏在这里。另外，还分析出一些禾本科植物花粉，其形态酷似谷子。看来当时先民可能已经学会农业栽培，食物来源主要靠种植谷物，也辅以狩猎和捕鱼。通过对后李文化时期的动物组合、遗骸、孢粉组合、硅酸体分析等有关环境资料的初步分析，可以看出，山东地区在后李文化时期自然环境较今有很大不同。这里曾经是气候温暖，水网密布的亚热带景观。孢粉显示，当时的气候特征是温暖湿润的，遗址附近有沼泽和大面积的水域，山地有森林覆盖，反映的是湿热的亚热带气候环境，其植被具有明显的草原特征。后李文化的先民就是在这样的自然环境下从事各种生产活动、繁衍生息，创造出了光辉灿烂的古代文化。

北辛文化

对北辛文化的认识，开始于 1978—1979 年对滕县北辛遗址的发掘。北辛遗址是黄河下游新石器时代一种较早期的文化遗址，根据碳 -14 测定的年代为距今 7300 ～ 6300 年。北辛遗址的发现与北辛文化的确立不仅解决了大汶口文化的渊源问题，还对中国新石器时代早期的农业、手工业及渔猎生产等方面的问题提供了相当丰富的实物资料。北辛遗址的发掘和“北辛文化”的命名标志着在山东地区找到了早于大汶口文化的新石器文化遗存，基本搞清了北辛文化的物质文化面貌，因其资料具有典型性和代表性，引起了学术界的广泛关注。北辛文化是黄河下游地区继后李文化之后发展起来的一支考古学文化，在海岱地区史前文化发展序列中占有重要地位。

北辛文化遗址首先发现于枣庄市滕州境内，主要分布于鲁南的汶泗流域，遗址数量较多，文化内涵丰富，是北辛文化的主要分布区。虽然山东大部地区及苏北也有分布，但是无论数量和密度都不如鲁南地区。

北辛文化的社会经济与后李文化相比有了长足的发展，主要表现在农业、家畜饲养业、采集渔猎及各种手工业等方面。北辛文化时期与农业相关的考古资料相当丰富，农业生产工具的数量明显增多，仅北辛遗址出土完整的和比较完整的各类生产工具上千件之多，农具的种类有石铲、石刀、石镰、鹿角锄、蚌铲、蚌镰等，以石铲的数量最多，器形较大，磨制精致。石铲是翻土和清除杂草的主要工具，石镰、石刀和蚌镰则是收割工具。同时还出现了用于粮食加工的石磨盘、石磨棒。这些资料表明，北辛文化时期的农业得到了较大的发展。有的遗址中还发现了粟糠和稻壳的痕迹，这些现象都反映了北辛文化时期原始农业生产已脱离了刀耕火种阶段，进入了锄耕农业阶段。

农业的发展，定居生活的稳固，带动了家畜饲养业的发展。北辛文化时期饲养的家畜主要是猪，如北辛遗址发现的动物遗骸有十余种，数量最多的是家猪的骨骼。东贾柏遗址发现的一间房子内埋有 3 具猪骨架，经鉴定为家猪。反映出猪和先民的生活已非常密切，猪在先民心目中占据重要地位。此外，当时饲养的家畜还有鸡、狗和牛等。

北辛文化的手工业主要包括陶、石、骨、蚌器制作及纺织等方面。最能反映手工业水平的是陶器。在这一时期，已出现了泥质陶和夹砂陶的区分。当时的人们已经掌握了淘洗陶土的技术，这是制陶史上的一大进步。北辛遗址中出土有彩绘陶器，发现了施有单彩的“红顶碗”，为此后东方彩陶的出现找到了渊源。另外，在出土陶器的底部和腹部，还发现了刻划“符号”，这种符号酷似鸟类的“足迹”，有人称它为“陶文”。从有关考古发掘资料来看，这种刻划符号可能是东夷族文字的前身。石器制作最明显的进步是出现了磨光石器，磨制技术有了较大的提高。同时对骨器、蚌器的制作也达到了精致的程度。北辛文化的社会经济发展状况，如农业、家畜饲养业和手工业等方面，与后李文化相比有了较大的发展，生产力水平也有了一定的提高。从聚落形式来看，社会组织结构应发生了明显的变化，比如房子的面积较小，绝大多数在 10 平方米以内，有的仅有 5 平方米左右。这种现象可能标志着以家庭为单位的组织结构已经出现。当时社会已处在由母系氏族社会向父系氏族社会过渡的时期。这一时期的所有制形式还处于氏族公有制阶段。当时，人们过着原始共产制生活，妇女在社会公共事务及生产上的地位高于男子。随着社会生产力的提高，已开始出现少量的剩余财产。

大汶口文化

大汶口文化是分布于黄河下游一带的新石器时代文化，因山东省泰安市岱岳区大汶口镇大汶口遗址而得名。分布地区东至黄海之滨，西至鲁西平原东部，北达渤海北岸，南到江苏淮北一带。另外，该文化类型的遗址在河南和皖北也有发现。据放射性碳素断代并校正后得出数据，大汶口文化年代距今约 6500 ~ 4500 年，延续时间约 2000 年。根据地层叠压关系和遗物特征，可以区分为早、中、晚三期。

大汶口文化盛行枕骨人工变形以及拔牙。多见夹砂或泥质的红陶，早期以红陶为主，晚期发展为轮制陶器，出现了硬质白陶。纹饰常见镂孔、划纹、附加堆纹、篮纹，还有彩陶和朱绘陶。彩陶较少但富有特色，石器磨制精美。中期以后更出现了制作精良的玉器。

在发掘的遗址中，安徽省亳州市蒙城县尉迟寺遗址发现了大汶口文化晚期的聚落遗址，由成排分布的红烧土排房建筑构成。这些排房多则6 间一排，少则两间相连，布局严谨，显示了较高的建筑技术。

大汶口人的葬式一般为仰身直肢葬，也有俯身葬、屈肢葬和二次葬等。另外还发现部分折头葬、折肢葬等较为特殊的葬式。中晚期以后发现有木质葬具，在有的成人墓的随葬品和儿童瓮棺的葬具中还使用了带有各种陶文的大口尊。出现了夫妻合葬和夫妻带小孩的合葬，它标志着母系社会的结束，开始或已经进入了父系氏族社会。其中比较一致的看法是，大汶口文化早期处于母系氏族社会的末期，但是在早期的后一阶段，母系社会开始解体，逐渐向父系社会过渡。大汶口文化中期则已经进入了父系社会阶段，中期时财富的私有和贫富之间的分化有了进一步的发展。大汶口文化晚期生产力水平较中期有了较大的发展，生产力的发展促进了生产关系的变革，之前所确立的父权制，这时已经逐渐没落，氏族制度也走向了崩溃。

大汶口遗址的发掘，颠覆了人们对新石器时代社会生活的认知。大汶口文化时期，原始耕锄已经成为东夷地区社会经济的重要形式，这时的生活和生产工具均已专门化、定型化。今天，人们所用的镢、锨、锄、镰便是大汶口文化时期的发明，只是由原来的石器变成了铁器。先人们靠聪颖智慧的心灵和勤劳灵巧的双手制造出了实用、精美的石器、骨器、玉器等生产工具和生活用品；烧造出了薄如纸、黑如漆、亮如镜的蛋壳陶；发明了纺织技术，编织出了布纹细、密度高的纺织品；发明了最古老的文字符号和历法；在原始农业的基础上，种植多种农作物，兴起了家禽饲养业和酿酒业。大汶口文化全面系统地记录和展示了原始社会向奴隶社会、母系氏族社会向父系氏族社会、原始公有制向私有制、无文字历史的史前文明向有文字历史的文明社会转变的人类社会文明发展史，意义重大。大汶口文化早期可能已出现了部落，大汶口文化中期至少在鲁中南和苏北地区已出现部落并有可能出现部落联盟；公元前3000年，大汶口文化遍布整个海岱地区，海岱地区的部落联盟和东夷族已完全形成。然而大汶口文化晚期的墓群也映射出了原始共产经济基础的氏族社会开始瓦解，取而代之的是剥削阶级和被剥削阶级的阶级社会。

龙山文化

龙山文化泛指中国黄河中、下游地区约新石器时代晚期的一类文化遗存，属铜石并用时代文化。龙山文化因首次发现于山东省济南市历城县龙山镇（今属济南市章丘区）而得名。经放射性碳素断代并校正，年代为公元前2500年至公元前2000年（距今4000年前）。分布于黄河中下游的河南、山东、山西、陕西等省。龙山文化时期相当于文献记载的夏代之前或与夏初略有交错。

龙山文化源自大汶口文化，为汉族先民创造的远古文明。1928年春，考古学家吴金鼎在山东省济南市历城县龙山镇发现了举世闻名的城子崖遗址。在此之后，考古学家们先后对城子崖遗址进行多次发掘，取得了一批以精美的磨光黑陶为显著特征的文化遗存。根据这些发现，考古学家把这些以黑陶为主要特征的文化遗存命名为“龙山文化”。

龙山文化的主要特征是黑陶，黑陶中以蛋壳黑陶杯为主要代表。酒器制作精美，说明中华酒文化已经达到新的高度。龙山文化主要是东夷族的文化，这一文化奉行鸟图腾，龙山文化器物中大量的鸟形设计是这一崇拜的说明，鸟是凤凰崇拜的前身和附属。龙山文化遗址发现的丁公陶文是最早能够成立的文字，虽然不多，但是能说明它已进入文明期。龙山文化遗址祭坛、宫殿、宗庙遗存的发现说明当时已经有国家政权的存在。在中国古代历史上，龙山文化处于文明社会的形成时期，正因为如此，全面而深入地研究这一文化，对于解决中国上古社会中私有制、阶级和国家的起源这一重要课题具有不言而喻的意义。

岳石文化

岳石文化是继山东龙山文化之后分布于海岱地区的一支考古学文化，因最早发现于山东省平度市东岳石村而得名。绝对年代为公元前 1900 年至公元前 1600 年。文化时代大致与中原地区的二里头文化相当。

岳石文化与龙山文化分布范围大致相同，属于城邦国家发展时期。1959 年发现。遗址南北长约 70 米，东西宽约 200 米，出土了大量石器、陶器、骨器和蚌器。

从岳石文化遗存发现到对其认识和命名经历了一个比较长的时期，实际上，岳石文化是和龙山文化同时发现的。岳石文化的研究，始于 20 世纪 70 年代末期，在此以后，随着人们追寻龙山文化去向问题的展开，有关岳石文化的发掘工作迅速增多，规模也不断扩大。岳石文化的分布范围比较明确，以泰沂山为中心，北起鲁北冀中，向南越过淮河，西自山东最西部、河南省的兰考、杞县、淮阳一线，东至黄海之滨。

岳石文化由于认识较晚，发现的遗址数量不如龙山文化多，经过发掘的有 30 余处，其中比较重要的有山东省的平度东岳石、牟平照格庄、青州（益都）郝家庄、章丘王推官庄、泗水尹家城、菏泽安邱堌堆和河南省的杞县鹿台岗等。

岳石文化农业生产的发展，主要表现在农具的改进创新和农具在全部工具中比例的上升两方面。冶金业，青铜冶铸业是岳石文化时期成就最突出的手工业部门，此时已进入早期青铜时代。建筑业，岳石文化的建筑技术水平，首先体现在城市建设方面，房屋建筑技术主要是继承了龙山文化的传统。夏代，海岱地区的经济比龙山文化时期进一步发展了。岳石文化时期伴随着华夏文明重心的转移，尤其到二里头文化时期，岳石文化被中原的华夏文化超越并融合，中华大地也由“多元化”的邦国时代进入到“一体化”的王国时代，中华文明进入早期的王朝阶段。

黄河为中华民族奠定了深厚的根脉基础，黄河文化对于中华文明的根源性作用，是由黄河文化的文化基因决定的。在黄河流域形成发展的黄河文化在一定程度上决定了中华文明的发展方向和发展道路。可以说，黄河文化是华夏文明的主干和核心，黄河是中华文明的根源和恢弘象征。

第三节 石 碑 石 刻

石碑石刻作为一种历史遗存和文化载体，始于先秦，盛于东汉，复兴于唐。“岁月失语 ，惟石能言”真实全面地认识辉煌灿烂的黄河文化，离不开最坚韧、最真实的历史见证者——黄河碑刻。山东黄河留存的石碑石刻，或记述黄河决口泛滥史实，或铭记堵口合龙重大事件，或颂扬历代治河先贤功德，或缅怀治河英烈志士，内容丰富，造型美观，这些都淋漓尽致地反映了人们在认识黄河、治理黄河的艰辛历程中形成的治河思想、治河方略、治河技术和不朽成就，具有极其丰厚的历史文化价值。

惠泽常留碑

东营市利津县博物馆收藏清咸丰八年(1858年)青石碑一通，碑高1.44米、宽0.64米、厚0.19米。碑额为“惠泽常留”，记叙了清咸丰五年（1855年）黄河在河南铜瓦厢决口自东营入海后，下游沿黄官民自发筑埝护田的情形。石碑背面刻有包括知县在内的县丞、典史及绅民等的捐款数目，其中有离任知县施廷献的捐钱记载，因为这是他在任时就想实施的一项工程。除此之外，还记载了这次筑埝工程的具体时间、工日、位置、长度及用工情况。从碑文中看出，这次工程的位置在利津县城南部黄河两岸，除堵复三处决溢口门外，断续修筑堤埝达7.5公里，用工万余，时间半个月。这在当时来说是一项不小的工程，而且抢在了汛前完成。

惠泽常留碑

清咸丰五年六月十九日（1855年8月1日），黄河于河南兰阳（今兰考）铜瓦厢决口北流，穿过运河夺大清河入海，结束了700多年来南流入海的局面，形成黄河变迁史上的又一次重大改道。在此之前，大清河道水流舒缓，水深岸陡，为地下河。自明代至清初，数百年来除特殊年份黄河泛滥侵占大清河道造成灾害外，大多年份并无大的水患。但自清嘉庆年间以后就不同了，正如碑中所记“……黄水所趋，自嘉庆年间屡有泛滥，因立刘工堰以当其冲。”以此看出，山东以上黄河泛滥已是十分频繁，为以后黄河在铜瓦厢决口改道埋下了伏笔。而当时利津以南仅仅修筑了一处挡水工程，即刘工堰。

黄河改道利津入海，水患频发，特别是利津一带，正如碑中所记：“利邑系济下流……（黄河）冲决北下，绵延百有余里，湮没村庄、房屋、田禾人畜无算。六年更具（剧），横流洋溢，八月间犹未稍息，势不能麦。”1855 年 9 月，山东巡抚崇恩向朝廷奏报：“近日水势叠长，滔滔下注……大清河之水有高过崖岸丈余者，菏濮以下，寿东以上，尽遭淹没。”按照惯例，此时的清政府应积极筹措堵口，安抚灾民，但经实地勘察，测得口门 178 丈之宽。巨大的堵复费用让清政府望而止步。外加南方太平天国在南京建立了政权，控制了长江流域大片地区，且北伐军一度打到北京附近。面对这样严峻的形势，清政府只能是“军事旁骛，无暇顾及河工”，致使山东黄河下游出现“无防无治”的现象。

惠泽常留碑碑额及局部文字

在此情形下，先是蒲台、利津等县民众为保护田庐，自发顺河筑堰。此后河督李钧据情提出了所谓的治河三策：顺河筑埝、遇湾切滩、堵截支流。于是清政府命令河南、直隶（河北）、山东督抚劝办。地方官员顺水推舟，纷纷劝民筑堰自保。当时黄河顺大清河道蜿蜒入海，河道两岸村庄夹河布列。初时因河道深及数丈尚能容水坐沙，漫溢决口较少，民众修筑的堤埝在一定程度上起了作用，正如碑中所记："……（清咸丰）七年大熟，民咸鼓舞，侯德不衰。六月水复大作不害，皆倡卒兴作力也。"

但自清咸丰八年（1858 年）以后，河道渐渐淤高，水患频发。到了清光绪九年（1883 年），清政府遂开始在黄河两岸普遍修筑大堤。光绪十年（1884 年），铜瓦厢改道后的山东黄河堤防"一律完竣"。然而又过了十几年，至光绪二十二年（1896 年），山东巡抚李秉衡在奏折中惊呼："昔之水行地中者，今已水行地上""现在河底高于平地。俯视堤外则形如釜底，一有漫决则势若建瓴。"此时的黄河已到了无岁不决、无岁不数决的地步。

然而"顺河筑埝"只能起到"脚痛医脚，头痛医头"的作用。鉴于当时民力有限，又无统一标准，民埝单薄，宽窄不一，有的近逼河岸，最窄处两岸不足 1 里。因而河道淤垫迅速，一遇河水盛涨，民堰非溢即溃。特别是后来清政府统一修筑堤防，不少堤段是在民埝的基础上接修的，因此这些本来就单薄脆弱的堤段就成了隐患，凡是决口处，多为旧埝。再是沿河筑埝，形成了山东黄河河段上宽下窄的态势，至今未有大的变化。这样虽利于束水攻沙，但容易使河道抬高，下泄不畅。中华人民共和国成立后黄河口两次凌汛决口，皆因山东黄河利津段 30 公里狭窄河道拥冰堵塞所至。

惠泽常留碑较为客观地反映了黄河改道由山东利津入海时的最初情状，彰显了劳动人民不屈不挠、千方百计地同水患做斗争的无畏精神，不仅丰富了富于特色的黄河口治理文化，更在一定程度上为以后山东黄河的治理提供了借鉴，积累了经验。

附：

《惠泽常留碑》全文

窃以灾患之来，天也，捍御之功，人也。昔者，禹拟洪水明德矣，其次，则莫如缘水滨为堤防。利邑系济下流，黄水所趋，自嘉庆年间屡有泛滥，因立刘工堰以当其冲。然皆出民为，未禀功令，故时与雀鼠之。

予咸丰五年水复大作，冲决北下，绵延百有余里，漂没村庄、房屋、田禾人畜无算。六年更具（剧），横流洋溢，八月间犹未稍息，势不能麦。前任施公捐廉未成而任解。绅民常为患，请于邑侯。宋公首倡捐资，左堂陶公、右堂詹公暨绅民铺家等众，度尺丈量地势给财包基，协力修筑龙口三处。用席包、布袋、木料、柴草等件，所买甚巨。

八月十三日起，二十八日止，共计人工壹万有奇。钱文八百千零。堰成而民能麦。七年大熟，民咸鼓舞，侯德不衰。六月水复大作不害，皆倡卒兴作力也。侯暨左堂又捐廉倡修，自城南大马家庄至崔家庄缘河一带水虽横不溢，非侯德政所致，曷克臻此。众等蒙休感德，恐久而就湮，爰勒石志不忘云。

合邑绅民盖兆元等四十人。

咸丰八年岁次戊午仲春上浣穀旦

高村合龙处碑

高村合龙处碑刻立于清光绪六年（1880 年）十一月。石碑原在东明县菜园集乡高村辅道路口北侧，现存放在高村黄河历史文化苑内。

100 多年来，石碑默默地矗立在东明黄河边向人们讲述着那段惊心动魄的抢险、合龙的故事。

清光绪六年伏秋，黄河大汛屡屡盛涨，溜势逼堤。堡城、双井、逯寨、高村等沿河村落一带奇险百出。当时的开州副将张桂芳负责练军、添购物料，想方设法抢护险情，历经 3 个多月，河势趋于平稳。

时遇霜降，水落归槽，所有河防练军正需布置内地冬防，照例撤回队伍分巡西南大道。九月二十四日，水势复涨，张桂芳等立即折回抢护。山东巡抚周恒祺要求不分地域范围，就近派员备料协助。大流侧注，堤边汹涌异常，坝埽随厢冲走。且秋水搜根沟底，力更猛进，加之堤防新建不久，高不过丈五、底宽不过十丈，防洪能力不足，数日之内刷塌高村堤身二百余丈，只剩套皮丈许，高仅为二三尺的土牛也全部没入水中。抢护人员赤手抵足，不避艰险，帮土厢埽，加紧抢护。三十日夜间，西南风大作，水势骤涨，风狂浪汹，立脚不住，人力难施，遂致高村漫刷成口，水势东趋。

高村合龙处碑背面

高村告急，十月十二日，直隶总督李鸿章一面奏本陈述高村决口经过情形，请旨定夺，将开州副将张桂芳、大名府经历章奉凯、候补县丞陈毓英、东明知县张宗义一并革职留任，责令在工效力，大顺广道刘盛藻摘去顶戴，以观后效。光绪帝于十月十四日批阅“钦此”。

李鸿章遵旨实行，一面立即派道员用后补知府北运河务关同知吴廷斌前往。会同大名镇总兵徐道奎、大顺广道刘盛藻，急速勘筹堵筑。其时口门已宽 200 丈，刷成串沟五六道，水深丈余，且大溜逼近口门，势甚汹涌，日益冲刷，必须挑开溜势赶堵串沟，并在堤里先筑套堤，方能迅速合龙，然后补筑大堤。

徐道奎与刘盛藻、吴廷斌未到之前，即经亲驻工次督同副将张桂芳等各率练兵民夫分头设法赶做。10 月 22 日后，西北风大作，波浪翻滚，水即抬高，溜势愈挑愈猛，埽段随厢随蛰，串沟此堵彼陷，情形甚是吃紧。该员弁等督同夫兵露体涂足，履危蹈险，加紧抢办，所幸天气转和，冰冻化解，众心勇跃，料物应手，又竭七昼夜之力，经打桩厢埽、进占等项施工，于 11 月 1 日将大小串沟一律堵塞完固，套堤亦即告成，刻期合龙。此次堵口投资 150000 银两，徐道奎、刘盛藻为纪念此次合龙成功，立碑一座。

高村决口之水，东流到菏泽、巨野、嘉祥等地，长达 200 余里，水深 0.5 ~ 1.0 丈。合龙后，据山东巡抚周恒祺函称："平地渐次固复，洼处不过二、三尺，无碍大局。"

大堤修复后，李鸿章于清光绪七年（1881 年）六月十二日上奏请旨，要求酌设厅汛专管东明河务，并派练军常年驻工修防。朝廷允旨，立即组建厅汛。令大名漳河同知魏箴言驻高村作为厅官，专管东明全境黄河堤工，并令漳河县丞移驻上游李连庄，开州州判移驻下游黄庄，均作为汛官，分管各汛黄河堤工，仍归厅官督率。饬令暂雇河兵数十名，并于距堤十里内外村庄酌拨汛员，归该厅汛调度。派大名练军部队一营分驻各汛及令营哨官会同该厅汛长年驻扎，劝督兵夫讲求修防，东明县知县应协同防守，并经办派拨汛夫等事，仍归大顺广道统辖节制。

自此，东明黄河自铜瓦厢决口改道后，始设厅汛，开始有组织地进行修防工作。

泺口治黄德政碑

自济南泺口黄河百里风景区正门，逶迤西行 50 米，在泺口险工 62 号坝附近的背河淤背区内屹立着一列老旧石碑，共五通，当地人习惯称为泺口"治黄功德碑"。这些石碑高约 2.2 米、宽 0.8 米，南北向依次排列，分别刻有"绩著平成""三省感恩""己饥己溺""廉明勤果"颜体大字，还有一通是"寿张、濮阳、郓城、范县、阳谷、东平、汶上、东阿"八县绅民记录林修竹领导堵复李升屯、黄花寺事迹的德政碑颂。

五通碑中，"三省感恩"是鲁直豫三省人民，为纪念当时署理山东河务的河官劳之常所立。碑高 220 厘米、宽 86 厘米、厚 36 厘米，碑面楷书"三省感恩"，字高 47 厘米、宽 36 厘米，上款"二等大绶宝光嘉禾章、交通部次长、前河务局督办劳逊五德政”，下署鲁直豫三省绅商公立，直隶天津芸堂张树田书，中华民国十一年农历八月上浣榖旦。德政碑其余四通碑均是旌表1925年出任山东河务局局长兼山东运河工程局总办林修竹的，林修竹为第三任山东河务局局长。

泺口治黄德政碑之“三省感恩”碑

据济南修防处治黄老人所讲，修防处后面的石碑当时远不止十几块，算上民国之前的应该有二三十块，但大都在20世纪五六十年代遭破坏流失。中华人民共和国成立之初，随着当地政府及河务部门实施引黄灌溉工程，很多石碑被当地群众用作修造排水干渠上的简易桥桥板或修造排水涵洞盖板，而泺口治黄德政碑应该就散落在距离那时的泺口坝南街6号、方圆半径5～10公里以内的地方。

泺口治黄德政碑之“绩著平成”碑

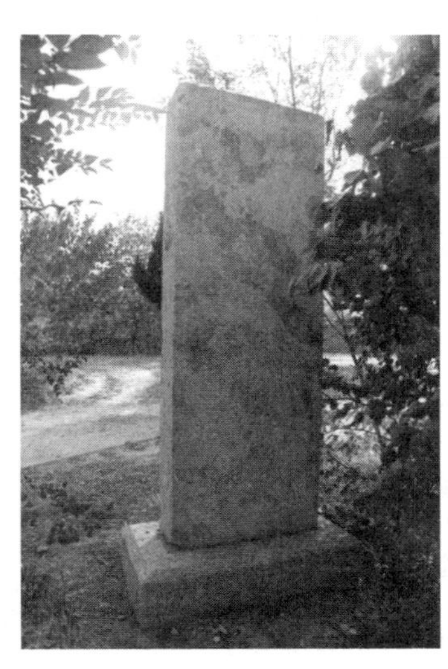
泺口治黄德政碑之堵复李升屯、黄花寺事迹碑

20 世纪 80 年代末到 90 年代初，泺口险工完成淤背区施工，济南、天桥两级河务部门开始按照黄委会“三口规划”要求，对泺口险工实施绿化美化，打造黄河公园和风景区，五通石碑随即从附近沿黄村被征集回来。

“三省感恩”碑碑文如下：

盖闻大上有立德，其次有立功。功德之立，猗欤盛哉，然非纂以文辞勒诸金石，无以垂永久而示来。滋劳公之常，字逊五，山东阳信县人也，才志轩昂，性情和蔼，幼习武备，科学最优，娴熟各项工程，历筑津奉沪杭铁路，交通便利，成绩昭然。民国六年，本省官绅推举综司山东河务，是时黄河为患益烈，修治继艰，而款绌言，由难措置。公勉膺艰巨，夙夜筹维，垫借经费，扶持大局，坚修石坝，巩固河防，每值大汛，临工履勘，餐风露宿，胼胝含辛，冒雨经波，危险弗顾，五六年来，安澜迭庆，伟绩丰功，堪追禹圣。东鲁沿河各县，有口皆碑，直豫临河商贾，亦往来利益感激。九年旱魃为虐，哀鸿片野，待哺嗷嗷。惟公当仁不让，乃于治河之际，独抱饥溺之怀，倡立赈灾公会，四出劝募，劳怨不辞，集款百余万元广施赈济。创修德临东武汽车道路，以利交通。请部给予专车运粮，以济民食，且联合华洋义赈会商拨巨款，借舌敝唇焦，此诚可谓，见一善行，若决江河，沛然莫之能御。讵料荒旱之余继以水患，公蒿目时艰，隐忧弥切，亲赴各处募捐，举办游艺大会，筹集巨资，分途施放。俾水旱灾黎将以免填沟壑者，多蒙公之力，及唇亡齿寒，邻省直豫尤获公无形大益也。声望益隆，仁慈卓著，梓桑造福，中外同钦。十一年六月，公升任交通次长，运开疆拓土之谋，兴水陆运输之利，将来民生国际裨益无穷，岂假意沽名籍端钓誉者所可同日而语哉。吾鲁直豫三省商民同义心腹，溯公功德感怀何补，纪念勒石，心铭万古，爰撰碑文，永垂不朽。

黄花寺堵复合龙碑

黄花寺堵复合龙碑，现保存于梁山黄河河务局黑虎庙管理段，由碑座、碑身、碑帽三部分组成。碑帽正面雕刻双龙戏珠图和“纪念”二字，图案上龙头高昂，龙鳞栉比，祥云环绕，气势如虹；背面为两杆交叉的八宝旗，旗面上的八宝结传递着平安、吉祥的夙愿。碑身正面阴刻繁体“合龙处”三个大字，上下首刻有“中华民国十五年三月十五日”“山东黄河上游堵口工程处总办林修竹会办王炳燇公立”字样；背面为“山东黄河上游黄花寺合龙碑记”，详细记载了黄花寺决口、受灾及堵复情况。碑座正面有一V形图案，内托花枝，花瓣尽放，枝叶丰满，宛若初绽。

黄花寺堵复合龙碑原碑址在黄花寺，位于梁山县小路口镇岳那里村北，为原黄河大堤决口合龙处，现该寺已无踪迹。

黄花寺合龙碑

1925年8月13日，直隶濮阳县黄河南岸李升屯（今属鄄城县）民埝溃决，口门宽达600余丈，滔滔洪水挣脱民埝约束，向东北方向横流而下，南金堤与民埝间的濮县、范县、郓城、寿张4县遂成一片汪洋。决水行至梁山黄花寺后，因壅逼不舒，致使水位不断升高，水面涨至堤平，形势十分危急。时任中华民国山东河务局局长林修竹赶往现场，指导督促郓城、寿张知事，连续抢护十多个昼夜，最终在寿张县高堂（今属梁山县）、义和庄（今属郓城县）、黄花寺（今属梁山县）3处民埝扒开缺口，使洪水流入正河。至9月中旬，黄花寺水势已落至堤根。但由于河底西高东低，溜势由南北向变为东西向，绞边刷底，一日之间堤根刷深二丈多，横宽刷至60余丈。林修竹驰赴工地，急调寿张、东平、阳谷、东阿、郓城、汶上6县民工3万余人进行抢护。在抢护的7天时间内洪水连续刷堤260余丈，终因人力、物力不敌，9月20日晚，黄花寺南金堤被冲溃，洪水继续向东北泛流。27日，又在黄花寺下游1.5公里处决口，寿张、东平、郓城、阳谷、汶上5县400多个村庄受淹。为防止溃水南下，东平县知事率领群众将十里堡、八里湾、三里堡、常仲口、王仲口等5处运河南堤扒开，使泛水流入东平湖，再由姜沟回归正河。这次冲决，受灾面积达1500平方公里，灾民约200万人。

1926年1月11日，山东河务局上游分局在寿张县十里堡召集濮县、范县、郓城、寿张、阳谷、汶上、东平、东阿8县灾民代表，共同到省府济南请愿，以受灾8县丁漕60万元为修堵李升屯、黄花寺两口门的基金。1月18日（民国14年农历十二月初五），山东督办及省长张宗昌任命林修竹为山东黄河上游堵口工程处总办，王炳燇为会办，潘镒芬为总工程师，负责堵口工程，于2月18日开工（民国15年农历正月初六）。施工期间，受灾各县人民积极出工摊料，国际华洋义会和邻省也先后捐款助工资助堵口。其中江苏省协助20万元、安徽省协助1万元。林修竹、王炳燇率文武职员和汛兵、民工，克服兵燹破败、盗匪披猖、横流乱野、积雪塞途、民力残败等重重困难，“修水工四百丈而强，堤工四十里而弱”，于3月26日（民国15年农历二月十三）合龙闭气，并在黄花寺立“黄花寺合龙碑”和“合龙处”碑以志纪念。此后，因社会动荡、战争频仍，两碑先后遗失。

附：

山东黄河上游黄花寺合龙碑记
(民国十五年)

乙丑之秋，河决李升屯民埝，泛滥二百余里，复溃黄花寺官堤，东夺运流与河会，于是，濮、东、汶、郓、范、寿、阳、阿八县悉成泽国。督办张公，不忍人民之昏垫也，倡议堵筑，而中外估工索费额以数百万计，又值鲁南战事勃发，征调繁而库帑亏，论时论势皆有莫能兼顾之虞。卒因灾区绅民之请，公乃慨拨八县丁漕为堵口专款，而任修竹为堵口工程总办、炳燇为堵口工程会办，限期竣事。灾区士绅亦组织堵口协会相助为理。丙寅正月六日遂动工，比二月十三日而黄花寺合龙，又越四十日而李升屯合龙，四阅月而工蕆。八县解工之款都五十万不敷，省长林公又拨十余万以济之，前后计费六十三万有奇，修水工四百丈而强，堤工四十里而弱，洵钜举也。夫以区区五六十万之款，企以就众估数百万之工，固已难矣，矧复值兵燹破败之余、盗匪披猖之会，横流乱野，积雪塞途，民力残而征解稽款既不可以骤集，道路梗而运输滞材更不能以时庀。锱铢细碎，补苴张皇，譬之愚公移山、精卫填海，勉自为之而已。然而卒庆塞宣者，则以省、督两宪以不忍人之心，行不忍人之政，凡百执事，罔不感动于中也。惰者奋以勤，贪者砺而介，款愈绌，其用之也乃愈慎；工益艰，其赴之也乃益劬。是以人无废事，款无虚糜，而一蹄一盂终能穰满篝满车之乐岁也。迄今历八县之境，昔之巨浸稽天者，今则桑麻遍野矣；昔之蛙生灶底者，今则鸡豚盈栅矣。修竹炳墫固不敢自以为功而不能不为两宪慰、为灾民幸也，故乐书其事而泐之石，是后也。输款助工者，国际有华洋义赈会，邻封有江苏官若绅。尝微闻其余论，谓此次堵口能祛数百年诡冒积弊，实为河工开一新纪元，非仅一时之成功为足尚也，故中外均乐为之助云。

黄花寺合龙碑碑文纪实

山东河务总局局长兼山东运河工程局总办、上游堵口工程处总办林修竹，山东河务分局局长兼山东曹濮道道尹警备司令、上游堵口工程处会办王炳墫谨志。

宣防塞兮万福来德政碑

在梁山县赵堌堆乡刘力村，有一座六棱柱德政碑，是民国时期沿岸民众为颂念李黄堵口之事而立。

据《山东黄河上游黄花寺合龙碑记》载，1925年秋，“河决李升屯民埝，泛滥二百余里，复溃黄花寺官堤，东夺运流与河会，于是濮、东、汶、郓、范、寿、阳、阿八县悉成泽国”。这次洪水，致灾面积1500平方公里，灾民200万人，损失惨重。后经督省两宪、河务当局和八县民众共同努力，黄花寺决口于1926年3月26日（民国15年农历二月十三）合龙，李升屯决口最终于1926年4月13日（民国15年农历三月十九）堵复，后又对李升屯予以善后修复。决口合龙后再历八县，“昔之巨浸稽天者，今则桑麻遍野矣；昔之蛙生灶底者，今则鸡豚盈栅矣”。沿岸民众为颂念李黄堵决之事立碑10余座，黄花寺六棱碑即为其纪念性碑刻之一。

德政碑

据有关资料记载，汉元光三年（公元前132年）夏，黄河在濮阳瓠子一带决口，淹没16郡，屡堵屡坏，水患达20余年；汉元封二年（公元前109年），又组织士卒数万人堵决，武帝封禅泰山返回长安路过濮阳，亲临瓠子决口，将自己的白马玉璧沉入河中以祀河神，同时命大将军以下随从皆负薪塞堤，最终堵决成功，并在新筑河堤上修建宫殿一座，名为“宣房宫”。武帝还为此亲诗《瓠子歌》两首，其中有“宣防塞兮万福来”之句。六棱碑上援刻此句，亦是表达受灾八县对堵复李黄决口德政的衷心赞颂之情，同时也蕴含沿岸民众对决口堵复后美好生活的热切期望之意。“宣防塞兮万福来”两侧四面分别为义威上将军山东保安总司令效坤张公德政“一等大绶宝光嘉禾章山东省省长稺芗林公德政”“山东河务总局长兼运河工程局总办黄河上游堵口工程处总办茂泉林公德政”“曹濮道尹兼警备司令上游河务局长李黄堵口工程处会办堵口协会会长谢陈王公德政”字样，此四人为当时督省两宪和河务部门的主要领导。

“效坤张公”即张宗昌，时任北洋政府直鲁联军总司令；“穉芗林公”即林宪祖，时任山东省代省长；“茂泉林公”即林修竹，时任山东河务局局长兼山东运河工程局总办；“谢陈王公”即王炳燇，时任曹濮道尹兼警备司令、山东黄河上游分局长，他们都是李黄堵口的关键决策人物。

“宣防塞兮万福来”的背面，为参加堵口的80余人的职务和名字，事迹已无从查考。除碑刻上记载的人员外，参加李黄堵口的还有近10万士卒和民众。

风吹雨打，沙掩尘封，曾经的艰苦卓绝和激昂悲壮已经远去，但李黄堵口的历史和功绩永垂后世。“宣防塞兮万福来”六棱碑，不仅是公颂德政或以资纪念的一通石碑，还是一尊戮力抢险的集体雕塑与誓保安澜的精神丰碑，寄予了黄河沿岸人民对大河的敬畏，更期盼着母亲河安澜无恙、造福子孙后代。

平阴黄河抗凌九烈士纪念碑

抗凌九烈士纪念碑坐落于山东省济南市平阴县刘官庄护滩工程，紧邻刘官庄村。纪念碑修建于1997年，由平阴黄河河务局立，石碑正面书有“九烈士纪念碑”六个庄重大字，背面镌刻着在1969年凌汛中为保护人民群众生命财产安全而牺牲的九位烈士的英勇事迹。

1968年12月至1969年2月，受多次强冷空气侵袭，气温升降变化幅度大，山东黄河段出现3次封河3次开河的局面，3次壅水漫滩，实为历史之罕见。

1969年1月19日，强冷气流直逼黄河下游，24日后沿黄最低气温在零下10摄氏度持续8天，促成第二次封河。2月10日气温回升，菏泽以上河道冰封全部开通，冰水大量顺河涌下，在东阿县潘庄下李溃河段原有积冰的宽浅河道上，形成6米高的冰坝，从李溃至刘山头形成20多公里的冰塞。平阴县栾湾、城关河段水势暴涨3米以上，两公社39平方公里滩区全部被淹，进水量7800万立方米。

济南平阴黄河抗凌九烈士纪念碑

是日深夜，驻防在平阴的济南军区工程兵独立舟桥营二连接到抢险命令，副连长张秀廷立即率领30余人赶到老博士村北的桥头。此时，3股凌洪已将紧靠黄河边的刘官庄村包围，村中亮起的求救灯火在夜里忽明忽暗。张秀廷果断下令涉水前进。12名突击队员在张秀廷的带领下，迅速脱掉棉裤，顶着刺骨的凌洪奔向刘官庄。刺骨的河水夹杂着巨大的冰块，无情地向横渡河水的战士们砸来。张秀廷沉着指挥，大家手拉手呈一路纵队急速前进。突然，一块1米见方的冰块横撞过来，排长吴安余抢前一步，用肩一抗，冰块顺流而过，却让突击队前后失去了联系。待他们趟到一处急流险区，前面的战士们抓住了水中的树干，吴安余自告奋勇与几位战友返回接应后面的战友。在途中，吴安余、蒋庆武、杨广佩、王元贞和陆广德却被巨大的冰块无情吞噬。此时，其他突击队员仍埋头前进。司号员周登连抢在前面，劈浪开路，不料迎面而来的冰块突然向他压了过来。同志们奋力营救，无奈力不从心，年仅19岁的周登连献出了生命。张秀廷见状高呼："跟我来！"刹那间，一个巨大的漩涡卷走了张秀廷、杨成启、闫世观的身躯，牺牲在凌洪之中。突击队另外3名战士，忍着悲伤和伤痛，继续前进。经过2个多小时，终于到达了刘官庄，完成了抗凌抢险救灾任务。在连续苦战四昼夜后。2万名滩区群众安全脱险。然而张秀廷等9名战士却永远地离开了我们。他们当中，年龄最大的31岁，最小的只有19岁。

1969年3月12日，中共济南部队委员会、山东省革命委员会作出《关于开展学习为人民战胜特大凌洪的济南部队工程兵某独立营和张秀廷等九烈士活动的决定》。3月28日，济南部队领导机关、山东省革命委员会隆重举行庆功授奖大会，表彰独立营在战胜特大凌洪中的不朽功勋，其中，张秀廷、吴安余、王元贞、蒋庆武、周登连、陆广德6位烈士被追记一等功，杨成启、闫世观、杨广佩被追记二等功。4月8日的《人民日报》以整版的篇幅，发表了《用毛泽东思想武装起来的战士所向无敌——记济南部队工程兵某独立营为人民战胜黄河特大凌洪的英雄事迹》的文章，平阴抗凌九烈士的英雄事迹走向全国。

1969年，经山东省批准，在平阴县城西南青龙山西麓，修建了烈士陵园，为了人民群众的生命安全，抗凌九烈士永远长眠在了平阴这片热土上。1997年，为纪念九烈士功绩，平阴黄河河务局在烈士牺牲的刘官庄村，修建了九烈士纪念碑，供人瞻仰。

泺口九烈士纪念碑

泺口九烈士纪念碑伫立于山东省济南市天桥区泺口环城路166号（今济南百里黄河风景区内）的烈士纪念广场上。纪念碑为花岗岩质地的人物群像浮雕，总长8.2米、高6米、厚2米。纪念碑的正面采用高浮雕的手法，生动再现了九位烈士高唱《国际歌》慷慨赴死的悲壮画面，展现了共产党员视死如归、坚贞不屈的精神风貌。纪念碑右下方是纪念碑碑铭，背面详细介绍九名烈士的生平事迹。2005年12月，泺口九烈士纪念碑入选济南市第二批爱国主义教育基地名录。

济南泺口九烈士纪念碑

20 世纪 30 年代，山东半岛笼罩在国民党反动派制造的白色恐怖之中，为国为民、不怕牺牲的共产党人四处奔走，开展工人运动，宣传抗日救亡，发动武装暴动，在齐鲁大地燃起真理之火。国民党反动派为维护其法西斯统治，疯狂破坏中共组织，大肆捕杀共产党员。李春亭、李伟仁、孙善师、孙善帅、唐东华、王常怡、段亦民、郑心亭和张福林皆不幸被捕入狱。在狱中，面对敌人的严刑拷打，他们选择斗争到底、宁死不屈，用生命书写了中国共产党人的浩然正气。

1933 年 8 月 18 日，原中共济南市委书记李春亭等 9 名中共党员齐唱着《国际歌》，在济南泺口刑场(旧称马家道口刑场，今黄河公园内)英勇就义，史称“泺口九烈士”。浩气荡山岳，热血染黄河，牺牲时九人平均年龄只有 28 岁。

为缅怀先烈、致敬英雄，2004 年 5 月，济南市委、市政府决定在九烈士英勇就义的地方筹建纪念碑。同年 11 月，泺口九烈士纪念碑正式开工，并于次年 4 月顺利建成。庄严肃穆的纪念碑耸立在济南百里黄河风景区内，母亲河畔，英魂长眠。秀美蜿蜒的黄河弧线，因流经这座丰碑方显柔中带刚，愈发挺直民族脊梁，传承千年的黄河精神得以熔铸红色基因。

九烈士中的李春亭，在牺牲前写过这样的家信："暂时的虚荣，算不了人间的礼赞；尸旁的热泪，方得见英雄的牺牲。愈难愈要干，所余的，留待后人。"巍巍丰碑照后人，英勇事迹永流传，作为济南天桥区四大党史遗址之一，泺口九烈士纪念碑充分发挥着爱国主义教育基地的作用，每年数以万计的群众前来聆听先烈事迹、接受革命教育、重温入党誓词。

纪念碑碑铭：

公元一千九百三十三年八月十八日，中国共产党人李春亭、李伟仁、孙善帅、张福林、唐东华、段亦民、郑心亭、孙善师、王常怡，为了民族独立和人民的解放事业，在济南泺口黄河堤下马家道口惨遭反动派杀害英勇就义，史称泺口九烈士。缅怀先烈，景行行止。爰建此碑，砥砺后人。烈士英名总载史册，革命精神万古长存！

中共济南市委济南市人民政府 2005 年 4 月立

周恩来总理骨灰撒放地纪念碑

2017 年 8 月 17 日，"周恩来总理骨灰撒放地纪念碑"在滨州原撒放处黄河左岸落成，该碑是全国唯一一处周总理骨灰撒放地纪念碑。纪念碑碑体总高 18.98 米、宽 3.05 米，底座高 0.78 米，寓周恩来生于 1898 年 3 月 5 日，寿高 78 岁。正面碑文"周恩来总理骨灰撒放地纪念碑"，由纪东将军题写；背面碑文"周恩来总理永远活在人民心中"，由高振普将军题写。

据 1993 年 10 月出版的《滨州市志》记载:1976 年 1 月 8 日，境内人民怀着悲痛的心情悼念周恩来总理。1 月 15 日，空军某部驾驶员胥从焕驾驶安 –2 型 7225 号飞机，把周恩来总理的一部分骨灰撒在北镇段黄河内。

在 1946—1947 年人民治黄初期，周恩来同志领导解放区军民开展黄河归故斗争，在河南开封亲自参加了与国民党的谈判，制定谈判方针和策略。中华人民共和国成立伊始，在周恩来总理的关怀下，根治黄河被列入苏联援建的156个工程项目之一。苏联专家组受邀来华帮助编制“黄河规划”，1954年10月编制完成。1955年7月31日，第一届全国人民代表大会二次会议通过了《关于根治黄河水害和开发黄河水利综合规划的决议》，黄河从此进入了全面治理、综合开发的历史新阶段。

撒放地纪念碑正面

撒放地纪念碑背面

周总理深知黄河工作情况复杂，在一次有沿黄省（区）领导人参加的会议上，他主动提出“黄河的事情我挂帅”。从流域规划的制定，到三门峡水利枢纽建设及改建，到亲临前线指挥抗御洪水，治黄工作中几乎每一项重大决策、每一项重大事件，都能看到他的思想轨迹和劳碌身影。

周总理对黄河下游防洪工作极为重视。1958 年 7 月中旬，下游发生有实测水文资料以来最大洪水，花园口洪峰流量达到 22300 立方米每秒。当时总理正在上海开会，接到大水报告后，立即停止开会，于 18 日下午专程飞临黄河。他亲临抗洪现场，了解黄河汛情，查看郑州黄河铁桥，慰问鼓舞抗洪群众。当得知济南泺口黄河铁路大桥出险时，又立即赶赴济南，实地查看后，要求千方百计保住大桥。

周恩来总理在生前留下嘱咐：死后火化，不保留骨灰，把他的骨灰撒向祖国的山山水水。将周总理的骨灰撒进“母亲河”——黄河，有三层意义：一是为了报答生他、养他的母亲；二是回归母亲河，也就是回归大地，回报祖国；三是想通过海水把骨灰带到台湾海峡，祈盼祖国早日统一。

在黄河北岸安然落成的“周恩来总理骨灰撒放地纪念碑”，现在已经成为滨州市重要的爱国主义教育基地。前来瞻仰的人们驻足凝视，在聆听周恩来总理与黄河、与滨州一个个情深意长的故事中，表达着对总理的无限敬爱和崇高敬意。

五庄决口堵复纪念碑

五庄决口堵复纪念碑位于利津县五庄村附近的黄河堤防上，始建于 2014 年 8 月。该纪念碑由 3 处不规则岩石组成，中间主石碑高 3.2 米、宽 1.31 米，其正面刻有“五庄决口堵复纪念碑”9 个金色大字，背面记有《五庄决口堵复纪念碑记》碑文。

1954 年 12 月上旬开始，黄河下游遭遇了 40 年来最为严重的封河形势。山东全河插封，至 1955 年 1 月 15 日，冰封至河南荥阳汜河口，封冰河段达 600 多公里，河道冰量增至 1 亿多立方米，比 1951 年凌汛翻了一番。

五庄决口堵复纪念碑

1955 年 1 月 22 日上游开河。27 日凌头开至孙口，洪峰流量随之剧增。28 日 10 时至 29 日凌晨，凌头自济南泺口以平均每小时 12.5 公里的速度开至利津，水势之猛为历史罕见。自麻湾险工至王庄险工 30 公里的河道是著名的“窄胡同”。凌头在这段胡同内横冲直撞，水鼓冰开，势不可挡。

1 月 29 日凌晨 3 时，凌头开至利津王庄险工。巨大的惯性将险工前的冰凌向下游推移了 800 多米，同时，一块巨大的冰块在王庄险工四号坝卡得死死的，大量冰块随之上排下插，须臾间河道被冰凌堵塞，堆成了冰山，大量冰块壅上堤顶和险工坝顶。自王庄以上，水位急剧上升，两岸滩地全部进水，滩内村庄被水围困。

开河前夕，利津县爆破队、爆破组集结待命，发动两岸沿河群众 1 万多人在重点险工险段进行打冰撒土 (灰)，老百姓的灶堂子掏了一遍又一遍，送土送灰的人们成群结队，两天之内，共打冰沟 (沟深为冰厚的 2/3) 长 7 万多米，1300 万平方米。

29 日 18 时，疾速壅高的水位给两岸堤防产生了巨大压力。时任山东省委书记舒同下令在右岸小街子减凌分水堰实施破堤分洪，却因爆破晚、分水少，水势不退。夜愈深，水愈涨，两岸大堤危如累卵。

流冰壅上坝岸

五庄决口堵复时两坝进占情况

29 日 19 时，左岸五庄村与四图村之间的洋桥西头，大堤背河柳荫地里方圆 30 多米的地方出现渗水、管涌，20 时左右演进成漏洞，水柱喷涌而出，水头高逾人顶。众人先在背河压渗压堵，待临河找到洞口时，漏洞已成狂流。午夜，洞口扩大到10米以上，水声震耳欲聋，咆哮翻滚着消失在茫茫黑夜之中。此时，六七级北风越刮越猛，风助水势，尘沙飞扬，4盏汽灯和部分手提灯皆被大风吹灭，黑夜茫茫，天寒地冻，无处取土，料物用尽。23时30分，堤身完全溃决，四图村民工赵荣刚、赵锡纯不幸牺牲。

五庄南部口门迅速扩大时，往北一华里处堤防又冲开一道小口，大口门与小口门溃水在几里外的一道废弃残堤处汇合，将五庄、四图、张潘马三村圈于其中。三个小村受害尤重。泛水沿1921年宫家决口故道北流，淹及利津、滨县、沾化3县15区86个乡360个村，受灾人口170万人，淹地88.1万亩，倒塌房屋5400间，死亡人口80人。泛水波及东西宽50华里，南北长80华里，由徒骇河入海。

五庄凌决口门处为1921年宫坝决口堵复时打桩抛石截流处，当时未加清理，留下坝基隐患，32年后终酿惨祸。图为五庄凌汛决口堵复龙门沉占时的情景

五庄决口后，山东省人民委员会于1955年1月30日拨款65万元救济灾民，并派时任民政厅副厅长王子彬率领3个工作队前往灾区抢救。

惠民地委、专署负责人组织救灾委员会率200多名干部、100多只船分赴各县抢救灾民。山东省政府决定立即堵口。由山东河务局与惠民专署共同组成“山东黄河五庄堵口指挥部”。3月初，来自利津、滨县、惠民、蒲台、博兴、高青、齐河等县民工6600余人汇聚五庄。由决口到合龙，历时仅40个昼夜。从堵口到合龙进占共用7天。1921年7月，黄河在这里溃决，至1923年10月方告堵口竣工。国民政府无力承担，将工程承包于美商建业公司承办，谁知竟留坝基隐患，32年后终酿惨祸，殃及民生。新旧对比，彰显出中国共产党领导下的人民治黄的无比优越性。

附：

五庄决口堵复纪念碑记

1955年1月下旬，黄河上游骤然回暖继而迅速开河。29日开至王庄险工并形成冰坝，水位陡涨4.3米，冰积如山，水与堤平。是晚17时，五庄村南大堤背河出现管涌多处，驻防干部率600余民工封压不成形成漏洞。遂先后于临河抛袋抛物，无奈存料用尽，后土坯装船沉水塞堵，亦未成功。加之北风凛冽，灯火全息，取土困难，抢堵毫无成效。23时40分，堤身溃决，四图村民工赵锡纯、赵荣刚陷落入水，不幸牺牲。与此同时，五庄村北又溃决一口，两股溃水汇合后沿1921年宫家决口故道北流，由徒骇河入海。淹及利、滨、沾三县86乡，受灾人口170万，土地88万亩，80人遇难。

山东河务局与惠民专署组成“山东黄河五庄堵口指挥部”，指挥王国华，副指挥邢钧、田浮萍。2月9日，小口门挂柳缓溜先行堵合。3月初，来自利津、滨县、惠民、蒲台、博兴、高青、齐河6600民工汇聚五庄合力兴工。6日截流，东西两坝同时进占，至13日全部告竣。五庄堵口，由决口到合龙，历时40昼夜。

第四节 胜 迹 遗 址

岱宗夫如何，齐鲁青未了。山东历史悠久，文化厚重，一处处远古文化遗存，宛如夜空中闪烁的繁星，见证了这里曾经燃起的人类篝火。星罗棋布的治河工程遗址，犹似一部厚重的春秋史书，记载着山东黄河的历史变迁，成为山东黄河不可磨灭的文化标识。

景阳冈龙山文化城遗址

景阳冈龙山文化城遗址，位于山东省阳谷县城东 20 公里的景阳冈村以西，是迄今为止黄河流域发现的最大的一座龙山文化古城址，也是目前黄河流域发现的最早的古城址之一。2001 年 6 月被确定为国家级重点文物保护单位。

景阳冈龙山文化古城址

该城址是 1973 年由中国社会科学研究院考古研究所吴汝祚 (1921—2016) 首先发现并进行初步发掘。清理出龙山文化灰坑和商周文化层，出土了大量龙山文化中晚期遗物。1994 年，聊城地区文物勘探队在配合景阳冈景区开发建设时发现了这座龙山文化城址。城址平面呈扁椭圆形，东北西南向，南北长 1175 米，北端宽 230 米，南端宽 330 米，中部宽 400 余米，面积 38 万平方米。城墙外陡内缓，已探明南、西、北三面城墙有缺口，当为城门。城内有大、小两个台基。大台基位于城内南部，面积约 9 万平方米；小台基位于北部，面积约 1 万平方米，形状、方向与遗址一致。两台基都经过多次修建，夯具分圆棍夯与石器夯，夯窝明显，夯面清楚，原当有大型建筑。小台基的灰坑中发现一些羊、狗头骨及骨架，表明此处进行过祭祀活动。尤其是一具祭祀用的牛骨架，据史料记载，这是“五帝”之一的舜祭祀的典型标志。

景阳冈龙山文化遗址

清朝时期的“景阳冈”碑

如今，景阳冈龙山文化城址被人们视为研究炎、黄、东夷文化的珍贵资料，为研究这一地区龙山文化面貌与中原龙山文化的关系和中国古代文明的起源提供了新的线索，对探寻中国五千年文化历史乃至国家、城市的起源、阶级的产生都有极为重要的意义。

汶上蚩尤冢

蚩尤冢，位于山东省汶上县南旺镇境内，省道汶金线公路以北，省道济梁公路以西。曾有两尊高 2.3 米、宽 1.5 米、厚 30 厘米的石碑，坐北向南，下面刻有文字“蚩尤冢”，为清代人所刻。现在，“蚩尤祠”碑刻已经被存放在汶上县博物馆内。

汶上县蚩尤冢

蚩尤是与黄帝、炎帝同时代的部落首领。据《龙鱼河图》载：“黄帝之前，有蚩尤兄弟七十二人，铜头铁额，食沙石，制五兵之器，变化云雾。”《三圣记》中载：“自古以后蚩尤天王辟土地，采铜铁炼兵兴产。”《揆园史话·太始记》载：“蚩氏乃东据淮岱之地，以当轩辕东进之路，及至其没，渐至退缨矣。”蚩尤败于轩辕后，逃淮岱冀兖之地，史料所载的城于涿鹿，宅于淮岱，迁徙往来，号令天下（岱，古指泰山；兖，古指兖州，即今兖州市），说明蚩尤被炎黄打败后势力范围、生存空间已缩小到泰山、兖州、汶上、东平、巨野一带。

今据《汉书·地理志》，其墓在东平郡寿张县阚乡城(今山东汶上县南旺镇)，冢高五丈，秦汉之际，住民由常以十月祭之，必有赤出如绛，民名谓蚩尤氏旗。《史记》二十八卷“三日兵祖，祠蚩尤，蚩尤在东平陆阚乡齐之西境地”(今山东汶上县南旺镇)。有关专家根据资料记载，对蚩尤冢进行了全面论证和考古勘探，证实汶上乃是历史上蚩尤部落的主要栖居地，是东夷文化的主要发祥地之一。《中国帝王辞典》记载：当时，黄河中上游有黄帝部落、炎帝部落。下游有东夷族、九黎族，他们之间常为了争夺财物和生存空间而发生战争，九黎族首领蚩尤英勇善战，打败了炎帝族，炎帝族求救于黄帝，炎黄二族联合起来，与蚩尤大战于涿鹿之野。有史料记载“战于黄河下游泗、济浊流充斥的平陆之野(泗，即泗河；济，即济水；平陆，即今山东汶上县)”。蚩尤被杀，被分葬于汶上、巨野等地(蚩尤四冢之说),其首级葬于阚里(现山东汶上县南旺镇)。

《皇览》曰:“蚩尤冢在东郡寿张县阚城中，冢高七尺，常以十月祀之，有赤气出，如绛，民名为蚩尤旗。”《续汉书·郡国志》曰：“东平陆有阙亭，按东平陆在汶上阚城亭鲁诸公墓焉，即此地矣。”《中国帝王辞典》、《辞源》、《水经注·济水》、《兖州府志》第二十三卷、《汶上县志》、《阚城诸公墓之图》等均有记载。

帝尧陵遗址

帝尧陵遗址，位于菏泽市牡丹区胡集镇尧王寺村西，东距成阳故城1公里，为堌堆型古聚落遗址。遗址南北长320米，东西宽220米，总面积约70400平方米，完全埋于地下。近年新修的尧陵、尧庙坐落在遗址之上。

帝尧乃距今4150年前后华夏共主，本姓伊祁氏，字放勋，先居唐(一说山西临汾，二说河北唐县)，后居陶(定陶陶城)，故为陶唐氏，史称唐尧。尧二十岁践天子位，暮年禅帝位予舜，徙陶丘，后回游成阳而崩。舜葬尧于成阳姚墟，不封不树。久之榖木成林，人曰“姚墟榖林”，尧母庆都陵曰“灵台”，与尧陵毗邻。汉兴，尊唐尧为远祖，尧冢为圣地。《汉书·地理志》云：“济阴郡成阳县有尧冢、灵台。”汉济阴郡驻定陶，辖九县，成阳县为其一。汉廷钦定成阳穀林为尧葬之地，每年春秋太守县令致祭，汉皇不定时遣使于成阳祭尧。(出自《菏泽尧陵考》，潘建荣著)

帝尧陵

尧帝、舜帝在位时，黄河泛滥非常严重，其先后任用鲧和禹治水，终使洪水安定。大禹治水，又称为鲧禹治水，是中国古代神话传说故事，源自著名的上古大洪水传说。作为黄帝的后代，鲧、禹父子二人受命于唐尧、虞舜，分别任崇伯和夏伯，负责治水事宜。大禹率领民众，与洪水进行英勇斗争，最终获得了胜利。面对滔滔洪水，大禹从鲧治水的失败中吸取教训，改变了“封堵”的办法，对洪水进行疏导，为了治理洪水，长年在外与民众一起奋战，曾“三过家门而不入”。大禹治水 13 年，耗尽心血与体力，终于完成了治水大业。

2006 年，尧王寺村村民王克春在尧陵遗址附近取土时发现《水经注》所载尧妃中山夫人残碑碑首。

2008 年 4 月，省、市、区联合文物普查工作队对尧陵遗址进行开探沟试掘。根据对出土的遗物分析，该遗址主要为龙山及商代晚期的小型聚落，历史可延续到周、汉、金、明、清。其中重要发现有商代晚期的房基、灰坑及小型台基等遗迹，其中1座房基较好，墙体尚存1米多，室内面积近10平方米。汉、金时期遗迹有灰坑及垫土，所包含的遗物主要为建筑残瓦，其中1座金代灰坑中发现大型建筑的饰釉鸱吻，但没有发现基址。试掘所获遗物主要为陶器残片，其中商代的最为丰富，出土石钺、镰、刀、斧、凿、镞、戈及骨镞、椎、笄、卜骨等文物10余件。金代灰坑中发现的饰釉鸱吻，表明当时可能有寺庙建筑。

帝尧陵

本次发掘还发现面积8万平方米、文化堆积厚达12米的龙山文化遗址，并于陵东二里发掘出“成阳故城”。

为传承尧舜文化，菏泽市牡丹区委、区政府将胡集镇打造成以“一带三园”为主体的雷泽祖源文化小镇，即以徐河景观带、帝尧陵遗址、成阳故城遗址为框架，以徐水、沙河为依托，建设尧舜禹主题公园、成阳故城文化园、伏羲文化园，打造全球华人心目中的寻根祭祖圣地。

扁鹊墓

扁鹊墓，位于山东省济南市泺口街道鹊山西村内，地处黄河北岸，西眺药山，东傍鹊山。济南市扁鹊墓实为衣冠冢，乃后人追慕医祖扁鹊所立。1995 年，扁鹊墓入选济南市第二批重点文物保护单位，2015 年入选山东省第五批文物保护单位。

扁鹊雕像

扁鹊墓由雕塑、墓碑、坟丘构成。扁鹊雕塑高约 4 米，形象为样貌慈爱、精神矍铄的长髯老者，他右手持杖，左手负于身后，腰间悬挂葫芦，长须含笑，迈步向前。雕塑线条流畅，彰显其“衣带当风过千山，悬壶问诊济世人”的风采。石像基座高约 1 米，正面用篆书题刻“神医扁鹊”四个大字，背面阴刻扁鹊为病人诊疗、炮制草药的画面。

石像身后则是民间宅院，扁鹊墓就在其中。扁鹊墓为圆形土丘，高约 2 米，封土直径约 5 米。相传最初土丘高度为 5 米，但 300 多年的风吹雨淋，外加长期保护不善，坟茔高度已不复从前。丘上原植芙蓉树，传闻枝盖坟墓、花叶繁茂，如今业已不存。

墓前矗立三座石碑。正中墓碑历史悠久，高 1.58 米，宽 0.5 米，上刻碑铭，字迹模糊不清，碑顶有青砖砌成的宝塔形碑冠。20 世纪 80 年代，鹊山西村村民在修建房屋时，不慎将墓碑砸为两截；90 年代初，墓碑被重新立起，并用水泥加固。两侧石碑皆为保护标志碑，东侧石碑是济南市人民政府于 1995 年所立，西侧石碑是山东省人民政府于 2015 年所立。西侧石碑刻有扁鹊生平、墓碑概况并拓原碑碑文。依据碑文记载，济南扁鹊墓乃是康熙二年 (1663 年) 秋所建，乾隆十八年 (1753 年) 重整。

扁鹊，战国时期医学家。据《史记》记载，扁鹊集当时医学之大成，最早应用诊脉于临床，并创《扁鹊内经》《扁鹊外经》（均佚）。他行医足迹遍布列国，历经齐、赵、卫、郑、秦各地。传闻中扁鹊渡过黄河，并在此处停留问诊，与该地相去不远的药山便是扁鹊的采药地。而扁鹊墓东侧的鹊山，据《齐乘》（元代成文）、《历乘》（明代成文）所载，乃因“相传扁鹊曾炼丹于此”而得名。附近原有北宋时所创建的鹊山寺、扁鹊祠、鹊山亭、扁鹊书苑等名胜，但历经千年均已消失不见。

扁鹊墓

除济南扁鹊墓外，陕西、山西、河南等地亦有扁鹊墓，疑冢众多、难辨真伪。之所以有如此众多的扁鹊墓存世，或许原因恰如收藏家李汝宽所言：“墓者，慕也。圣人殂亡，四海如丧考妣，殊俗之人，各起土而坟，是以所在有焉。”

每逢节假日，前来扁鹊墓参观、祈福的民众络绎不绝。追思扁鹊、感怀医祖的氛围也恰恰反映出人们心中长寿无虞、身体康健的诚挚祈愿。

秦皇堤遗址

秦皇堤遗址位于山东省莘县古城镇西曹营村西，主管单位为莘县人民政府。莘县史志资料记载，秦皇堤西南起自樱桃园镇田河村，东北至阳谷北吴堤口入阳谷县境，莘县境内约 50 公里，在莘县古城镇境内有 13 公里，古城镇东台头村以及古城镇的吕堤、湾堤、黄堤口村皆因堤得名。

秦皇堤筑于秦代，至今已历经两千余年沧桑，堤坡日趋平缓，部分堤段已被夷为平地，只有古城镇境内约 5 公里长的堤段还有断续遗迹，实为宝贵。2008 年 4 月 17 日，莘县人民政府将秦皇堤遗址列为县级文物保护单位，并在古城镇西曹营村立碑建亭。

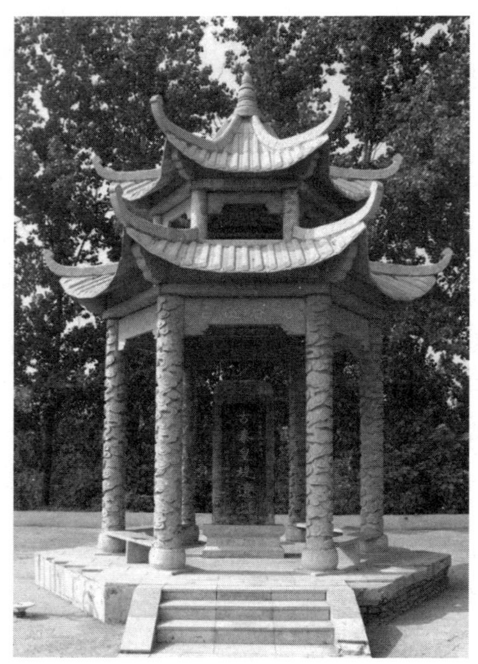

秦皇堤遗址碑亭

碑文内容：

黄河堤防，向为历代君主看重。民间素有秦始皇南筑秦堤挡黄河水，北修长城抵鞑兵之说。今日莘境南部之秦皇堤者，即秦代所筑之旧堤也。时黄河行经今莘县西、冠县中、聊城北一线，秦皇堤应为黄河之南外堤。东汉时期，黄河河道移至范县南，水利家王景率众筑成金堤，秦皇堤逐废。秦皇堤又名秦堤、秦黄堤、鲁堤，许多与堤有关的神话故事在民间广为流传。堤西南起自田河，东北至北吴堤口入阳谷县境，行经莘境百余华里，蜿蜒起伏，似神龙横卧，其势如虹。堤筑于秦代，至今已历两千余年沧桑，堤坡日趋平缓，部分堤段已被夷为平地，唯古城镇境内约十华里长的地段尚有断续遗迹，诚为宝贵。时逢盛世，百姓乐业，为保护古建筑遗址，弘扬传统文化，特建亭立碑于此，以传承历史，昭示后人。亭竣碑成之日，乃为文述其始末，是为记。公元 2008 年 5 月，杨巨源谨撰。

秦皇堤是一条横贯莘县南部的古老土岭，虽然历经千百年风雨侵蚀，但沿途各地民间有关秦始皇指日不落、走马修堤等传说一直流传至今。

传说把秦始皇描绘成神人，筑堤期间徭役繁重，筑堤又是繁重的体力劳动，修建金堤的进度很慢。为了让劳力们多干活，秦始皇便将太阳定住，不让太阳西落，以延长劳力们的劳动时间，一天吃 12 顿饭，这下更苦了

秦皇堤遗址

修堤的百姓。他们每天不停地劳动，没几天堤上累死的人便成堆。即便如此，秦始皇依然嫌慢。眼看期限到了，秦始皇骑马来了，同监工大臣说：“我骑马从西向东看看堤修得怎么样。马回来时，金堤要全部修好填平。不然，小心你的头。”说完，秦始皇骑上马，一鞭打下，马向东跑去。马到之处，金堤必须要全部修好。为了完成秦始皇交办的任务，官兵就把许多正在修堤的年迈百姓填进堤中，盖上了土。秦始皇骑马很快跑了回来，平坦坦的金堤一眼望不到头，秦始皇走马修金堤的传说便由此而来。传说虽不足为凭，但当时修堤的艰辛却由此可见一斑。

项羽墓

自山东省东平湖陈山口收费站东行 2.5 公里，在 220 国道东侧的东平县旧县三村有一座霸王坟，即项羽墓。

墓地西临东平湖，三面环山，是一块风水宝地。据当地老人回忆，原来墓地占地 60 多亩，封土直径 100 多米，高约 10 米，后来墓地被破坏了，石碑也毁坏了。目前，坟墓封土不到 4 米，周长约 11 米，被树丛杂草覆盖，四周均为菜地。2016 年农历三月，旧县三村在项羽墓前新立

石碑，阴刻“西楚霸王墓”，碑背刻有“重修霸王墓记”。墓碑左侧还有一块修复的残碑，字迹已模糊不清。

项羽墓

项羽乌江自刎，是在今安徽省境内，为何被葬于山东呢？

秦朝末年，天下大乱，群雄逐鹿，楚汉相争。西楚霸王项羽在垓下（今安徽灵璧）决战中，四面楚歌，霸王别姬，率800铁骑冲出重围，一路南下。刘邦派灌婴率5000骑兵紧追不舍，务必将项羽拿下，以绝后患。项羽渡过淮河，错入沼泽，一番冲杀，身边只剩28骑。突出重围的项羽来到了乌江，乌江亭长准备好渡江船只，希望他能回到江东，卷土重来。但是，项羽自觉非战之罪，而是天要亡我，无颜见江东父老，放弃了东渡。乌江岸边，项羽抱着必死之心进行最后血战，斩杀数百汉军，然后自刎而亡。

项羽死后，头颅和肢体被汉军王翳、吕马童、杨喜、吕胜、杨武等5人瓜分，拿去领赏封侯。

一代战神项羽身首异处，那他最后被埋在哪里呢？现在山东、安徽等地有3处项羽墓。山东2处，安徽1处。

据《史记·项羽本纪》记载，“项王已死，楚地皆降汉，独鲁不下。汉乃引天下兵欲屠之。为守礼义，为主死节，乃持项王头视鲁。鲁父兄乃降。始楚怀王初封项籍为鲁公，及其死，鲁最后下，故以鲁公礼葬项之谷城，汉王为发哀，泣之而去”。

意思是说，项羽死后，在山东鲁地有忠心的部将未知其死讯，仍然坚守不降。刘邦本欲屠之，念其忠义，就让他们看了项羽的头颅，他们才弃械投降。因之前楚怀王曾封项籍为“鲁公”，古谷城一带为其封地，也是项氏曾经的根据地。刘邦和项羽虽然是死对头，但也曾经是结拜兄弟，刘邦内心对项羽还是敬佩的，就以鲁公之礼将项羽安葬于此。刘邦还亲自参与发丧，并哭泣哀悼。

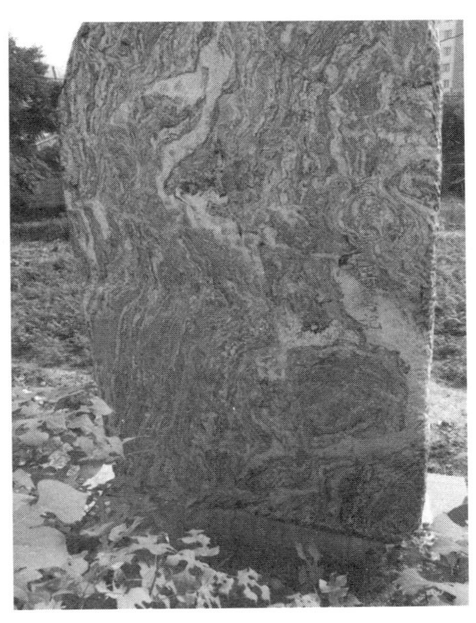

重修霸王墓记

这是《史记》所记载，并且《资治通鉴》《水经注》《括地志》等都认同此说法，至于这里是否只葬有项羽的首级，后人不得而知。

山东的第二处霸王墓位于山东曲阜市鲁国故城东北角的五泉庄。关于这座霸王墓的说法，是因为战国时期，鲁国都城在曲阜，既然项羽被以鲁公之礼葬之，应该葬在鲁国古城(或故城)。史料出现的“谷城”，人们认为可能是“古城”或“故城”的讹传。但此种说法没有强有力的证据支持，很多人还是认为这里的霸王墓可能是一处衣冠冢。

传说中的第三处霸王墓在安徽省和县乌江镇凤凰山。这座霸王墓被认为是项羽的衣冠冢。据说在项羽自刎后，汉军抢夺其肢体邀功，当地老百姓同情项羽遭遇，收集他的残骸和衣物，在凤凰山上为他修了衣冠冢，旁边还修有虞姬墓。

虽然几种说法都各有道理，但是更多的人还是认同这样的主流观点，即项羽埋在了古谷城(山东泰安市东平县)。

曹植墓

曹植(192—232)，字子建，沛国谯县(今安徽亳州)人，魏武王曹操第三子，生前称为陈王，去世后谥号“思”，又称陈思王。

曹植是三国时期曹魏著名文学家，建安文学的代表人物，与曹操、曹丕合称为“三曹”，其代表作有《洛神赋》《白马篇》《七哀诗》等，现存《曹子建集》10卷。曹植才气卓绝，后世对其评价极高，南朝宋文学家谢灵运称“天下才有一石，曹子建独占八斗”，《诗品》的作者钟嵘(南朝时期文学批评家)亦赞曹植“骨气奇高，词彩华茂，情兼雅怨，体被文质，粲溢今古，卓尔不群”。

太和三年（229年)曹植封东阿王，太和五年（231年)冬，接明帝“诸王朝于六年正月”之诏，率妻东阿王妃和子曹志赴京都洛阳，自此生前再未回东阿。太和六年（232年)二月，曹植改封陈王(今河南淮阳)，当年十一月病逝，葬于思陵(今淮阳县城南王店乡叶楼村北)，享年41岁。《三国志》载：“初，植登鱼山，临东阿，喟然有终焉之心，遂营为墓。”青龙元年（233年)三月，曹植之子曹志遵其遗愿，将其灵柩迁葬于东阿鱼山西麓，建曹植墓。有1977年曹植墓出土铭砖为证，铭文曰：“太和七年三月一日壬戌朔十五日丙午，兖州刺史侯昶遣士朱周等二百人，作毕陈王陵，各赐休二百日。别督郎中王纳，主者司徒从掾位张顺。”

曹植墓，位于东阿县鱼山西麓，濒临黄河，坐东朝西。依山营穴，封土为冢，南临鱼山八景之一的“星落陨石”，北傍曹植读书之地羊茂平台。墓顶悬崖峭壁，灌木葱郁。1700余年来，古墓沧桑，原有附属建筑已荡然无存，幸存几幢古碑，其中隋开皇十三年（593年)所立的神道碑甚为珍贵，现建碑楼保护。另外还有2方石刻也较为珍贵。其一是明传碑，另一方是大明弘治八年（1495年）山东按察司洽阳九皋子用章草狂书的一首七律诗，墓前现还存有清代题诗碑和民国时期墓碑一通，保存良好。

曹子建墓纪念馆

1951 年 6 月，平原省文物管理部门对曹植墓进行清理发掘。墓室为砖结构，墓壁采用“三横一竖”砌法，墓壁及顶部均抹一层厚约 0.5 厘米的石灰面。墓室平面呈“中”字形，由外甬道、前室、后室 3 部分组成。甬道与前室、前室与后室之间各有 1 道门。墓全长 11.40 米，前室最宽为 4.35 米。出土随葬品 132 件，于 1954 年在北京故宫午门展出。

鱼山曹植墓

墓葬发掘后，由于长期暴露，1978 年 9 月 28 日，4.35 米见方的主墓室及 2.2 米长的墓道自然坍塌。为保护国家珍贵历史文化遗产，1981 年，山东省文物局拨专款修建了墓基围墙，翻修了隋碑楼。1986 年，国家又拨专款进行维修，使濒于毁弃的曹植墓得到较好保护。1993 年，东阿县人民政府对曹植墓周围环境进行了拆迁改造，建起了 1.2 万多平方米的陵园，修建了陵门，改修了隋碑楼，增建了曹植纪念馆等。1996 年 11 月，曹植墓被国务院列为全国重点文物保护单位。

铁门关遗址

铁门关遗址，位于山东省东营市利津县城北 35 公里处的前关村，北距渤海约 40 公里，南距黄河约 12 公里。

《利津县志·光绪卷》载："铁门关在县北七十里丰国镇，金置，明设千户所，以资防御，有土城遗址。"其中丰国镇为今利津县陈庄镇汀河村。

铁门关遗址碑

新莽始建国三年（公元 11 年），黄河第二次大迁徙于今利津入渤海，孕育了古代黄河三角洲。宋庆历八年 (1048 年)，黄河在河南濮阳商胡埽决溢北流，为黄河第三次大迁徙，在今河北卫河入海。这期间，济水（又名北清河、大清河）沿黄河故道，经行利津达800多年，孕育出了被称作“北海之枢纽，东省之咽喉”的关防要地——铁门关。

铁门关最初为一土城，设立于金章宗完颜璟(1168—1208年)时期。彼时在济水入海处（牡蛎嘴入海口）的左岸设置丰国镇并屯兵防守，在镇北筑土城为关防，以控海滨之险。土城周围2.5公里，有东、西、南、北4座城门，布满大铁钉的门扇如铜浇铁铸，锈迹斑斑。久而久之，这座土城便有了“铁门关”的称谓。《武定府志》赞曰：蛎浦朝宗，济水达于千里；铁门锁浪，沧海长于百川。

至明代，朝廷在铁门关设置千户所，因而铁门关被名之为“乐安防御千户城”，后又改为“武定防御千户城”，驻军1120人。宣德年间，永阜盐场的盐产量大增，铁门关也因此而富足和发展起来。此时，铁门关城内建起了关帝庙、龙王庙和财神庙，三庙在北门右侧城墙下坐北朝南一字排开，其势颇为壮观。成化年间，又在龙王庙前建起了一座硕大的二层戏楼，上悬“庆献龙宫”大字金匾。此间，利津境内的宁海、丰国、永阜三大盐场盐产丰饶，大清河航运更加繁忙。铁门关内控大清河、外掌渤海湾，城中人口密集、店铺林立，不仅成为名副其实的海防重镇和河海水路要冲，而且商业发展达到了鼎盛时期。

铁门关图

相比于明代的繁荣稳定，清代时的铁门关曾几度兴废。顺治七年(1650年)黄河水决，溢至大清河，利津北部田舍被淹没，铁门关也几乎倾废。康熙、乾隆年间，大清河成为山东河运主要航道，永阜大盐场冠盖山东，铁门关借傍河通海之利，一时舟排如梭，商贾辐辏又渐趋兴盛起来。自嘉庆至咸丰 50 多年里，铁门关名闻天下，各地商贾往返频频，晋、徽二省的盐商也纷至沓来。铁门关内外既有民区又有官防，客店货栈、茶坊酒肆、戏楼庙宇、当铺药店、兵营衙司等各色建筑鳞次栉比，热闹非凡。

直到清咸丰五年（1855 年），黄河在河南兰阳铜瓦厢（今属河南兰考）决口，主流东行，穿大运河，夺大清河河道流向东北，经由利津县铁门关入海。自此后，铁门关风光不再，在洪水的肆虐下，一步步走向衰落。据《利津县黄河志》记载，仅清光绪八年（1882 年）至光绪三十年（1904 年）间，黄河在利津境内决溢地点达 48 处，其中铁门关被洪水淹没的明确记载就有 6 次之多。

铁门关以及永阜盐场的毁灭，引起了许多有识之士的慨叹。他们的诗赋作品，从一个侧面印证了铁门关的衰败历程。利津名士盖尔佶在《利津舆地歌》中描述："忽见黄河夺济水，春汛秋涨无时已，走沙携泥，滔天撼地，声势涌汹而披靡。奔走抢护，官无昼夜，农舍耒耜，坠突叫嚣终莫抵，毁堰穴堤崩城裂石，亿万田庐财产人畜荡然，颠沛复流徙。鼋鼍起舞蛟龙喜，大地汪洋靡栖止，饥寒散亡抛妻子，神号鬼哭天如死，灾后良田多废弛，沙咸不毛相比比，人烟断绝哀遐迩，舆地须臾改观矣。"利津四大贤良之一、晚清名士张铨，在黄河夺大清河初期曾策马行走在铁门关前，看到黄河在铁门关入海仅仅数年，这一曾称雄渤海、奇伟壮观的海防关隘就尽显颓势，感慨良多，留下了"黄流直下铁门关，水浅泥深解容颜"的诗句。几年后，张铨又访铁门关，几番流连，悲从中来，他在诗中写到：

丰国场边问旧营，前朝几度设屯兵。

至今明月荒城畔，铁马金戈夜有声。

昔日千帆竞发、商贾云集的繁华景象渐行渐远，"熬波煮海""平地起冰山"的盐场日渐凋敝；唯有夜半涛声中，似乎隐隐传来千军万马的征战之声。

黄河一次次将铁门关淹没，已近暮年的诗人既痛心黄河带来的灾难，却也感受到了大自然的造化之功和黄河带来的福祉：

年来海若欲东迁，东去潮声向日边。

葭浦芦湾三万顷，果然沧海变桑田。

在此后的数十年间中，铁门关入海口处淤出了大片大片的沃野良田，至民国初期，已有“鲁北粮仓”之称。《利津县志》评曰：“利津大利在水，大患在水，患不除利不兴……”铁门关被黄河淤埋后，其衙署机构迁入利津城北街，后因盐场全部损毁而裁撤。在黄河洪水的数次淹没下，铁门关近200居民被迫迁往他乡，至民国初年村民陆续返回重建时，已不足200户。

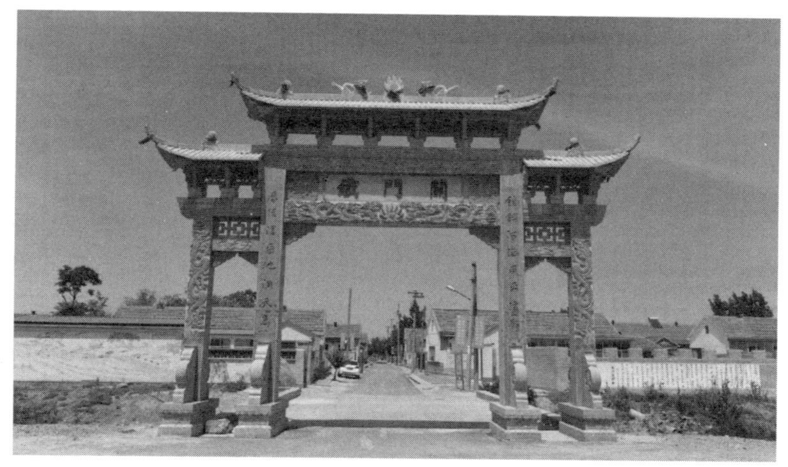

2018年复建的铁门关牌坊

铁门关作为由金延续至明清时期的古遗址，中华人民共和国成立后一直备受关注。1957年，关内主要建筑群“三庙一戏楼”中的戏楼上层还裸露于地面，因此被定为省级重点文物保护单位，并以戏楼为中心划定东西长50米、南北宽30米、面积为1500平方米的保护范围。

1973年文物普查发现，戏楼裸露部分因自然或人为原因全部消失，改

"铁门关遗址"为县级重点文物保护单位。1979 年惠民地区文物部门对遗址进行过调查,发现石碑 2 块,瓦片若干,镌刻"庆献龙宫"木雕横匾一块。

2015 年,铁门关遗址被确定为渤海经大清河航运通往内陆"海上丝绸之路"的重要节点,该遗址公布为第五批省级文物保护单位,并重新划定了边长 625 米、面积近 40 万平方米的保护范围。

建立在前关村的铁门关历史展厅

为更好地保护铁门关历史文物遗址,展现其所蕴含的文化内涵及其价值,2018 年由汀罗镇、前关村融资 500 万元打造的铁门关主题展馆在前关村落成。该展馆占地面积 4000 平方米,展厅 360 平方米,由渊源追溯、海防重镇、铁门关人物、铁门关传奇、沧海桑田、铁门关大事记等 6 大版块组成,通过文字图片、实景还原及实物模型,再现铁门关深厚的文化底蕴,追忆昔日的大气与辉煌。

老残观凌处

在齐河南坦险工 85 号坝,立有一块"老残观凌处"刻石,这是根据《老残游记》所记载的和地方上人们口口相传而推测出的大致位置。

清咸丰五年 (1855 年) 黄河从河南兰阳 (今兰考) 北岸铜瓦厢决口,来了个巨龙摆尾,穿过大运河夺大清河水道,从利津铁门关以下牡蛎嘴入渤海,河南、直隶、山东 40 多个州 (县) 被淹。当时清政府疲于应对太平天国和捻军，无力也无心治理河务，沿黄百姓饱受水患之苦。

“老残观凌处”刻石

两年后，刘鹗出生。刘鹗，原名刘梦鹏，后来自己改名“鹗”，字铁云。鹗是水鸟，说来凑巧，身处“棋局已残”的晚清，刘鹗的命运正是因为治水而出现了转机。

刘鹗是家中最小的孩子，七岁读书，从小散漫，但聪明过人，喜杂学，医学、数学、乐律、方技、词章等他学一行精一行，唯独对科举之学不感兴趣。1876 年，刘鹗赴京应试，最终榜上无名。此后，刘鹗便无意仕途，热衷于经商。他先后开过烟草店、诊所、印刷厂，但是开一家赔一家，到了 1887 年，他的人生出现了转折。

这年，开封、郑州段黄河决口，几位治河官员都束手无策，清政府调来了广东巡抚吴大澄。吴大澄与刘鹗的父亲刘成忠是旧交。刘成忠曾在开封当过知府，还将自己的治河经验写成了书，叫《河防刍议》。刘鹗受其父影响，从小喜好水利，并认真研读过父亲的书。他认为这是一个施展身手的好机会，于是，果断地关闭了自己在上海的印刷厂，投奔吴大澄，出任河督局提调官，投身于治黄大业。

刘鹗身临一线，“短衣匹马，与徒役杂作”，与河工们同吃同住同劳动。与此同时，他提出“筑堤束水，束水攻沙”的科学方法，1889 年 1 月，决口合龙，河复正流。同年，刘鹗带人进入山东，沿黄河一路勘察，直到黄河入海口，在实地勘察的基础上，结合查阅沿黄各州县县志以及河工资料，于 1890 年 3 月完成全部调查测绘工作，形成了《三省黄河全图》。共计五册一百六十篇，内容涉及河道走向、接纳支流情况、两岸堤坝等水利工程情况。在此基础上，刘鹗还根据各地县志、黄河治理档案资料及其他有关资料完成了《历代黄河变迁图考》，历数黄河河道变迁。以上两部著作在黄河水利史上具有重要地位。

1889 年 9 月，刘鹗实地勘察利津铁门关、韩家垣两处河门情形后，回到利津县城，给当时的山东巡抚张曜呈送了一份禀牍，首先对张村、大寨决口合龙表示祝贺，并劝张曜采用王景治河的办法，以建“神禹之伟绩”。随着禀牍，刘鹗把刚写好的《治河五说》一并附上。他在《治河五说》中开门见山地提出：“山东河患所以日甚一日者，实由河身愈垫愈高耳……今年割济阳以下数百庄以与河矣，而河患更烈。”用实践说明“废民埝、宽河身”的做法不可行，并提出了“修缕堤以攻积淤”“播支河以消盛涨”“改河门以就便捷”三项具体办法。

1890 年 3 月，刘鹗来济南报到，开始在山东办理河务。巡抚张曜委任他为黄河下游提调官，并委托他在黄河下游的利津县、蒲台县修建斜堤(连接缕堤和遥堤的堤坝)各一道。原来汛期一到，这里沿河 200 多个村庄就浸泡在水中，斜堤修好后，麦秋二季滩区的庄稼没有受洪水影响，获得了丰收。1891 年 7 月张曜因病去世，福润继任山东巡抚，刘鹗结合在山东办理河务的实践，对原《治河五说》进行了补充，增加了《治河续说》两篇，提出“修民埝束水攻沙”“筑斜堤澄淤填堤”“建滚坝播河涨泄”“补大堤同河启塞”四种措施，形成新版《治河五说》呈送给福润。

刘鹗来山东办理河务初期，同僚中有不少人坚持“不与河争地”之说。刘鹗则力持《治河五说》。但是，当时废济阳以下民埝的大错已经铸成。1892年夏天，黄河在鄄城、章丘、济阳、惠民等县决口十余处，其中，章丘决口灾情为重。

此时距张曜去世已有一年，继任山东巡抚福润上奏朝廷自请处分，同时处罚了一部分官吏。可是，这些都已于事无补。1892年下半年，刘鹗原配夫人王氏和母亲朱夫人先后去世，刘鹗回到淮安守制，把家眷也接回了淮安。1895年秋冬间，刘鹗守制期满，经福润两次推荐，进了总理衙门。这年腊月，刘鹗从北京回到济南，在泉城过了一个春节，1896年正月回北京，为在山东办理河务的日子画上了一个句号。

由刘鹗创作的《老残游记》，被鲁迅先生评为晚清四大“谴责小说”之一，虽为小说，但对地方风物的记录多是真实的。他把自己化身为一个行走江湖的郎中，书中部分内容记录了他在山东治河时的场景，在第十二回“寒风冻塞黄河水暖气催成白雪辞”提到的“老残观凌处”，就位于现在的齐河黄河南坦险工。

于佐堂故居

全国第一届劳动模范代表、治黄特等功臣于佐堂故居坐落在山东省东营市利津县北宋镇于家村，2015年被列入利津县历史文化遗产保护名录。

于佐堂故居

于佐堂故居有正房六间，为砖基土坯房，建于20世纪70年代初；西厢房3间，砖基土坯房，建造年代早于正房；东厢房3间，为石基砖瓦房，建造于20世纪80年代。围墙为砖基土坯，大门位于西南角，坐东朝西。故居占地面积约700平方米。

在60年的治黄生涯中，于佐堂屡建奇功，每每力挽狂澜，被誉为“黄河抢险第一人”。

1921年7月19日，利津宫家坝决口，离口门不足5公里的于家村遭受了灭顶之灾。时年22岁的于佐堂一家侥幸逃出，起初露宿坟岗，后到河东许家村大王庙内栖身。这一年，经历了7次黄河决口的青年于佐堂在宫家坝决口十几天后，走出栖身的大王庙，来到山东河务局南四营当了汛兵。短短几年，黄河上各类“营生”对他来说已熟记于心。接下来的10年时间里，从班长升汛目，从汛目升汛长，先后驻守佛头寺、小街、王庄等险工，率领河工参加了多次黄河抢险堵口工程，练就了一身抢险、修埽、看水、估工的绝活。

于佐堂（右）在参加生产劳动

1936年，正当于佐堂踌躇满志准备在黄河治理上大展身手时，国民党军队在河南花园口扒堤放水，黄河改道南流入淮；日寇入侵，利津沦陷，国民党政府山东河务机构撤销，于佐堂无奈归家务农。

随着1946年黄河水归故道，解放区人民掀起了一场声势浩大的“反蒋治黄”斗争。1947年4月，48岁的于佐堂回到治黄岗位，先后担任利津县治黄办事处(后改称为利津修防段)工程股副股长、工程队队长等，全面负责驻守王家庄险工堤段工作。

1947年9月初，黄河水猛涨，王庄险工十几段埽坝相继掉蛰入水，形成5处大险。在这最危急的时刻，头顶是国民党军队的飞机肆无忌惮地低空轮番轰炸扫射，脚下是汹涌肆虐的洪水和危在旦夕的堤防，于佐堂一边指挥民工注意隐蔽，一边上下奔跑，与县长王雪亭紧密配合，指挥1000多名民工全力进行抢护。一连抢了14个昼夜，险情仍然继续扩大，埽坝全部塌入河中，堤防仅余1米多宽。在料物用尽、一线难保的情况下，指挥部决定放弃一线大堤，退守套堤，死保二线。9月20日晨，大堤终于坍塌，洪水扑向套堤。该堤于汛前刚刚抢修而成，靠水后渗漏不断出现。突然，套堤背后有一漏洞，于佐堂奋不顾身跳入水中，指挥抢险队员拉手结成人墙在水中循序探摸，县长王雪亭见状也加入到队伍之中。洞口很快被找到，于佐堂脱下身上的衣服团了团塞进洞口，无奈水中吸力太大，往洞里抛麻袋、塞料物都无济于事。在情况万分危急时刻，泡在水里的于佐堂冲到堤上扛起一捆秫秸料插入洞口，众人纷纷效仿，一时间，水势渐缓，又忙用软料、麻袋覆盖，终于将洞口堵住。经奋战20个昼夜，抢修堤坝23段，堵塞洞口16个，终于化险为夷，转危为安。

于佐堂（拍摄于1951年）

1949 年秋汛，黄河出现归故后的首次大水。洪水迫岸盈堤，汛情紧张异常。仍在王庄险工驻守的于佐堂得知汛情后，对险工上下河势进行了详细查勘。经验告诉他，大溜极有可能下延，便在有可能出险的堤段上备足了料物。不出所料，在估计出险的堤段上有七八段埽同时出险，41 号、42 号掉蛰溃膛尤为严重，连续加料 30 多坯始见稳定。继之，大溜下延到 48 号 (现 43 号) 磨盘埽出现重大险情，堤身在一小时之间塌掉 6 米多。常言道“不怕险种，就怕无料”，而此时整个险工仅有 300 立方米石料，杯水车薪，无济于事。在眼前危急时刻，于佐堂凭借多年的治黄抢险经验，提出了用麻袋装红泥代替石料，以解燃眉之急。他指挥工人、民工用 1 万多条麻袋装入红泥 3000 多立方米抛护埽根，48 号埽坝转危为安。用麻袋装红泥代替石料抢险的办法迅速传到了河对岸，垦利县左家庄 1 号坝仿效，破解了石料缺乏的困境，均化险为夷。汛期过后，渤海行政公署、山东省河务局授予于佐堂“特等治黄功臣”称号。1947—1949 年，鉴于于佐堂在治黄斗争中多次扭转险局，3 年内荣立一等功 3 次、特等功 1 次。

1950 年，苏北潮河决口，屡塞不成。接上级命令，于佐堂率领一支混合工程队前往支援。经实地勘察、入水探摸后，于佐堂发现溃口处的河底为“油泥”河底，于是他便采取秸料进占，仅用两个小时就合龙成功。“神了，黄河上真有能人！”在场的干部和民工连连称奇。于佐堂在当地名声大振，获得了“山东大汉胜龙王”的赞誉。紧接着，他又被邀请到沂河帮助修建束水坝工程。在施工中，他毫无保留地向当地群众传授治河技术，培养了一批技术骨干，加快了工程进度，工程提前竣工。为此，华东水利部两次赠匾表彰。同年 8 月，于佐堂光荣地加入了中国共产党；9 月，被推选出席第一届全国工农兵劳模大会，荣获“全国劳动模范”称号。在北京，他受到了毛泽东、刘少奇、周恩来等国家领导人的接见。1951 年荣获“山东省劳动模范”称号，1954 年起，他当选为山东省第一、第二、第三届人民代表大会代表及利津县人民代表大会代表。

于佐堂墓茔

1965 年，退休回乡的于佐堂仍对治黄工程十分关心，每遇大险要工，便不辞辛劳、亲临指导。1980 年 6 月，因身染重病，医治无效，于 14 日 11 时 30 分与世长辞，终年 82 岁。利津县党政机关、河务部门与当地群众共同为其举行追悼会，深切悼念这位人民治黄的特等功臣。

第五节 神 话 传 说

千百年来，黄河奔腾流淌，生生不息，留下许多历史文化瑰宝。其中，秃尾巴老李、白龙湾、萧神庙、黄河化龙等神话传说故事及流传已久的黄河号子，以其独特的魅力透射出浓浓的齐鲁风韵，深深影响着后人。

秃尾巴老李的传说

德州市德城区黄河涯镇南端，黄河故道的北岸有个村庄叫九龙庙，这里流传着一个古老的传说故事——秃尾巴（当地读 yǐba）老李。

远古时期，黄河里有个水怪经常出来兴风作浪，给沿岸的百姓造成了很大灾难。此事惊动了天庭，龙王的九子便受命前来除妖。这年，黄河岸边一户姓李的夫妇生下一男孩，浑身黝黑，粗壮有力，屁股上却长着一条尾巴，这就是龙王的第九子。李父见是个怪物，就将其扔掉了。李母不忍心，又将其抱回来，一直抚养着。一日，李父下地归来，见妻子晕倒在房内，怀中趴着的竟是一条黑蛇。知是儿子所变，异常气愤，扬起手中的铁锨将其尾巴铲了下来。只听一声雷响，黑蛇踪影全无，地上只留下一摊鲜血和一截尾巴。村民们知其不是凡人，不敢再呼其名字，尊称为“秃尾巴老李”。黑蛇走后，一连几年没有音讯。母亲想儿心切，茶饭不思，骨瘦如柴，继而病逝。就在出殡这天，突然天降暴雨，空中电闪雷鸣，一条无尾巴大黑蛇趴在灵前泪流不止。待秃尾巴老李现为人形后，人们聚拢过来询问其走后的情况。秃尾巴老李说：“我一怒走后，便到一深山修炼去了。本想成龙后再接母亲去享福，没想到母亲竟然早逝。”说完，放声大哭，声如雷鸣。李母下葬后，老李听乡亲们说黄河里有个水怪经常作乱，百姓深受其苦。老李跃入黄河，打败水怪，让百姓过上了太平日子。人们为了纪念他的恩德，就在岸边修起了一座庙。因为黑蛇是龙王的九子，故此庙称为九龙庙。后来这个村庄就改叫九龙庙村。

秃尾巴老李离开后，向东北方向而去。忽见一条大江，波浪汹涌，几只渡船摇摇晃晃翻入江底。他便现为人形打听情况。人们告诉他，江内一条白龙，无恶不作。百姓恨之入骨，却奈何不得。秃尾巴老李听后，钻入江底，与白龙大战了 3 天 3 夜，终因气力不支而落败。几天后，居住在江两岸的山东籍老乡做了个同样的梦。梦中一黑脸青年说："我也是山东人氏，有事求助于老乡们。七天后，我要与恶龙决一死战，请备好馍馍和石灰，到时见江中翻黑浪，就将馍馍投入江中；若翻白浪，就投入石灰。"第七天，两岸石灰和馍馍堆积如山，江中两条巨龙上下翻滚，奋力相争。人们见江面上冒出股股黑浪，便将馍馍抛入江中。黑龙吃饱后，体力大增。白龙连饿带累，张口呼呼大喘，江面上翻起阵阵白浪。人们立即将石灰投入江中。白龙吞进石灰后，直烧得腹中疼痛难忍，双目难睁，渐渐招架不住，被黑龙咬死。为纪念黑龙功绩，人们给这条大江取名为"黑龙江"。为感谢老乡们的相助之情，只要有山东人乘船渡江，不管江外风有多大，秃尾巴老李总使江面风平浪静。时间一长，在当地形成了一种风俗，凡摆渡船启航必问："船上有山东人吗？"即使没有山东人，坐船的也要应一声"有"，于是此船平安抵达。

秃尾巴老李的传说在全国流传甚广、影响很大，在诸多版本中，德州九龙庙之说有其深厚的历史渊源和民间基础。

白龙湾的传说

九曲黄河携沙纳川，行至山东惠民清河镇时，水流倏忽掉头，一处近似直角的大弯在此形成，这就是著名的"白龙湾"。作为黄河下游著名的险段，白龙湾曾饱受黄河泛滥之害，素有"开了白龙湾，先冲武定府，后淹阳信县"的说法。关于"白龙湾"的来历，有一个美丽而动人的传说。

相传，白龙湾向北约 1 公里，有一处名为吕王庄的村子，村里有位花甲老人吕老汉。有一天，吕老汉家里来了一个青年，自称是河对岸来讨生活的，只要管饭就行，不要工钱。吕老汉正愁没帮手，便收留了他。

过了 3 个多月，吕老汉发现，虽然不见年轻人干活，但是该干的活却一样没落下。这天他谎称去赶集，躲在大树后面瞅着。只见年轻人走到井边，忽然变成一条小白龙，龙头立在井沿上，身子顺到井里，一晃龙头，井水就洒向菜地，很快就把地浇了一遍。原来他是住在黄河湾里的一条小白龙。

白龙湾

白龙马石像

小白龙对吕老汉说："我见你孤苦，便来帮助你，3天后黄河发大水，有一条作恶多端的大黑龙，借着涨水，抢占我的窝，想从这里决堤入海。它很凶猛，你得帮我。"吕老汉问："我怎么帮你？"小白龙说："你准备一些馍馍和砖头，见河水翻滚就念'河水滚滚开了锅，黑龙抢占白龙窝，黑龙上来用砖打，白龙上来吃馍馍'，发现河水中是黑影就扔砖头，发现是白影就扔馍馍。"

3天之后，吕老汉蒸了两箩筐馍馍，准备了一大堆砖头，在大堤上等着。忽然河水翻腾起来，吕老汉就按照小白龙说的做，但念了几遍后，竟念成了"白龙上来用砖打，黑龙上来吃馍馍"。这时，黑龙得了势，瞬间冲开了大坝，黄河决口了。河水像猛兽下山，朝吕家庄冲去。小白龙身子一转，在吕家庄前横躺下来。河水被小白龙一挡，转而向北冲去，吕家庄的百姓得救了。

可是，再也看不见那个年轻人了。人们说，他就是那个帮吕老汉干活的年轻人，是一条小白龙。从此，这个水湾就有了名字，叫白龙湾。人们在堤外的村口修建了白龙庙，纪念小白龙。可惜的是，白龙庙后来淹没在黄河的一次次洪水中。

白龙湾石碑正面

白龙湾石碑背面

时光流转，许多年以后，这里建成了白龙湾险工，形似拦河大坝，位置十分险要。人民治黄以来，白龙湾险工由秸埽坝改建成了石坝，并加高、帮宽了黄河大堤，后来又修建了白龙湾引黄闸。于是另外一首朗朗上口的歌谣被沿黄百姓传唱开来：“小小白龙神通大，造福百姓立新功。高高闸门慢慢开，美好生活流进来。”

2008年，白龙湾的传说被惠民县列入首批“非物质文化遗产”。惠民黄河河务局在白龙湾险工建起了“白龙马”塑像，黄河工程建设与文化遗产传承保护得到有机结合。

萧神庙的传说

萧王庙上走群灵，天外孤灯照北溟。
鼍作鲸吞风雨夜，迷航遥识定盘星。

这首《竹枝词》出自清代利津“四大贤”之一的张铨，说的是萧神庙的传说。萧王，即萧神，名伯轩，唐以后祀为水神。萧神庙亦称“老爷庙”，原在利津县境，1983年划东营市河口区。诗中所说的定盘星，指的是指定方向的灯。

据考证，萧神庙原址是一处贝壳岛，于1494年（明弘治七年）前成陆。1855年黄河夺大清河由利津铁门关北萧神庙以下之牡蛎嘴入海。因铁门关是大清河近海处河海联运的重要码头，名气颇大；而萧神庙原距海较近，为海洋运输及渔业生产发挥过导航作用，因而也稍有名气，其建筑年代失传，但民间有这样一段传说：

清乾隆年间（1736—1796年）一日傍晚，从浙江宁波来的一艘大商船，忽然遇上暴风，风急浪高，樯倾楫摧，大有把人船碾为齑粉之势。船上众人面对此情一筹莫展，只好听天由命。突然，不远处升起红灯一盏，红光四射。满船人惊喜若狂，连忙操舵挽篙，奋力向红灯划去。奇怪的是：船越走风浪越小，红灯也渐渐暗淡，而不远处狂风恶浪依旧如初。行进间船搁浅而停，四周风和浪细，红灯消失。天微亮，大难不死的人们发现大船竟靠在一个由贝壳和砂石堆积的砣矶边，船主忙带领众船工到砣矶上焚香跪拜，对天祈祷，感谢神灵保佑。翌年，船主率船队满载木材、砂石、砖瓦及能工巧匠跨海而来，在遇救的砣矶上修起了一座宏伟的庙宇，起名为“萧神庙”。

庙宇建筑宏伟高大，面东而开，十八级白条石铺就台阶，大门上框镌刻“萧神庙”3个镏金大字，门框上刻有年年不变的对联，上联为“朝朝朝朝朝朝朝”，下联为“长长长长长长长”，横批是“海不扬波”。大门外矗立着13个威武雄壮的石狮，院中竖一根数丈高的风斗旗杆，每当风雨雪雾时，红灯高挂，指示远近商船渔家平安停泊。庙院内分正殿、偏殿、藏经殿、耳房、东西厢房。正殿大檐上刻有龙船，两侧各雕有一条腾空欲飞的金龙，墙上挂有一艘商船模型。大殿正中塑一尊金面神像。人们为纪念其指航有灵普救众生，晚清期间香火不断，庙宇也不断筹资修葺。

至清咸丰五年，黄河由此经牡蛎嘴入海，沧海变桑田，使海岸滩涂变为良田沃土。同治五年（1866年）陈氏兄弟五人来此垦荒，依庙结庐为邻，开荒种地，捕鱼捉蟹，立业生根，人口繁衍，随成村落，村因庙而名，后俗称“老爷庙”。晚清民国时期居民渐多，老爷庙成为近海较大村落。1942年春，中国共产党领导的清河军区党委、清河行政公署迁至老爷庙村，建立了抗日根据地，是年，6月9日军区党委、行署决定重建耀南中学，学校设在庙内及周围民宅内，当时这所中学共设两个中学班、一个师范班，学员200余人，为抗日战争培养输送有文化的军政人才。1947年黄河归故后，党领导人民治黄开始，在砖、石料缺乏的情况下，号召群众捐献砖石治黄，人们不得不扒庙拆砖、石筑堤抗洪，故庙不复存。1964年夏该村及原耀南中学校址又遭黄河洪水淹没。翌年春，利津县人民政府拨款将老爷庙村与夹河、薄家村等六村合一，在河滩处建立新村，起名为“六合村”，原萧神庙即老爷庙唯留有一高埠庙址。

汶河倒流的传说

由于中国大陆整体的地形结构西高东低，大多数河流都是从西部发源然后经历长途跋涉流入东部大海。但在山东泰安却有一条河，它从东部山区发源，然后几经转折一路向西流去。它就是黄河下游最大的支流——大汶河。如今，汶河倒流奇景也成为汶河上的一道独特景观。但很多人却不知道，关于汶河倒流还有一段美丽的传说。

关于汶河倒流，民间流传着几个不同的传说故事。

最流行的一个版本是，背朝东海的汶河，西向王母，清湛的河水流入西天王母池内，专供王母浴用。东海龙王得知此事非常生气，他想：就连长江、黄河都乖乖地向我流来，你一条小小的汶河，怎能偷偷地去讨好王母？龙王便把管辖汶河的小青龙召来，狠狠地训了一通，责令他马上将汶河改道东流，小青龙只好轻声应诺。龙王见小青龙郁郁而回，怕他拒不从命，便派自己的三女儿前去督察。

三姑娘来到汶河岸边，见不出父王所料，河水依旧浩浩荡荡地向西流去，便气不打一处来，质问小青龙为何不执行父王的旨令。小青龙面带愁色地回道："倘若汶河改道，河水泛滥，卷走这一片沃野，百姓岂不无家可归？岂不有好多的人畜死于非命？三姑娘，我们怎能忍心目睹这悲惨的场面？"

经小青龙这一说，三姑娘才知事出有因，心中的气也就烟消云散了。她对青龙说道："原来如此，我错怪你了。"随后，三姑娘回去跟父王说情。

龙王刚愎自用，独断专行，哪里听得进女儿的劝告。再说，让汶河改道的事早已张扬出去，倘若就此罢休，岂不让王母耻笑？他勒令女儿："三天之内，若不将汶河改道东行，我也要拿你问罪。"说完，把三姑娘赶出了龙宫。

三姑娘回到汶河之后，把父王的命令置于脑后，日夜与小青龙奔走于汶河两岸，下雨降露。人们便在汶河下游修了座精巧的小庙，取名"三娘庙"，现在肥城的三娘庙村就缘此得名。以后，三姑娘就常年镇守在此，尽管龙王多次发水，想让汶河改道都没能得逞。尽管"三娘庙"修在河滩边上，每次洪水却都不能没过它的门槛。所以，汶河至今仍源源不断地向西流着。

除了三姑娘的故事，还有一个版本。说是天上曾经有 12 个太阳，杨二郎的家人被火热的太阳烤死了，他便拿起皮鞭追赶太阳，汶河便是被他一鞭子抽出来的，因为地势原因就形成了汶河西流的现象。

神话传说只是人们借以表达思想、寄托愿景的一个媒介，汶河倒流的主要原因还是由于汶河流域的地势所致。

大汶河发源于号称沂蒙七十二崮之首的旋崮山北麓，上游称牟汶河，汇泰山山脉、蒙山支脉诸水，流经新泰、莱芜至泰安大汶口纳柴汶河后称大汶河。大汶河选择位于鲁中地区的松崮山作为源头，西向流经泰山，然后折返进入黄河，这与我国大江小河东向而流的自然现象南辕北辙。这主要是因为古代地壳的运动，鲁中地区山脉隆起而地理上北起东平、南到商丘的平原地陷，致使鲁中和鲁西南部分地区出现东高西低、北高南低的地势，流经这一区域的大汶河出现倒流和折流就不难理解了。

大汶河北部是泰山山脉，东部是沂蒙山区，而南部是黄河大平原，独特的地形地势结构，促使大汶河汇集了柴汶河、嬴汶河、牟汶河等三大支流后流到东平湖中。东平湖是一个蓄洪湖，大汶河通过东平湖流入黄河，最后进入大海。在东平湖上可以远观到一条玉带，那就是黄河。虽然大汶河是自东向西流，但大汶河水依然是注入东部的黄河。大汶河曾经经历了几次重大改道，在清朝咸丰年间改道并入大清河，基本上有了今天的走势。

东昌湖的传说

聊城市地处山东省西部，被誉为“江北水城·运河古都”“中国北方的威尼斯”。城内东昌湖如一颗硕大的璀璨明珠镶嵌在运河之畔，水质清澈，波光潋滟，水深 3 ～ 5 米，水域总面积 6.3 平方公里，略小于杭州西湖，为目前中国北方最大的城内人工湖泊。

东昌湖，曾名护城河、环城湖，始建于北宋熙宁三年（1070 年）。为加强东昌古城的防御，北宋政府下令在古城四周掘地取土修筑城墙及护城堤，城墙之外因之形成护城河，河面宽约四五十尺，宛如一条美丽的玉带环绕在古城周围。熙宁九年（1076 年），北宋政府重修护城堤，护城河面积随之扩大。明清时期，护城河又得到了进一步地修缮和加宽，水源由运河调剂。清朝末年，因运河河道淤塞，护城河水源曾一度断绝，逐渐干涸，直到 1935 年运河重新疏浚后，护城河方重新有水源补给，并始终保持着一定的水面。新中国成立之后，政府坚持“挖沟排污水，修闸引清流，建造人工湖，鱼藕齐发展”的原则，对护城河进行了综合治理，遂成今日之规模，并于 1995 年将其改名为东昌湖。

位于东昌湖中心的东昌古城，最初修建于北宋淳化三年（992 年），至今已有一千余年的历史。古城呈正方形，面积为 1 平方公里，布局严整规则，以光岳楼为中心向四面辐射，形成四条笔直宽阔的主干道。城内大街小巷经纬分明，垂直交叉，将古城描绘成一张巨大的棋盘，随波荡漾。

古城设城门四座，上筑门楼，外设瓮城，除北翁城外，其他三座翁城城门均为扭头门（城门并非正对大路，而是拐了一个弯设在侧面，相当具有隐秘性）。远远望去，东昌湖怀抱中的古城又宛若一只从水面上展翅欲飞的凤凰，南门东向如凤头，东、西两门南向如凤翼，北门北向似凤尾。于是，聊城古城又有了一个颇为美丽的名字——凤凰城。而关于凤凰城之名的由来，当地流传着一个家喻户晓的凄美传说。

相传，聊城地区在很久以前生长着一片一望无垠的梧桐林，林中有棵粗若碾盘的梧桐树，树上住着一对凤凰，恩恩爱爱，心心相印，统领林中百鸟。一天，林中突发大水，随之而来的是一条来自东海的黑色恶龙，见此处树木葱葱，百鸟争鸣，欲据为己有。经过一番激烈的厮斗之后，雄凤不幸战死，已身怀六甲的雌凰只好强忍悲痛逃离此地。鸟王一走，百鸟俱散，昔日鸟语花香的祥和景象一去不返，空余一片汪洋湖水，无边无际，人称东州湖。

一日，这里的州官来到东州湖畔，凝视着浩瀚无际、清澈透明、芦苇丛生的湖水，一个念头瞬间闪入脑海——若在这湖泊中央修建一座宏伟的城池，那该是多么体面的一件事情啊。主意虽然已定，然而要在深水之中修建城池却非轻易之举，非凡人力所能及，必须能人相助。这天，官府里来了两位毛遂自荐的青年，老大名王东，老二名王昌。州官闻之大喜，尊为上宾，因为就在几天之前有只凤凰仙鸟曾托梦于他，告知有王东、王昌俩兄弟会前来助他一臂之力。原来，这兄弟二人不是别人，正是那只雌凰的两个苦命儿子。

在兄弟二人的规划、指挥下，修筑城池的准备工作有条不紊地展开，万事俱备，只差工料。就在工程正式开工的这天，只见湖面上驶来了一队队载满工料的巨船，船上却不见船工，仅靠凤头大帆，乘风破浪。船队上空，一只雌凰高歌翱翔，为船队引路领航。九九八十一天之后，一座方方正正、雄伟壮观的城池赫然矗立于万顷碧波之上。人们将此城命名为凤凰城，以纪念凤凰在建城中的功绩。

就在人们紧锣密鼓地修筑城池的时候，久踞深湖的黑龙回了一趟老家。探亲回来之后，发现自己的地盘之上竟然在自己不知情的情况下出现了一座巨大的城池，顿觉受到了极大的侮辱。勃然大怒的黑龙立即兴风作浪，欲将新城摧毁。霎那间，天空中电闪雷鸣，风雨交加，湖面上狂风四起，惊涛骇浪，凤凰城在水中摇摇欲坠。在这紧要关头，身负血海深仇的王东、王昌兄弟应时赶到，与黑龙展开了一场猛烈的肉搏战。一个时辰之后，多处受伤的黑龙不敢恋战，遂钻入水底，扒出一条水道，逃往东海。然而，从水道之中却冒出了滚滚激流，水面急剧升高，凤凰城危在旦夕。在这危急时刻，兄弟二人未加任何思量，义无反顾、毅然决然地潜入水底，用自己坚强的身躯将水道口牢牢堵住。一切瞬间又归于平静，凤凰城保住了，百姓得救了，而兄弟二人却永远地沉入了水底。于是，为了缅怀二王兄弟献身保城救人的高尚行为，人们又将凤凰城称作东昌城。

有意思的是，非但东昌古城与凤凰颇有渊源，而且环绕古城的东昌湖也与凤凰有着不解之缘。静若处子的东昌湖又名凤凰湖，其中隐含着另一段与凤凰有关的传奇故事。据传，在很早以前，聊城一带一连下了十多天的倾盆大雨，大地一片汪洋，百姓生灵涂炭。适逢玉皇大帝夫妇率领童女云游至此，看到此情此景，不禁忧愁满面，忧心忡忡。随行人员中有一位美丽善良的雌凰仙女，主动向玉帝请命，愿意下界排除水灾，挽救苍生。在得到玉帝的允许后，雌凰仙女下凡至人间，率领众人挖湖修堤，以蓄积洪水。不久之后，湖泊修成，水患解除，人们恢复了往日的平静生活。

雌凰仙子在凡间待得时间久了，不免动了凡心，看上了一位名叫胡存龙的青年。虽然家境贫穷，但胡存龙为人正直，待人忠厚，勤奋好学，志向高远，遂赢得美人心，抱得美人归。春光明媚之际，夫妻二人骑马踏青，游玩于湖光碧影之中，逍遥快活，自由自在。然而，毕竟天地有别，人神殊道，从雌凰仙子动情的那一刻起，就注定了这段爱情将会是一场悲剧。当王母娘娘获悉雌凰私嫁凡人的消息之后，大发雷霆，责令她返回天庭接受惩罚。雌凰仙子手捧宝珠（召回天界的信物），凝望着心爱的丈夫，泪如雨下，心如刀绞，因为这一去必定将是永别。在经过一番激烈的挣扎之后，她最终选择了坚守爱情，哪怕是只有一天的厮守。

得知雌凰仙子竟敢违背自己的命令，怒不可遏的王母娘娘施用法术，将雌凰化为一尊石凰。肝肠寸断的胡存龙，为了守护他们忠贞的爱情，每天都陪在石凰身旁，久而久之，亦变作一尊石凤。为了感激雌凰仙子的救命之恩，人们将雌凰仙子修筑的湖泊命名为凤凰湖；为了纪念这段坚贞的爱情，人们在湖中小岛建立石亭，将两尊石像置于其中，并将其命名为凤凰亭。

除了凤凰湖这个美好的名字之外，东昌湖还有一个富有诗意的名字——胭脂湖，缘于《聊斋志异》中的一则名为《胭脂》的故事。故事梗概如下：胭脂是一位清秀可人的少女，经常来到东昌湖畔梳妆打扮、洗衣浣纱。一次偶然的机会，胭脂与英俊潇洒的秀才鄂秋隼不期而遇，两人一见钟情，互生爱慕之意。谁料天降大祸，胭脂的父亲不幸在家遇害，手中紧紧攥着一只绣花鞋。于是，这对青年男女就作为最大的嫌疑人，卷入了这桩由一只绣花鞋引发的杀人命案，并且饱受牢狱之苦。幸运的是，他们遇到了生命中的贵人，来聊城视察的山东学政（相当于省教育厅厅长）施润章明察秋毫，见此案蹊跷无比，亲自主持重审，终使案情真相大白，并洗清了二人的不白之冤。最后，审错此案的县令为了弥补自己的过失，亲自做媒，将胭脂嫁与鄂秀才，有情人遂终成眷属。

动人的爱情故事、感人的神话传说、悠久的历史文化将烟波浩渺的东昌湖装扮成一位秀外慧中、绰约多姿的美丽女子，从而使“南有西子，北有东昌”的美名誉满天下。

南有杭州西湖美，北有聊城凤凰媚。

南有天堂西子秀，北有水城胭脂香。

临清月洼寺的传说

在老临清县城仓上村偏东南方向，有一座高岗，特别荒乱，满是树林和杂草，这就是传说中的临清老八大名寺之月洼寺遗址。

为什么叫月洼寺？为什么现在连个寺院的影子也没有？要说有，那是1000多年前的事了。现在确实没有。在唐朝以前，这里有一座净域寺。寺院规模很大，有大殿、二殿，大殿塑有佛祖释迦牟尼的雕像，还有四大金刚和十八罗汉。该寺是临清河西八大寺之一。如何又成了月洼寺呢？有此一说。

在净域寺东有个小村庄——王李庄。村里有个开馒头铺的陈三，陈三家有头小毛驴，人勤驴不懒。陈三的馒头生意做得挺好，生活也算小康。事也赶巧，这天夜里，陈三拉稀，在上茅房的时候，发现小驴不见了，可缰绳还拴在槽上。坏了，招贼了。于是，陈三就出门去找。忽然闻听净域寺方向传来了“噗噗”的趟土声和“呼哧呼哧”的喘气声，像是驴在拉磨。果然，在明亮的月光下，小毛驴正围着一棵大槐树转圈。这正是陈三家的小毛驴。陈三正要近前，小毛驴却自己跑了回来，回到圈里吃草，连缰绳也自动捆上了，只是小毛驴已经浑身是汗。

围着大槐树转什么？陈三心里纳闷，就又来到了大槐树下想看个究竟。只见树下已经趟出了一尺多厚的土。这小驴白天干活，晚上还有劲趟土。陈三还真有点心疼自己的小毛驴。但他不明白，这到底是怎么回事。回到家里，就把这事告诉了老婆。第二天晚上，小毛驴又不见了。陈三夫妇偷偷去看，小毛驴还是在大槐树下转圈。小两口没敢张扬。

一天下午，陈三家来了个瘦老头。老头听口音不像本地人，自称是从河南来的，路过此地，想找碗水喝。老头在喝水的时候，发现了小毛驴，便要买下来做个脚力。陈三一听，不愿意了，忙说："这可不行。我还指望它拉磨磨面呢。"老头说："我不白要，给你钱，你还可以再买一头。""你出多少？"陈三想试试小毛驴的价儿，便问。"十两银子。""你别看它小，还干活卖力气，不卖。""你多少钱卖？""100 两银子。"陈三本不想卖，就出了一个超高价。"好，一言为定，我先交 10 两银子作定金，明天再一手交钱，一手牵驴。"老人走后，小两口打起了歪主意。这不是天上掉银子吗？陈三他们想不到自己的小毛驴竟然值 100 两银子。后来又一想，如果说 200 两他也可能要，真是亏大了。难道说我的小毛驴是头宝驴，能屙金拉银？哦，对了，驴肚子里有驴宝！想到这里，陈三有点后悔。可是驴已卖出，违约可不仗义。"宝贝在驴肚子里，咱何不先把驴宰了，把宝贝先取出来呢？"陈三老婆说，"只要宝贝一到手，他说什么也晚了。大不了，咱把定金退给他。""这倒也是"于是，二人连夜就把小毛驴杀了。

结果呢？结果只是一堆普通的驴肉，值不了几两银子。

老人果然送银子来了，可是，见到的只是一头死驴。老人又伤心又失望。可陈三夫妇还非要老人赔驴不可，其实是想赖账。老人长叹一声说："完了，一切都完了。咱们都没这个福分。这确实是头宝驴。它是天神下凡，落到谁家，谁家就会发财。在净域寺后有棵大槐树，树下有个金磨盘和一个银碾子。这头驴要在树下转够七七四十九天，这里就会起一场大火，把方圆百里的庄稼全烧毁，其中有一棵不死的青苗。驴吃了这棵青苗，就能把金磨盘和银碾子拉到主人家里。今天才够 49 天，驴一死，财宝得不到不说，还会引来一场灾难。”老人说完就不见了。

这下可把陈三两口子吓坏了。当天夜里，只听“轰隆”一声巨响，整个王李庄及 4000 多亩良田坍下一米多深。而净域寺因为有神灵保佑而没有坍下去，就像大海中的一个小岛一样孤伶伶的。这一天正好是八月十五，皎洁的月亮照耀这片千亩大洼，显得一片惨白。从此以后，这片洼地被人称作月洼。净域寺也因此成了“月洼寺”。

东平湖与水浒文化

《水浒传》是我国四大古典文学名著之一，书中故事发祥地为“方圆八百里”的梁山泊。东平湖即为古梁山泊的遗存水域，独具特色的水浒文化也在这里代代相传，历久不衰。

北宋时期起义军聚义梁山大寨，其主要活动区域则在水泊及其周围。水浒群雄冲破天罗，“替天行道”，战官军，平贼盗，仗义疏财，扶危济困，留下了许许多多脍炙人口的传说故事。

《水浒传》中，逼上梁山是人物发展的主线，聚义水泊是故事发展的主要归宿。如《山东通志》记载，“梁山险在水而不在山也”。梁山高度只有海拔 197.9 米，其山体面积也仅有 4.6 平方公里，在鲁西地区也只不过是一片普通的丘陵，但因为有了“山排世浪，水接遥天”的浩渺水面，才有了“乱芦攒万万队刀枪，怪树列千千层剑戟”的险要，梁山好汉们也才能“芦花深处屯兵士，荷叶阴中治战船”，“阻当官军，有无限断头港陌；遮拦盗贼，是许多绝径林峦”。置八百里水泊为用武的舞台，用计谋，逞英豪，从七星初聚义、断头沟擒何涛，到两赢童贯、三败高俅，演出的是一幕幕动人心弦的传奇。“浒”的原意是指水边，作者以“水浒”命名，其用意也许正在于此。

东平湖一带是水浒故事的源头，是水浒遗迹最集中的地区。《水浒传》

中不少主要人物“出身”也安排在这一带。东平县境内有水浒遗迹20多处，最典型的如晁盖等七人最早聚义的根据地棘梁山。而使梁山泊走向兴盛时期的首任领袖晁盖，其家乡郓城县东溪村，北距东平湖（梁山泊萎缩遗存地）约30公里。执掌兵权的梁山义军军师吴用，与晁盖“同属本乡人氏”。“智取生辰纲”的骨干“三阮”（阮氏三雄），均属“天罡”数内，出身“梁山泊边石碣村”。“石碣村”即今东平县石庙村，西北距今东平湖约6公里。接任晁盖梁山泊领袖地位的宋江为“郓城县宋家村人氏”，相距郓城县城很近。朱仝、雷横，也是“天罡”数内，同为郓城“本处”人氏。鲁智深镇守的六工山，阮氏三雄把守的腊山，东平府，孙二娘店，辛店铺，宋江碑，湖心岛，黄泥冈“原型”梁山黄雄集，景阳冈“原型”阳谷沙堌堆等水浒遗迹，都在东平湖的周围。

除了《水浒传》事迹之外，东平湖一带还广为流传着有关水浒人物的故事。如“活阎罗”封井、石秀刀劈无鳞龙、宋江碑、二阮战何涛等，梁山好汉们匡扶正义、要踏平天下“不平路”的形象，确实鼓舞着弱小者图强、受害者奋起的勇气，他们的英雄气概滋润了这一方沃土，孕育了东平湖沿湖地区淳朴正直、疾恶如仇的世风民俗。这就是历来所说的“水浒气”，也是水浒文化的主要内涵。

今日东平湖，虽然已经没有了当年八百里水泊那样大的范围，但烟波浩渺、排浪接天的气势却并未减弱。在这最原始、最真实的风貌中，至今仍渗透着大碗喝酒、大块吃肉的乡间民风，依然流传着热情好客、诚实守信、忠义豪放的水浒精神。

黄龙化河的传说

自从盘古开天地，三皇五帝到如今。自古以来，中华民族就和黄河结下了不解之缘。炎黄子孙世世代代在这条大河的怀抱中繁衍生息，以河为利，与水搏斗，与大河一同创造了辉煌灿烂的华夏文明。人们把黄河称作母亲河，比喻为黄龙，把中华民族叫作龙的传人。关于黄河的起源，有许多的神话传说，都和黄龙有关，和大禹治水有关。中华民族的历史，与黄河已经密不可分，融为一体。

相传很久很久以前，天下一片浑浊，地上雾气蒙蒙，到处野草丛生，那时还没有黄河。后来人们懂得了钻木取火，学会了种植五谷杂粮，大地上才有了生气。人们日出而作，日落而息，过着无忧无虑的生活。东海龙王听说人们日子过得很舒服，心中嫉妒，就施展淫威，一连三年不行云播雨，使大地大旱，五谷颗粒不收，许多人被旱魔夺去生命。这时天上有条黄龙，千年修炼成正果，身躯可长可短，长达万里，短若毛虫；既柔且刚，柔时弯曲绵软，刚时挺如铁棒。它黄角、黄鳞、黄爪、黄尾，或在天空飞行，或在地上跑动，闪出一道黄色光芒。黄龙禀性侠义，喜欢路见不平，拔刀相助。

这天，黄龙在九霄之上，腾云驾雾，一览地上胜景。他见中原大地赤地千里，人们怨声载道，恨骂苍天不降甘霖，残害百姓，气愤不过，径直到东海龙宫责问龙王。东海龙王不但不理会，还嘲弄黄龙："有本事自己去降雨，让老百姓给你烧香磕头。"黄龙气红了眼，"呼"地跃出东海，来到中原大地上空，使出浑身解数，行云降雨，暴雨倾盆而落。黄龙降雨，惹怒了东海龙王。他立刻上天，奏报黄龙多管闲事，越权行雨。玉皇大帝以黄龙违抗天命，要把黄龙贬入民间当牛做马。幸亏太上老君出面讲情，说黄龙降雨是替天行道，一番好意，玉皇大帝才答应只收去黄龙头上的黄风珠，使黄龙失去了腾云驾雾的本领，用铁索捆绑，押在瑶池内不准乱动。

玉皇大帝捉拿了黄龙，黄龙招来的大雨没人管理，地上洪水滔天，人民再一次遭了灾，怨声直达天庭。东海龙王幸灾乐祸，把罪过都推到黄龙身上。黄龙不服，趁看守他的天兵熟睡的时候撑断了铁索，爬出瑶池，一头扑下来，落在了青藏高原巴颜喀拉山的崇山峻岭之中。黄龙不忿东海龙王诬告，决心奔向东海，找东海龙王报仇雪恨。这时多次帮助过他的太上老君又来到他面前，告诉他愿意帮助他到东海找龙王，但要黄龙在去东海的路上顺便帮助地上的人群开一条大河宣泄洪水。在太上老君的帮助下，黄龙在山脚下休息了几天，便顽强地向东方前进。一路上，他一边与玉皇大帝派来捉拿他的天兵天将血战，一边按照太上老君的指点，机动灵活，出其不意，趁其不备，见山就拐，遇阵就绕，迂回前进，绕过了积石山，从岷山脚下来个大转弯，向北跑去。后来这里就被叫做黄河第一曲。

黄龙跑过岷山北边的大草原，又向东钻入深山中，穿过龙羊峡、公伯峡、刘家峡，被玉皇大帝派下的天神布下贺兰山挡住。他不敢恋战，变成一条小蛇，转身向北拱进贺兰山，沿着贺兰山匆匆而行。为躲避天神阻拦，他拐了一个弯又一个弯，憋足了劲儿向前闯。他忘了疲劳，忘了吃喝，日夜兼程，越跑越勇，越跑越快。黄龙向北跑了数百里，阴山挡住了去路。他想，不能再向北了，这样会离东海愈来愈远。再说，他虽鼓着气没日没夜地奔跑，可气力渐渐不支，累得上气不接下气。为了尽快赶到东海，在阴山脚下，他又转了个弯，向东奔去。

黄龙刚走不远，太上老君又降落在他的面前。太上老君问黄龙："你气力如何？""头重尾轻，筋疲力尽。""向东是一溜大山，即使没有天神阻挡，也叫你够呛，不如就从此拐弯向南，那里全是黄土，行走、拱河十分省力；再者你造河时可把黄土冲卷进水里，带到东海，淤平龙宫，闷死龙王，为民除害。"黄龙按照太上老君的指点，在阴山东头拐弯向南。他披星戴月，餐风饮露，用尽平生力气，卷走黄土，要一举填平东海，报仇雪恨。黄龙闯过龙门天险，到了潼关。向南是中条山，无路可走，黄龙又调头向东。东边是中原大地，一马平川，没有山峦峰谷。奉命捉拿黄龙的天神暗自惊慌，黄龙一旦到了平原，临近东海，便再无拦阻捉拿的时机了。因此，天神便布下三门大阵，请来数百名天兵天将，将黄龙里三层外三层团团围住。黄龙知道这是决定胜负的最后拼杀，尽管一路劳累，早已气喘吁吁，但他还是振作精神，力战群敌。怎奈寡不敌众，身上多处受伤。众天兵天将摇旗呐喊，里外呼应，慢慢缩小包围圈，眼看就可擒住黄龙了。

黄龙在重围中岌岌可危，心中无限惆怅，无限遗恨，看来一切努力都将会前功尽弃，去东海无望。这时人们已经知道中原洪水不是黄龙的过错，又听说黄龙要去东海找龙王报仇，历尽千难万险想造一条大河，为民造福，都十分同情和支持他。大家一传十、十传百，老百姓成群结队去请求大禹设法救援黄龙。大禹带着开山斧、避水剑，力开三门，给黄龙打开一条向东的出路。黄龙悲喜交集，情不自禁地鼓足劲儿，不顾浑身是伤，冲过三门，跳出重围。当黄龙历尽艰辛来到海边时，已奄奄一息。黄龙无力再去和东海龙王拼搏斗胜，只想遵照太上老君指点，舍生取义，为民造河。他用尽最后一点气力，施展法术，将自己的身体无限地伸长、伸长……

黄龙的头伏在东海边，身子沿着他西来东海走过的路向后延伸，弯弯曲曲，绵绵软软，高高低低，从头看不到尾，顷刻已是近万里。此时，只听黄龙惊天动地一声吼，他的身躯化为大河，河水滔滔，奔腾不息，直泻东海。人们都说这条河是黄龙变的，就把这条河叫作“黄河”。玉皇大帝把没拦住黄龙的天神统统贬下凡，让他们长年累月住在原来布阵设防的地方。天神们眼睁睁地看着黄河水向东流淌。这样，就传下了“黄河九曲十八弯，弯弯有神仙”的说法。

据说，黄龙化成黄河后并没有完全死去，隔一段时间，他还要喘口气，想翻翻身，动弹动弹，只是身躯太长动不得，使他怒不可遏。黄龙一发怒，黄河不是发水就是决口，给人们带来无限灾难。尽管黄河给人民带来了无穷无尽的灾难，中华民族仍然念念不忘黄龙的情谊，照旧称黄河为母亲，说自己是黄河孕育的儿女。

大清河的传说

南有滹沱河，北有永定河，两河之水皆浊，而只有大清河清澈见底。大清河清得能数出水中鱼儿的鳞片。这条河水不但清澈，而且还带点甜味，多少年来滋养着两岸的人民,使他们过着半耕半煮,丰衣足食的美满生活。为什么大清河水既清又甜呢？这里有个动人的传说。

据说这条河刚形成的时候，水味苦咸，颜色黄浊，起名叫大浑河。不到一两年，浑河两岸的地就都变成了碱嘎巴儿，真是：“春天白花花，夏天水一洼；秋后不见粮，满地是蛤蟆”。人们的生活越来越苦，饿死的饿死，逃走的逃走，只有一小部分还留在这里以打鱼摸虾为生。

在靠近大浑河的村边上，住着一户姓刘的人家，只有母子两人，母亲 40 多岁，大家喊她刘妈妈，一个十五六的半大小子，名叫大清。大清很直爽，又能吃苦耐劳，还有一身好水性，天天不停地下河捕鱼。捕上鱼后，自己只留下很少的一部分，其余的全部送给村里的穷人，所以他人缘特别好，很受人们喜爱。

一天清早，大清到大浑河里撒网捕鱼。他静静地看着水面，忽见渔网四周涌起了一个个漩涡，以为是鱼群闯进了网里，就用力把渔网提了起来。哎哟！哪里是什么鱼群，网底只有一条尺把长的东西，一曲一扭地蠕动着，浑身长满鳞片，乌黑的大眼睛，闪亮闪亮的。大清从来没见过这东西，就把它放进鱼篓里，正想坐下来歇息一下，只听见有个声音轻轻地在呼喊：

“大清，大清，放了我吧！”什么地方出来的声音呢？仔细一听，原来是鱼篓里传出来的呀！大清惊奇万分，连忙把鱼篓的盖打开，只见那东西像蛇一样猛地蹿了出来，“扑通”一跳，霎时水花四溅，溅得大清脸上、身上水淋淋的。待大清睁开眼睛，可了不得啦，他面前站着一个漂亮的大姑娘。大清见状，忙问道：

“你是什么人，怎么来到这啦？快说个明白！”未开口姑娘先哭起来，她说：“大清你不要害怕，我是东海龙王的三公主，因为出海游玩，不小心来到了大浑河，误撞到你的网里，谢谢你放了我，日后我一定会好好答谢你。”

大清听后生气地说：“你是东海龙王的三公主，你们只知道在大海里逍遥自在享福作乐，不顾老百姓的死活。你睁眼看看大浑河两岸，哪一块地不是碱嘎巴儿，哪个穷人不是饿的皮包骨头，你不用谢我，你帮助我想办法把河里的水变清变甜，让乡亲们能种上庄稼吃上饭。”

姑娘说：“要想把河水变清变甜，只有盗来父王嘴里的一颗龙珠。不过，盗这颗龙珠可不容易，你要受尽人间万苦，带上七七四十九天的干粮直奔东海。东海西岸有一座高山，山脚下有一个清水泉，只要喝了泉水就有了下海的本领，下海之后要先找到我的母亲……”

“我一个寻常之人，怎能找到龙母？”

“你从我身上揭下一片龙鳞，一路上不要丢失，龙母见了你自会照顾的。”

大清接过三公主从身上揭下的一片龙鳞，转眼之间姑娘就不见了。这件事很快轰动了浑河两岸，大家都认为大清此去凶多吉少，纷纷劝他不要前往。大清向众人说：“父老乡亲们，为了让大浑河水变清变甜，大伙儿过上好日子，就是粉身碎骨我也心甘情愿。”

这天，大清带上七七四十九天的干粮，带上三公主送给他的一片龙鳞，只身急急忙忙上路了。他走哇，走哇，不知走了多少天，才走到东海西岸的一座大山下。围着山脚仔细寻找清水泉，左找也找不到，右找也找不到。脚掌也磨破了，咬了咬牙还是一个劲儿地找，把整个山都找遍了还是没有找着。他实在走不动了，就坐在一块大青石上歇下来。忽然，他听见一阵响声，原来是石板底下的流水声。他想：“莫非清水泉就在石板底下？”于是伸胳膊往石板底下去掏，掏哇，掏……刚掏了几把，“咕嘟”一下子清清的泉水就冒出来了！大清喜得立刻趴下去喝了两口。这两口泉水喝得他浑身立刻发起烧来，简直像冒火。他哪里还顾别的，就拼命往东跑。跑着跑着，忽然山坡上“呜呜”刮起一阵大风，一只猛虎张着血盆大口扑来。那老虎一见大清，两只眼都红了，伸爪就抓，大清一闪身子，一把拽住了老虎尾巴，纵身骑到老虎背上。刚刚落座，老虎身上立刻燃起熊熊大火，烧得它一声怪叫，翘起尾巴直奔大海。大清只觉得耳边一阵呼呼的风声，不觉已经来到了东海附近。老虎一纵身跳到海水里，把大清从虎背上摔了下来。大清睁眼一看，四面都是碧蓝的海水，围着他团团打转，再找那只老虎，连影儿都没了。这时他口袋里的鳞片射出一道红光，给他指着去路。

大清顺着红光，踏着波浪向海水深处走去。看见一座亮晶晶的宫殿，鱼兵虾将都在操练武艺，大清这下子心里可高兴了。谁知那道红光又指向另一个方向，他又照着新指的方向走去，不大一会儿，面前出现了一座粉红色的小宫殿，有两个小龙女正在宫殿一旁舞剑。他走到跟前说："请问，老龙母可是住在这儿？"两个小龙女一听有人说话，大吃一惊，扭过身来不分青红皂白，举剑就劈。正在这时，身后一声吆喝："住手！"大清回头一看，是一个白发苍苍的老太婆，笑眯眯地走了过来，慈祥地说："你是大浑河边上的大清吧，多谢你救了小女的命！"说着就把他拉进一座琉璃瓦的宫殿里，接着说："小伙子，你不怕苦，有胆量，真是好样的！不过，盗取那颗宝珠可危险呀！你来的也算巧，今天正好老龙王在家，你马上可以动身，由此向正南奔，越过三道龙门就是一座金黄色的大殿，殿下第三层有个大龙池，龙王在里面休息，嘴里含着一颗青珠子。你去了就趴在龙池旁边藏着，什么时候看见老龙王睡着了，打呼噜了，你就伸手掏珠子，出手要快。盗出这颗珠子，你马上含在嘴里，出海后把珠子扔进大浑河里，河水就变清了，变甜了……"

大清谢了老龙母后，直奔正南而去。他脚下一用力，很快就来到第一道龙门，一个粗大的老龟手执一对大铁锤，挡住了去路。大清不敢开口说话，用手指了指老龙母的宫殿，又指了指自己身上闪着灵光的衣服，老龟呲牙笑了笑，就放他过去了。来到第二道龙门，有两条青龙各抡着一口大刀戏耍。大清趁他们不在意时，伏下身子从它们身下钻了过去。过了二道龙门，就是第三道，这道龙门有鱼兵虾将和大龙小龙成群结队地把守着。大清一看就知道过不去了，只好站在离着三道龙门很远的地方。这时只见从第二道龙门走出来一群龙女，搀扶着一位公主。他看机会一到，在龙女们拥着公主走过来的时候，立刻和龙女们混在一起，进了第三道龙门。

过了第三道龙门是一个水晶花园，这伙龙女和公主直奔花园而去。大清盗宝心切，就躲在一颗水仙花下，看见龙女们走远了，便直奔黄色大殿。他记住了老龙母的话，跑向地下第三层。大殿的台阶都是水晶石砌成的，又平又滑，光彩夺目。大清听听第三层殿里没有什么动静，但是推开殿门一看，却见许多龙正在摔背撩尾，他哪里进得去。正打愣的时候，只见一条大黄龙走到殿口，纵身扎进水里就不见了。

大清急忙回来，第二次推开殿门时，轻手轻脚地攀着龙池一看，只见一条好几丈长的大黄龙，正在吸水呢！把水吸得哗啦哗啦响。大清等了好大一会儿，才听到大黄龙打呼噜的声音。他悄悄走近前一看，黄龙嘴里有一颗大青珠子，放着青色的光。大清高兴极了，立刻把手伸到黄龙嘴里，轻轻往外一拿，只听那黄龙嗷得一声吼叫，翘起尾巴，翻起身子……大清马上将盗出的珠子含在嘴里，扭身跑出了第三层大殿，这时老龙王怪声怪气地追了上来，但因为他嘴里的珠子没有了，压不住水气了，尽管把水搅得哗哗直响，哪里还追得上大清。

大清踏着海面的波涛，很快奔上了岸。他嘴里含着这颗珠子不再渴也不再饿，脚步比飞还快，没多大工夫就到家了，心中十分高兴。这时只见浑河两岸人山人海，大清站在众人面前说：“父老乡亲们，我从东海把龙珠盗来了，现在我要吞下它，把大浑河的水变清变甜，把两岸的碱地变成良田。”

大清刚说完这句话，天空中一个金色的闪电，紧接着响起了雷声。刘妈妈拉着大清的手说：“儿子，这怎么得了！”大清掉转头来，就变了样子，只见他头上长了双角，嘴边长满了蓝须，颈上红鳞闪闪发光。

“妈妈，快快放手，我要变成蛟龙，为乡亲们造福！”大清说到这里，“咕噜”一下，吞下了龙珠，烧得他心里冒火，再也忍受不了，便辞别了母亲和众乡亲，跑到大浑河边上，回头向大伙摆了摆手，便纵身跳入河中。顷刻之间，电闪雷鸣，风浪大作，只见一条青色的蛟龙从水里钻出头来，向河里哗啦哗啦喷着清水，整整喷了七天七夜，把整条河水都喷清了。

从此，大浑河的浊苦水变成了清澈见底的清甜水，人们为了纪念大清，大浑河也就改名叫大清河了。两岸的老百姓，每当喝着甜甜的河水，用大清河水浇灌着满洼的好庄稼，过着丰衣足食的好日子的时候，就会想起为民舍命的英雄少年刘大清。

四女寺的传说

四女寺闸的名字，大有来历。

汉景帝时期，当地有一傅姓人家，一向乐善好施，年届五十，膝下只生四女。四姐妹到了出嫁的年龄，却都想留在家里侍奉双亲。

争执不下，大姐便提议，四姐妹各在门口种一棵槐树，对天起誓：“槐枯则嫁，槐茂则留”。

树种下之后，姐妹四人都暗中用热水浇她人之槐，以期烫死，免得贻误其他姐妹青春。

没想到，热水浇灌下，四棵槐树仍都活了下来，枝繁叶茂。于是，四姐妹同室事亲。

后人为纪念这四姐妹，使其孝德世代相传，便为其建祠塑像、树碑立传，并给镇子取名四女寺镇。2014 年，在镇中心还专门建了座孝德文化展览馆。

也因为这个传说，四女寺镇相继被命名为“中国孝德文化之乡”“中国传统美德教育基地”。

四女寺闸就位于四女寺镇。

四女寺镇隶属德州市武城县。

说回四女寺闸。

这座建于 1957 年的水利枢纽工程，是在元代四女寺滚水坝基址上建成的，由南进洪闸、北进洪闸、节制闸、船闸四项工程组成，是全国重点文物保护单位。

时光在悠悠流水中流淌，岁月在粼粼水波上滑行，站在闸上远眺，时至今日，仍可见过去人们在治理疏浚运河中的智慧：远处的河道被挖成迂回弯曲状，呈现出多个“U”字形大圈，仅3公里就有大弯3处小弯6处，大大小小形成了九曲十八弯的龙行走势。曲折的河道蜿蜒前进，不建一闸而降低河水流速，既满足于流行洪的需要，也有效地提高了通航质量。

这种“三湾抵一闸”的古运河风貌，德州段是维持得最好的。

文天祥曾这样记述此处的运河秋夜：“中原似沧海，万顷与云连。大明朝东出，皎月正在天……”

康熙第一次南巡，也在《德州》中写下：“长河绝流澌，晓坐寒仍肃。”现在，这里河水波光粼粼，两岸万木吐翠，盎然灵动颇有江南水乡之致。

黄河号子

黄河号子，属于劳动号子的一种，是沿黄劳动人民在与黄河洪水的抗争中，为使多人劳动动作协调一致而形成的有一定节奏、一定规律、一定起伏的呼号。流行于菏泽境内的黄河号子主要有抢险号子和夯硪号子两种。

黄河号子

先说抢险号子。抢险号子分骑马号(快号)、绵羊号(慢号)、小官号(先慢后快)和花号四种。主要用于打桩、拉骑马、拉捆枕绳、推枕等。骑马号节奏明快，声调高亢激昂，催人奋进；绵羊号节奏缓慢，可使人们的紧张情绪得到调整；小官号节奏先慢后快，柔中有刚，融紧张气氛于娱乐之中；花号曲调优美，常与骑马号配合使用。号子内容大多取自于历史故事，也有佳词名句，还有一些是“触景生情”，随编随喊。例如抢险时捆柳石枕号：

喊号人：“喝——喔——”

捆枕人：“嗨——”

喊号人：“伸手，拉绳”

捆枕人：“——嗨”

喊号人：“张口，应声”

捆枕人：“嗨——嗨”

喊号人：“好听啊——”

捆枕人：“嗨”

喊号人：“不好听啊”

捆枕人：“嗨”

喊号人：“跟着号啊，打一道啊”

捆枕人：“嗨”

喊号人：“丢这根，刹(拉)那根”

捆枕人：“嗨——”

喊号人；“拉绳子，起点力儿”

捆枕人：“嗨——”

喊号人：“千根万根，最后一根”

捆枕人：“嗨”

喊号人：“拉绳咪，起点力儿”

捆枕人：“嗨——”

喊号人：“二一趟，再来来”

捆枕人：“嗨”

喊号人：“把这个绳儿，刹(拉)好它”

捆枕人：“嗨——嗨，嗨”

另一种叫夯硪号子。俗称“打号”“喊号”。修筑黄河大堤，堤基必须用硪夯实，夯硪号子就是历代河工在治黄实践中形成的独特的民间歌谣。它节拍规整，音域适中，对比鲜明。唱号时，一人领唱，名为“领号”，众人应和，名为“应号”。领唱者喊实意词，应和者喊劳动呼号。号子以口头形式传喊，旋律简单优美、朗朗上口、好记易学，而且都能与硪起硪落和为一个节奏。

清末民初，鲁西南硪号日趋成熟，喊唱硪号的人也越来越多，声腔也越来越美，这成为黄河修堤工地上一种生动的劳动场面，并渐具地方特色，在黄河两岸广泛传唱。据20世纪50年代的调查，仅分布于菏泽地区河段的就有“二板号”“快号”“慢板”“十二莲花”“小号”等20多种。

例如常见的夯硪号：

喊号人：“喝——喔——”

打桩人：“嗨——”

喊号人：“抬头，看硪”

打桩人：“嗨——嗨”

喊号人：“低头，看橛(土音卓)”

打桩人：“嗨——嗨”

喊号人：“东口推，西口带”

打桩人：“嗨——”

喊号人：“拉周正，甭打歪”

打桩人：“嗨——”

喊号人：“把这个桩打过来”

打桩人：“嗨——”

喊号人："钻一层，又一层，钻喽这层钻那层"

打桩人："嗨——"

喊号人："打个鲤鱼大翻沙"

打桩人："嗨——"

喊号人："打个长虫（蛇）吸蛤蟆"

打桩人："嗨——嗨，嗨——"

喊号人："加油干啊"

打桩人："嗨——"

喊号人："别偷懒啊"

打桩人："嗨——"

喊号人："晚饭加你个咸鸡蛋啊"

打桩人："嗨——嗨，嗨——"

黄河号子

夯硪号子是产生于治黄实践中的一种文化现象，有其独特的文化内涵和社会功能，蕴涵了劳动者面对艰苦的环境和繁重的体力劳动表现出的坚韧不拔的精神和对美好生活的向往，从本质上体现了长期以来沿黄劳动人民不屈不挠的抗争精神和积极向上的精神状态。

随着社会进步和机械化施工的普及，“硪”这种传统工具在治黄工作中已经逐步淡出历史舞台，延续了千百年的夯硪号子也逐渐在我们耳边消失。2011 年，鲁西南黄河夯硪号子被评为菏泽市级第三批非物质文化遗产项目。

土硪号子

“土硪号子”主要出现在黄河筑堤过程中。

“硪”，也叫夯，是筑堤击实土层的工具。土工每上一坯土，硪工即按规定行硪击实，然后再加土，再行硪，堤防工程上称为“层土层硪”。打夯必喊号，久而久之，夯号成为一种不可或缺的劳动文化。

在人民治黄初期，由于黄河泥沙的淤积，河床逐年增高，所以每年都要抽调大量民工加高大坝。新增的土需要夯实，在当时机械化程度不高的情况下，硪作为土方夯实的主要工具，在修复大堤中为保证工程质量发挥了重大作用。打夯时，往往是一人扶把，周围扯绳，8 ～ 10 人围成一圈，其中一人领唱，其他人应声，就成了土硪号子。

据垦利修防段离休干部张荣安回忆，1950 年，按照全河的统一部署，中华人民共和国成立后的第一次大修堤正式展开，这场历时 7 年的大修堤，仅垦利黄河大堤就完成帮宽加高 62.7 公里，新修大堤 105 公里，完成土方 60171 万立方米。工程量大，打硪的任务集中而繁重，各村社、大队把年轻人集中在一起，平均每 8 ～ 10 人为一个夯队，打硪的时候几个夯队一起行动，硪随着夯队的硪号一齐起落，响声震天。硪号的调子粗犷悠扬，歌词有趣。有时，各村的硪手们会聚到一起，相互借鉴、比试，场面十分热闹。

大修堤中，各地用过多种不同形式、不同重量的硪。20 世纪 50 年代初大多用的是灯台硪，质量差不多在 32.5 ～ 35 公斤，直径多在 1 尺以上，因为这种硪没有硪把，又都由 8 人操作，所以统称为“八人硪”。之后用碌碡硪较多，形如打埽用的碌碡，重约 75 公斤，底径 25 厘米，高 60 厘米，木质硪把高 1.7 ～ 1.8 米，用铁丝将把子标绑在石硪上，1 人掌把，8 ～ 9 人拉硪。

硪工的工作有严格的标准：用灯台硪，需拉高 2.4 米，共打 5 遍，最后达到每平方米 9 个硪花(硪击地打出的印痕)；用碌碡硪则要求拉高 1 米，套打 2 遍，每平方米 25 个硪花。硪号也会根据施工进度、强度的不同而略有不同。使用一般碌碡硪喊的硪号分为“慢号”和“快号”两种。“慢号”主要用于第一遍土质的夯实或打坡，脚步跟着口号走。“快号”的节奏快，主要是对已经硪实一遍的土方进行夯实。打起硪来，硪走得直不直、正不正，硪花密不密、匀不匀，全靠扶硪人，扶硪人一般都是叫号的。当然，也得靠全体拉硪人的平均用力和互相配合，倘若一人突然猛力一拉，说不定就会砸伤谁的脚。

土硪号子，既是劳动者治黄风貌的生动反映，也是沿黄劳动人民面对险恶自然环境不屈不挠的抗争精神的象征。

大修堤时，沿黄群众利用灯台硪夯实黄河堤坝

武城运河船工号子

京杭大运河作为贯通南北的交通大动脉，以其丰富的历史遗存，积

淀了源远流长的文化底蕴。武城运河船工号子作为一种历史悠久的民间艺术，成为运河文化中具有代表性的符号和载体之一。

武城运河船工号子的形成与德州段运河的命运息息相关。德州段大运河全长 141 公里，其中有 62 公里的河道穿武城县全境而过，该县域内近百个村庄临运河而居，做船工成为人们维持生计的手段之一，武城运河船工号子便在一代代船工的传唱中应运而生。

明清时期的德州段大运河达到鼎盛，武城运河船工号子也迎来了兴盛时期。彼时运河之上帆樯林立、商贾云集，一曲曲铿锵有力、错落有致，又兼具叙事抒怀、古朴动听的船工号子此起彼伏，响彻云霄。打篷、拉纤、摇橹、撑篙的喊号声时而激昂悲怆，时而平缓和煦，领唱与船工配合默契，号子曲调与行船状态紧凑衔接，呈现出“南来北往船如梭，处处欣闻号子歌”的热闹景象。

运河风景

中华人民共和国成立后，运河航运再次繁荣兴旺，这时船工号子的曲调更加热情奔放、婉转悠扬。20 世纪 60 年代初，德州地区武城县文化馆音乐创作人员根据武城运河号子旋律，创作了朗朗上口的地方民歌“唱秧歌”，在 1964 年举办的“上海之春”音乐会上颇受专家与观众们的好评，后被灌制成唱片，多次在中央及省电台、电视台播放。直至 1978 年，德州段大运河因水源不足而断流停航，传唱千年的武城运河船工号子也随之湮灭。

武城运河船工号子具有浓郁的地域特色和重要历史价值，展现了劳动人民不畏艰险、勤劳勇敢的精神风貌。它以一人领、众人和的形式进行演唱，其声音高亢豪迈，乐谱凝练明了，歌词真切朴实，信口嚎来山响水应。根据行船特点及过程，可依分为打篷号、拉冲号、打锚号、拉纤号、撑篷号、窜篷号、摇橹号、绞关号、警戒号、联络号和出舱号等 11 种号子。2006 年，武城县文化局对运河船工号子进行抢救性挖掘整理。同年 12 月，武城运河船工号子被列入山东省首批省级非物质文化遗产名录。

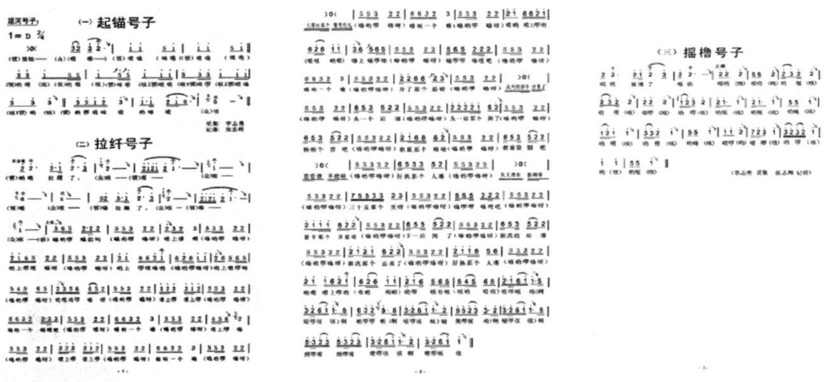

运河船工号子乐谱

如今，德州段大运河曾经“广拓水驿万艘屯，漫卷舟帆桅樯存”的繁华盛景早已不复存在，但武城县文史爱好者经过多年努力，将运河号子以乐谱的方式完整地记录下来，并进行改编，创作出合唱《运河小调》、男女二重唱《运河小调》等曲目，武城运河船工号子通过多种艺术形式得以重现。

第六篇

未 来 之 河

黄河安澜是中华儿女的千年期盼。保护黄河事关中华民族伟大复兴和永续发展。2019 年 9 月 18 日，习近平总书记发出“让黄河成为造福人民的幸福河”的伟大号召，黄河流域生态保护和高质量发展上升为重大国家战略，大河新篇自此展开。

一棋定向，大河未央。亿万齐鲁儿女将以保护为笔、以青绿为墨，同心同行、共襄大河，合力勾画出一幅新时代的“齐鲁江山图”。黄河，这条未来之河，必将行稳致远，泽润齐鲁。

党的十八大以来，习近平总书记站在党和国家事业发展全局的战略高度，立足我国基本国情水情和经济社会发展实际，多次就治水兴水发表重要讲话、作出重要指示，提出了“节水优先、空间均衡，系统治理、两手发力”治水思路。特别是“十三五”以来，党中央从中华民族伟大复兴的战略高度，以前所未有的节奏和力度，对黄河保护治理作出了一系列重大决策部署，将治黄事业引入了崭新境界。

从“要把黄河的事情办好”到“让黄河成为造福人民的幸福河”，从《决议》到《规划纲要》，体现了中国共产党为民初心的接力传承，体现了对治黄规律认识的发展深化。人民治黄事业站在了新的起点上，有了奋斗新时代的总目标、总纲领。

念兹在兹，朝斯夕斯。习近平总书记始终心系黄河生态、牵挂沿岸发展，近年来走遍了黄河上中下游 9 省（自治区）。2014 年 3 月，在河南兰考调研指导的习近平总书记专程来到黄河东坝头段考察，了解滩区群众生产生活情况；2019 年 8 月，总书记在甘肃考察时强调：“让黄河成为造福人民的幸福河”；2019 年 9 月，总书记在黄河流域生态保护和高质量发展座谈会上发表重要讲话时强调，“保护黄河是事关中华民族伟大复兴的千秋大计”，发出“让黄河成为造福人民的幸福河”的伟大号召，亲自擘画新时代黄河保护治理的宏伟蓝图；2020 年 5 月，总书记在山西察看黄河第二大支流治理，指出要“增强太原人民的获得感、幸福感、安全感”；2021 年 10 月 20 日至 21 日，总书记深入到山东省东营市的黄河入海口等地考察，实地了解黄河流域生态保护和高质量发展情况，并在济南主持召开深入推动黄河流域生态保护和高质量发展座谈会，强调咬定目标、脚踏实地、埋头苦干、久久为功，为黄河永远造福中华民族而不懈奋斗。

治河，习近平总书记的目光始终落在人民对美好生活的向往。

黄河安澜，国泰民安。2016 年，习近平总书记站在全局和战略高度，提出“两个坚持、三个转变”防灾减灾救灾理念，即“坚持以防为主，防抗救相结合，坚持常态减灾和非常态救灾相统一，努力实现从注重灾后救助向注重灾前预防转变，从应对单一灾种向综合减灾转变，从减少灾害损失向减轻灾害风险转变”，把“防”摆在更加突出位置，为新时代黄河防汛抗旱工作指明了方向、提供了遵循，加快推进黄河治理体系和治理能力现代化。

黄河下游标准化堤防工程航拍图 黄河齐河段潘庄段 杜长青 摄

顶层设计，强基固本。党的十八大以来，国家全面加大治黄工程建设投入，仅“十三五”期间，黄委累计完成投资 107 亿元，是“十二五”时期的 2.5 倍。经过几代人不懈推动，黄河古贤水利枢纽、南水北调西线等重大水利工程前期工作取得重大突破，已上升到重大国家战略层面，一大批治黄工程建成投入使用，工程体系薄弱环节逐步加强。截至 2020 年末，黄河下游标准化堤防全面建成，沁河、金堤河和东平湖防洪治理工程全面完工，黄河下游近期防洪等 10 项工程通过竣工验收，“上拦下排、两岸分滞”防洪工程体系建设取得阶段性成果，水安全保障特别是下游防洪能力进一步提升。

绿水青山就是金山银山。党的十八大以来，以习近平生态文明思想为指导，坚持山水林田湖草沙系统治理、综合治理、源头治理，从“摸清生态家底”入手，在水土保持生态保护与治理总体布局上，实行因地制宜、分区防治、分类精准施策，突出多沙粗沙区特别是粗泥沙集中来源区为水土流失综合防治重点，强化人为水土流失监管，提高水土保持监测与信息化水平，建立健全水土保持监督管理体制机制，为筑牢黄河上中游生态安全屏障、减少入黄泥沙、确保黄河下游河床不抬高、建设美丽黄河提供重要支撑。

大河奔涌，九曲连环；万里黄河，气象万千。新的历史征程上，山东将立足新发展阶段、贯彻新发展理念、构建新发展格局，全力推动新时代黄河流域生态保护和高质量发展。河山竞秀、世代安澜，沃野平畴、水美振兴。随着黄河重大国家战略的深入实施，一条生态宜居、人民幸福、文化兴盛的未来之河，正澎湃在中华民族伟大复兴的征程上，以朝气蓬勃的全新姿态书写着磅礴浩荡的壮美华章。

后　记

《黄河从这里入海——山东黄河文化记忆》一书的编写得到了山东黄河河务局、山东沿黄市县水利、河务部门及有关单位和专家的帮助支持，提供了大量资料、素材和合理化建议，在此一并表示衷心感谢！撰写过程中，查阅参考了《大河钩沉——山东黄河水文化遗产辑录》《中国水利风景区故事·黄河篇》《黄河记忆》《山东省志黄河志》等诸多书籍及文献资料。

本书以黄河为脉，以事件为基，以文化为魂，立足黄河基本概况与治黄史料，从自然、工程、利用、保护、传承、发展等不同侧面，梳理总结世代治黄经验和当代实践探索，注重理论思考与历史评价，是一本具有一定的思想性、文化性与科普性的综合读物。本书溯古追今，展望未来，多视角、全方位、立体化展现出黄河的前世与今生、桀骜与安澜、多彩与独特、博大与厚重，向世人呈现出一条鲜活真实又丰富多姿的“母亲河”。

“千里之行，始于足下”。编写本书仅仅是山东水文化建设的一次有益尝试。受参编者精力、学识水平所限，难免有疏漏之处，敬请广大读者、专家、学者批评指正。